$1250mm^2$ 截面

节能导线研发及应用

刘泽洪　主编

中国电力出版社
CHINA ELECTRIC POWER PRESS

内 容 提 要

随着我国特高压直流输送容量的提升，我国大截面导线及其配套技术取得了快速发展。近年来 1250mm^2 导线及其配套技术的研究及成功应用，标志着相关研究成果达到了国际领先或先进水平。本书重点从 1250mm^2 导线选型、研制、金具、施工技术及机具等方面介绍了 1250mm^2 导线及其配套技术的最新成果。

本书可为特高压工程设计、建设、运维等人员以及导线、金具及机具设备制造厂商提供重要的技术指导，也可为线路设计、设备研制的专业人员提供技术参考。

图书在版编目（CIP）数据

1250mm^2 截面节能导线研发及应用 / 刘泽洪主编．—北京：中国电力出版社，2015.3
ISBN 978-7-5123-7429-4

Ⅰ．①1…　Ⅱ．①刘…　Ⅲ．①架空线路－输电线路－节能－研究　Ⅳ．①TM726.3

中国版本图书馆 CIP 数据核字（2015）第 053912 号

中国电力出版社出版、发行
（北京市东城区北京站西街 19 号　100005　http://www.cepp.sgcc.com.cn）
三河市万龙印装有限公司印刷
各地新华书店经售

*

2015 年 3 月第一版　　2015 年 3 月北京第一次印刷
710 毫米×980 毫米　16 开本　16.25 印张　228 千字
印数 0001—1500 册　　定价 **58.00** 元

编 委 会

编写工作组

前　言

我国煤炭、水资源等大型能源基地基本分布在西部地区，而电力负荷中心主要集中在中东部地区，能源资源与负荷中心分布不均衡，逆向和远距离分布的特征非常明显，为解决电力长距离、大容量输送问题，我国确立了建设特高压电网的战略举措。特高压直流输电具备点对点、超远距离、大容量送电能力，对于实现我国西南大水电基地和西北大煤电基地的超远距离、超大容量外送具有十分重要的意义。

大容量、长距离输电的电能损耗是不容忽视的，线路损耗主要包括电晕损耗和电阻损耗，而适当加大导电截面，适度降低电流密度，则可以有效降低线路损耗，节约能源。试验研究和工程经验表明，采用大截面导线不仅可以降低电流密度、有效改善特高压线路的电磁环境，显著降低线路损耗，采用大截面导线还可以减少导线分裂数，提高线路的机械力学性能，增强线路运行的安全可靠性。近年来，我国已建特高压直流输电线路均采用了大截面导线，其中锦屏—苏南、溪洛渡—浙江±800kV特高压直流输电线路采用了900mm^2截面导线，哈密—郑州±800kV特高压直流输电线路采用了1000mm^2截面导线，900mm^2及1000mm^2大截面导线的应用取得了良好的经济和社会效益。

随着±800kV特高压直流输电工程输送容量的进一步提升（输送容量将达到10000MW，极电流达到6250A），以及

±1100kV 特高压直流输电工程的建设，我国现有大截面导线已不能满足特高压直流工程建设的需要，迫切需要开发性能更优、输送能力更强的新型大截面导线。在广泛调研和导线选型分析的基础上，推荐研制应用 $1250mm^2$ 截面导线及其配套技术。

国家电网公司于 2012 年底组织中国电科院等单位正式启动了 $1250mm^2$ 截面节能导线研发及应用研究工作，并于 2014 年 9 月全面完成。研究内容主要包括 $1250mm^2$ 截面系列导线研制、$1250mm^2$ 截面导线配套金具研制、$1250mm^2$ 截面导线施工技术研究、$1250mm^2$ 截面导线张力架线施工机具研究、$1250mm^2$ 截面导线防振技术研究等五个方面。其中，导线研制为核心，相关配套技术研究为 $1250mm^2$ 截面系列导线的工程应用提供技术支撑。

$1250mm^2$ 截面节能导线研制及应用研究取得了多项创新性成果，成功研制出四种类型、七种规格的 $1250mm^2$ 截面系列导线，包括：钢芯铝绞线 JL1/G3A-1250/70-76/7、JL1/G2A-1250/100-84/19，钢芯铝合金绞线 JLHA4/G2A-1250/100-84/19、JLHA1/G2A-1250/100-84/19，钢芯成型铝绞线 JL1X1/G3A-1250/70-431、JL1X1/G2A-1250/100-437，铝合芯成型铝绞线 JL1X1/LHA1-800/550-452，能满足包括重冰区、山地、平丘等各类不同地形和气象条件下的特高压工程应用。所研制的 $1250mm^2$ 截面系列导线均依据相关标准进行了节能设计，属节能型大截面导线；成功研制了 $1250mm^2$ 级大截面钢芯成型铝绞线和铝合金芯成型铝绞线，型线导线的优点在于能显著降低风载荷和覆冰重量，从而降低工程造价，型线导线的自阻尼性能好，抗振性能强。同时，与钢芯铝绞线相比，铝合金芯成型铝绞线的直流电阻降低 2%以上，可减少输电损耗，并且具有耐腐蚀性能强、对杆塔机械荷载小等优点。此外，在导线配套金具、施工技术、施工机具及导线防振技术等方面也取得了多项创新性研究成果。研究成果经有关工程的现场展放试验，证明完全满足特高压直流工程建设的需要。

为系统总结相关成果，并为特高压工程设计、建设、运维以及导线、金具、机具等设备制造厂商提供支撑和参考，国家电网公司组织中国电力科学研究院、国网北京经济技术研究院等单位编写了本书。全书共分五章，第一章简要介绍 1250mm^2 导线研究背景及技术展望；第二章介绍 1250mm^2 导线选型分析的有关结论；第三章介绍 1250mm^2 导线技术参数及要求、导线制造技术、1250mm^2 导线技术特性，以及导线交货盘等；第四章介绍导线串型规划研究成果，以及关键金具如间隔棒、防振锤、悬垂线夹、耐张线夹和接续管等的研究成果；第五章介绍 1250mm^2 导线施工技术研究成果，以及 1250mm^2 导线张力架线施工机具研制的主要成果，包括张力机、放线滑车、卡线器、导线接续管保护装置和 3000kN 压接机等。

在项目研究和本书编写过程中，得到了国家电网公司有关领导的关心和指导，也得到了国家电网公司发展策划部、总师办公室、科技部等部门的大力指导与帮助，以及中南电力设计院、华东电力设计院、西北电力设计院、甘肃送变电公司、河南送变电公司、上海中天铝线有限公司、远东电缆有限公司、江苏亨通电力电缆有限公司、中国能源建设集团南京线路器材厂、江苏捷凯电力器材有限公司、成都电力金具总厂等单位的大力支持与配合，在此表示衷心的感谢。

由于作者水平有限，不足之处敬请批评指正。

编　者

2015 年 3 月

目 录

第一章 概 述

第一节 $1250mm^2$导线研究与应用的背景

针对能源资源与能源需求逆向分布、能源大范围优化配置能力不足等问题，我国确立了建设以特高压为骨干网架的电网发展战略，以促进大煤电、大水电、大核电、大型可再生能源基地的集约开发。

由于特高压直流线路具有输送容量大、送电距离远、输电损耗小、节省线路走廊资源等优点，我国先后建成了云南—广东、向家坝—上海、锦屏—苏南、哈密南—郑州、溪洛渡—浙西等±800kV 特高压直流输电工程。随着我国经济的发展，电力负荷的快速增长，大功率、远距离输电的损耗是不容忽视的，线路损耗主要包括电晕损耗和电阻损耗，而适当加大导电截面，适度降低电流密度，则可以有效降低线路损耗，节约能源。

要加大导电截面有两种方式，一是增加导线分裂数，二是在确定了满足输电线路电磁环境要求的最少分裂导线数后，采用更大截面导线。导线截面增大后，单位长度导线的电阻减小，在热容量限制范围内，其允许载流量将增大，从而提高其输送功率。随着电网建设的发展，特高压直流工程的输送功率越来越大，大截面导线的采用，不仅可以有效减少线路损耗，还可以降低输电线路的表面场强、无线电干扰和可听噪声等。对于相同的输电截面而言，采用大截面导线可以减少导线分裂数，从而降低工程的本体造价。大截面导线应用于大负荷、长距离的特高压直流输电具有特殊重要的意义。

2008 年以来，我国先后成功研制了 $900mm^2$、$1000mm^2$ 大截面导线，并取得工程应用，为支撑我国特高压直流输电工程的建设发挥了重要作用。然而，随着特高压直流输电技术的发展和有关条件的变化，为进一步提升特高压直流工程的输送容量[拟将±800kV特高压直流输电工程的输送容量由目前的 8000MW（电流 5000A），提升至10000MW（电流 6250A）]，规划建设±1100kV特高压直流输电工程。在此背景下，我国现有大截面导线技术已不能满足特高压直流输电工程建设的需要，迫切需要开发性能更优、输送能力更强的新型导线，以满足特高压直流输电技术先进、安全可靠、节能环保等的要求。经过导线选型分析，推荐研制应用 $1250mm^2$ 级大截面导线及其配套技术。

随着国内导线的制造水平的提高，近年来陆续研发了多种新型节能导线，节能导线是指与钢芯铝绞线相比在等外径条件下，通过减小导线直流电阻，提高导线导电能力，减少输电损耗，达到节能效果的新型导线。目前国家电网公司推广应用的节能导线有钢芯高导电率硬铝绞线、铝合金芯高导电率铝绞线和中强度全铝合金绞线三类。与钢芯铝绞线相比，节能导线机械性能基本相同，但其导电能力有所提高。$1250mm^2$ 导线中的两种钢芯铝绞线、两种钢芯成型铝绞线、一种铝合金芯铝绞线的硬铝线（两种圆线、三种型线）均采用了导电率不低于 61.5%IACS 的铝单线（电阻率不大于 28.034nΩ·m），提高了导线导电性能，均属节能导线。

第二节　超、特高压直流线路导线应用情况

一、国外超、特高压直流线路导线应用情况

国外应用直流输电已经有超过 60 年的历史。自 1954 年瑞典由哥特兰岛至本土的第一条工业性直流输电线路投入运行以来，直流技术有了很大的发展。随后几十年，美国、加拿大、日本、巴西等国相继建设了若干超高压直流线路，电压等级从±250kV 到±600kV 各不相同。目前国外实际运行的直流工程的最高电压等级是±600kV，即巴西的伊泰普直流工程。国外直流线路的导线选择由于受地域条件、电压等级、输送

容量、设计标准、导线生产和设计等因素影响，大多采用少分裂大截面的导线型式，分裂根数为 2～4，导线截面为 400mm²～1400mm² 不等。国外主要超、特高压直流输电线路的导线应用情况见表 1-1。

表 1-1　国外主要超、特高压直流输电线路的导线应用情况

工程名称	国家	电压（kV）	分裂数	导线直径（mm）	截面积（mm²）	极额定电流（A）	输送功率（MW）	电流密度（A/mm²）	投运年份
Benmore-Haywards	日本	±250	2	38.4	800	—	—	—	1965
Arnott-Vancouver Island terminal HVDC	英国	−280～+260	2	28.1	400	—	—	—	1976
Coal Creek-Dickison	美国	±400	2	38.2	800	—	—	—	1979
radisson-dorsey	加拿大	±450	2	40.7	900	—	—	—	1972
Quebec-New England HVDC interconnection	加拿大	±450	3	50.4	1400	—	—	—	1986
Inga-Shaba EHVDC intertie	加拿大	±500	3	30.8	500	—	—	—	1983
Pacific NW-SW HVDC intertie	美国	±500	2	45.7	1170	—	—	—	1969
Pacific NW-SW HVDC intertie	美国	±500	2	45.7	1170	—	—	—	1969
ITAIPU bipole1 and bipole2	巴西	±600	4	34.1	650	2500	3000	0.96	1984
Sistema de Transmissão do Madeira	巴西	±600	4	44.253	1156.7	2500	3000	0.54	2014
Xingu—Estreito Travessia Rio Araguaia	巴西	±800	4	35.61	805.68	2500	4000	0.78	设计中

二、国内超、特高压直流线路导线应用情况

葛洲坝—上海±500kV 直流输电线路是我国最早的直流线路，投运于 1989 年，为国内第一条超高压直流线路。随着我国国民经济的发展，电力需求不断增长，加之能源地域分布的不合理，我国在 21 世纪大力加强了超、特

高压直流输电线路的建设。2009～2014年，国家电网公司先后建成投运±800kV向家坝—上海、锦屏—苏南、溪洛渡—浙西、哈密南—郑州四条特高压线路。

宁东—山东±660kV直流输电线路工程全线首次采用4×1000mm²大截面导线，是国家电网公司第一个推广应用1000mm²大截面导线的试点工程，对于后续工程的建设具有示范意义。该工程输送容量约4000MW，额定电流约3960A，投运以来几乎始终满负荷运行，利用小时数高，经济效益显著。

从国内外直流线路应用情况来看，增加导线截面，降低电能损耗，获得全寿命周期内最优的经济性，是直流输电线路导线选型的趋势。根据我国近期特高压直流建设及规划情况，正在建设的灵州东—绍兴±800kV直流输电线路以及规划设计中的酒泉—湖南、晋北—江苏±800kV直流输电线路，输送容量将达到8000MW，极电流达到5000A；规划设计中的锡盟—江苏、上海庙—山东±800kV直流输电线路，输送容量将达到10000MW，极电流达到6250A。在此情况下，开发应用比1000mm²更大截面的导线，降低电能损耗，获得最优的技术经济效益具有重大意义。

第三节 节能导线研发应用情况

一、超高压工程节能导线研发应用情况

2012年起，国家电网公司开展了节能导线的机电性能、配套金具、压接工艺和工程应用研究，探索节能导线选型标准化设计方法，研究配套金具和压接工艺技术条件，取得了参数系列化成果，全面掌握节能导线设计、加工、检验、施工等应用关键技术。

2012～2014年，国家电网公司启动输电线路节能导线应用工作，先后三批次选取980项超高压输电线路工程开展试点应用，开展了节能导线设计、加工、检验、施工等应用关键技术的研究，在技术标准发布、

产品质量控制、技术培训等方面取得了丰富成果，通过对已投运试点工程的节能效益测算，节能导线推广应用的社会经济效益显著。

二、特高压交、直流工程节能导线研发应用情况

1000kV 淮南—上海特高压交流输电示范工程（皖电东送）、淮南—南京—上海 1000kV 特高压交流输电工程中，国家电网公司研发并应用了铝合金芯高导电率铝绞线 JL1/LHA1-465/210-42/19。

2008 年起，国家电网公司组织开展了 900mm^2、1000mm^2、1250mm^2 截面导线研制及其工程应用关键技术研究工作，成功研制三个级别大截面节能导线并得到工程应用。

锦屏—苏南、溪洛渡—浙西、哈密南—郑州、灵州—绍兴±800kV 特高压直流输电工程使用的 900mm^2～1250mm^2 导线中，钢芯铝绞线 JL1/G3A-900/40-72/7、JL1/G2A-900/75-84/19、JL1/G3A-1000/45-72/7、JL1/G2A-1000/80-84/19、JL1/G3A-1250/70-76/7、JL1/G2A-1250/100-84/19、钢芯成型铝绞线 JL1X1/G3A-1250/70-431、JL1X1/G2A-1250/100-437。均采用了 61.5%IACS 导电率的硬铝线作为其导体，属节能导线，为钢芯高导电率铝绞线类节能导线。

目前已完成研发及应用的特高压工程用大截面节能导线还包括 1000mm^2 级的铝合金芯铝绞线 JL1/LHA1-745/335-42/37 及 1250mm^2 级的铝合金芯成型铝绞线 JL1XI/LHA1-800/550-451，分别在哈密南—郑州±800kV 特高压直流输电工程及灵州—绍兴±800kV 特高压直流输电工程中得到应用，这两种导线为铝合金芯高导电率铝绞线类节能导线。

三、节能导线技术标准情况

三类节能导线在导线结构、技术参数设计时，依据与对应规格的钢芯铝绞线相比，外径相等、20℃时直流电阻略小、拉重比相当的原则，建立节能导线系列化标准型谱，并编制形成三类节能导线标准。

（一）钢芯高导电率铝绞线

GB/T 1179—2008《圆线同心绞架空导线》中规定钢芯铝绞线的硬铝

导电率为 61%IACS。国家电网公司结合国内研制出导电率为（61.5%～63%）IACS 的硬铝材料，制定并发布 Q/GDW 632—2011《钢芯高导电率铝绞线》。Q/GDW 632—2011 将钢芯高导电率铝绞线与 GB/T 1179—2008 规定的同规格的钢芯铝绞线按导电率分为四个等级，分别为 61.5%IACS、62%IACS、62.5%IACS、63%IACS。

（二）铝合金芯高导铝绞线

Q/GDW 1815—2012《铝合金芯高导电率铝绞线》规定以等外径为原则设计绞线结构，其中铝合金芯可以采用 LHA1 或 LHA2，高导铝线包括 61.5%IACS、62%IACS、62.5%IACS 和 63%IACS 四种导电率材质。

（三）中强度铝合金绞线

Q/GDW 1816—2012《中强度铝合金绞线》规定以等外径为原则设计绞线结构，综合考虑国内的技术水平和加工能力制定技术指标，以及非热处理型和热处理型加工工艺共性与差异。

第四节 技术成果及展望

一、主要成果

国家电网公司组织开展了 1250mm^2 截面系列导线及其配套金具、施工技术及施工机具的研究工作，取得如下研究成果：

（1）研制出 7 种 1250mm^2 级大截面导线。通过开展导线选型研究、结构设计及技术参数设计研究、工艺研究、试制、试验工作，确定了导线类型、结构及技术参数，提出了导线制造控制要点及过程检测要点。研制出的 7 种导线分别为钢芯铝绞线 JL1/G3A-1250/70-76/7、JL1/G2A-1250/100-84/19，钢芯铝合金绞线 JLHA4/G2A-1250/100-84/19、JLHA1/G2A-1250/100-84/19，钢芯成型铝绞线 JL1X1/G3A-1250/70-431、JL1X1/G2A-1250/100-437，铝合芯成型铝绞线 JL1X1/LHA1-800/550-452。

（2）研制出 1250mm^2 导线用可拆卸式全钢瓦楞结构交货盘。通过开展大截面导线交货盘应用情况调研、大截面导线盘长因素分析、交货盘设计及试验，研制出了满足 1250mm^2 导线工程应用的可拆卸式全钢瓦楞结构交货盘 PL/4 2800×1500×1950。

（3）研制出 1250mm^2 导线配套金具，重点包括耐张线夹、接续管、间隔棒、防振锤、悬垂线夹、跳线金具、悬垂联板、耐张联板等，并完成了串型规划。研制出用于跳线串的无级可调钢管转弯弯头与铸造法兰，该转弯弯头通过齿条啮合实现接头 0°～90°范围内的无级可调，便于安装及消除安装后软跳线的内应力；铸造法兰的使用减少了加工工作量、提高了加工效率和法兰质量。

（4）根据我国大截面导线施工技术现状及有关研究成果，提出 1250mm^2 导线采用“一牵 2”张力放线施工工艺。开发了 1850 张力机主卷筒、放线滑车、卡线器、网套连接器、接续管保护装置和压接机及配套压模等配套施工机具。接续管保护装置创新性地采用蛇节端头的结构形式，在最大程度上避免了接续管保护装置端部出线处导线应力集中的问题。

（5）开展了 1250mm^2 导线振动特性研究，研究了各种导线的自阻尼特性，提出了导线防振方案；结合机械、力学及电气特性要求，建立了 1250mm^2 导线分裂间距分析模型，为特高压工程分裂间距的分析提供了依据；综合次档距振荡、导线系统稳定性等分析提出了间隔棒次档距优化布置方案。

二、1250mm^2 截面节能导线应用的经济效益及社会效益

大截面节能导线应用于特高压直流工程，可以有效减降低线路损耗，不仅具有巨大的经济效益，更具有深远的社会效益。以灵州—绍兴 ±800kV 特高压直流输电工程为例，采用 61.5%IACS 高导电率导体的节能导线较采用 61.0%IACS 导电率的普通导线，在年最大负荷利用小时数 7000h，对应年损耗小时数约 5600h 时，全年电能损耗减少约 1.00 万度/km，换算到工程全线（1720km）每年减少电能损耗约 1715.24 万度，相当于减少二氧化碳排放量约 1.71 万 t。

采用 61.5%IACS 高导电率导体的铝合金芯高导电率成型铝绞线较

普通导线，在年最大负荷利用小时数 7000h，对应年损耗小时数约 5600h 时，全年电能损耗减少约 3.38 万度/km，换算到工程全线每年减少电能损耗约 5812.33 万度，相当于减少二氧化碳排放量约 5.79 万 t。

我国主要超特高压直流输电线路的导线应用情况见表 1-2。

表 1-2　　我国主要超特高压直流输电线路的导线应用情况

工程名称	电压（kV）	分裂数	导线直径（mm）	截面（mm^2）	极额定电流（A）	输送功率（MW）	电流密度（A/mm^2）	投运年份
葛洲坝—上海	±500	4	27.4	300	1200	1200	1.00	1989
龙政、三广、贵广、蔡白	±500	4	36.2	720	3000	3000	1.04	2003～2006
云南—广东	±800	6	33.8	630	3125	5000	0.827	2009
向家坝—上海	±800	6	33.8	630	4000	6400	1.058	2009
宁东—山东	±660	4	42.1	1000	3000	3960	0.748	2010
锦屏—苏南	±800	6	40.6	900	4500	7200	0.833	2012
糯扎渡—广东	±800	6	33.8	630	3125	5000	0.827	2013
溪洛渡左岸—浙西	±800	6	40.6	900	4750	7600	0.879	2014
哈密—郑州	±800	6	42.1	1000	5000	8000	0.831	2014
灵州—绍兴	±800	6	47.35	1250	5000	8000	0.667	在建

三、展望

随着±800kV 特高压直流输电工程的输送容量由目前的 8000MW 提升至 10000MW，以及±1100kV 特高压直流输电工程的即将建设，1250mm² 导线及其配套技术将得到广泛应用。目前，±800kV 特高压直流输电工程（输送容量 8000MW）导线普遍采用 6×1250mm² 型式，在容量提升后（输送 10000MW），采取 8×1250mm² 型式具有良好的技术和经济性。同时，分析认为，±1100kV 特高压直流输电工程导线也将采取 8×1250mm² 型式。

特高压输电线路的大量建设，需要一种比普通钢芯铝绞线更为经济可靠、技术含量更高的导线产品。与传统导线相比，铝合金芯成型铝绞线和钢芯成型铝绞线能显著降低风载荷和覆冰重量，从而降低工程造价；型线导线的自阻尼性能好，抗振性能强。同时，与钢芯铝绞线相比，铝合金芯成型铝绞线的直流电阻能降低 2%以上，可减少输电损耗，并且具有耐腐蚀性能强、对杆塔机械荷载小等优点。因此，有必要在后续建设的特高压直流工程中试用并推广相关导线产品。1250mm^2 导线及其配套技术的研究与工程应用不仅具有巨大的经济效益，更具有深远的社会效益。随着材料技术、制造技术等的发展，特高压直流工程用导线及其配套技术将会有新的更大发展。

第二章 1250mm² 导线选型

特高压直流线路架线工程投资一般占本体投资的30%左右，再加上导线方案变化引起的杆塔和基础工程量的变化，对整个工程的造价影响较大，直接关系到整个线路工程的建设费用以及建成后的技术特性和运行成本。故在整个输电线路的技术方案比较中，应对导线方案进行充分的技术经济比较，选出满足技术要求而且经济合理的导线方案。

输电线路导线方案的选择，适用的判据不同，但总体上看，都应归结为技术性和经济性两方面。技术性方面，一般要求所选导线能满足控制线路电压降、导线发热、无线电干扰、电视干扰、可听噪声等要求，并具备适应线路气象和地形条件的机械特性。经济性方面，国内以往按照经济电流密度选择导线截面。经济电流密度应根据输电线路各部件（导线、金具、绝缘子、杆塔和基础等）价格、电能成本及线路工程建设、运行特点等因素决定。

不同输电工程的电源性质和负荷性质有所不同，输送容量、损耗小时数和电价也不同，线路的经济电流密度和经济导线截面必然存在差异。近年来，经济电流密度的取值呈下降趋势，而其中一个原因就是随着我国国民经济的发展，电力负荷迅速增长，供电负荷趋于饱和，输电线路损耗增大。为降低线路损耗，往往选择低电阻的大截面导线，电流密度因而变小。

特高压直流输电线路具有输电距离长、输送容量大、输电电流大的特点，为降低线路电能损耗，建设“资源节约型、环境友好型”电网，有必要对大截面、低电阻的导线方案进行研究。

第一节 不同截面导线技术经济性比选

一、1250mm² 导线规格参数的选择

钢芯铝绞线目前仍是我国输电线路的主流导线，导线的选型首先考

虑从钢芯铝绞线中选取。

目前我国特高压直流线路应用的导线的最大截面为 1000mm^2。在 GB/T 1179—2008《圆线同心绞架空导线》中，大于 1000mm^2 的圆线钢芯铝绞线截面规格有 1120mm^2、1250mm^2。文献记载国外输电线路应用过的最大截面钢芯铝绞线为 1520mm^2。导线截面越大，为保证工程质量需尽量减少导线接续数量，导线长度就不能过短，其单盘导线重量就越大，运输就越困难。同时相关的施工设备必须大型化才能满足导线张力放线的要求，施工设备也存在运输困难的问题。因此，1520mm^2 导线暂不选用。与 1000mm^2 导线相比，1250mm^2 导线截面增加 25%，增容效果明显，能满足工程需要，导线及施工机械运输问题相对易于解决，因此选择了 1250mm^2 截面导线。

在 GB/T 1179—2008《圆线同心绞架空导线》中，1250mm^2 钢芯铝绞线的规格有两种，铝、钢截面比分别为 1250/50、1250/100。1250/50 规格的导线，铝钢比超过了 23，根据以往大截面导线研制及工程运用经验，这种结构导线压接强度损失率大，拉力难以满足要求。因此，在 1250mm^2 级大截面导线选型时，宜适当减小导线铝钢截面比。参照美国标准 ANSI/ASTM B 232*Standard Specification for Concentric-Lay- Stranded Aluminum Conductors，Coated-Steel Reinforced*（*ACSR*）中的导线规格，并结合研制、试验情况，最终选择 1250/70 规格作为 1250mm^2 级导线进行技术经济性比较的基本导线。

二、不同截面导线的技术经济性比选

为了分析 1250mm^2 导线的技术经济性，将其与我国±800kV 特高压直流线路使用过的 720mm^2、900mm^2、1000mm^2 导线进行比较，均采用常规钢芯铝绞线。这些导线均是在相似环境条件下使用的主流导线。导线分裂数按照特高压直流线路的设计运行经验，主要选择 6 分裂。1250mm^2 导线分裂数选择 6 分裂和 8 分裂两种。同时，为了更好地比较 1250mm^2 导线的经济性，将截面在 1000mm^2 和 1250mm^2 中间的 1120mm^2 导线也一同比较。

不同截面导线主要技术参数见表 2-1。

表 2-1　　不同截面导线主要技术参数

导线型号		JL1/G2A-720/50	JL1/G3A-900/40	JL1/G3A-1000/45	JL1/G3A-1120/50	JL1/G3A-1250/70
导线类型		钢芯铝绞线	钢芯铝绞线	钢芯铝绞线	钢芯铝绞线	钢芯铝绞线
截面积（mm^2）	铝	725.27	900.26	1002.28	1119.8	1252.09
	钢	50.14	38.9	43.1	47.3	70.07
	总计	775.41	939.16	1045.38	1167.1	1322.16
导线直径（mm）		36.24	39.9	42.1	44.5	47.35
单位质量（kg/km）		2395.4	2790.2	3108.8	3465	4011.1
额定拉断力（N）		178220	193220	221140	247770	294230
弹性模量（N/mm^2）		63000	60800	60600	60500	62200
热膨胀系数（$\times10^{-6}$，1/℃）		20.9	21.5	21.5	21.5	21.1
20℃时直流电阻（Ω/km）		0.03984	0.0319	0.0286	0.0258	0.02291

导线的技术经济比较与环境条件及系统条件密切相关，因此必须在同一环境条件下进行比较。根据以往特高压直流线路工程及规划中工程的总体情况，设定主要环境条件及系统条件如下：

（1）输送容量：8000MW 和 10000MW，对应额定电流分别为 5000A、6250A。

（2）线路运行年最大损耗小时数考虑：3000h、4000h、5000h、6000h。

（3）电晕损耗小时数考虑全年，即 8760h。

（4）设计基准风速：27m/s。

（5）沿线覆冰：10mm 轻冰区。

（6）地形：平丘。

（7）海拔高度：≤1000m。

（一）导线电气特性

导线电气特性主要包括导线电流密度、过负荷温度、传输效率及能量损耗等。其中，过负荷温度必须满足设计规范规定，而电流密度、传输效率及能量损耗影响导线方案的技术经济性。

导线选择应考虑保证线路过负荷运行的安全，根据《±800kV 直流架空输电线路设计规范》规定，系统长期过载容量可按 1.1 倍额定电流考虑。在过负荷情况下，导线的温度应满足导线允许温度的要求。《±800kV 直流架空输电线路设计规范》规定导线允许温度可按 70℃考虑。按导线允许温度 70℃，反算±800kV 直流线路允许电流，可以考查各种导线方案的输电能力。计算表明，6 分裂 720mm^2 及以上截面导线允许极电流均大于 5500A（对应±800kV 直流额定输送容量 8000MW）；六分裂 900mm^2 及以上截面导线允许极电流均大于 6250A（对应±800kV 直流额定输送容量 10000MW）；1250mm^2 导线最大允许载流量超过 720mm^2 导线的 40%。

导线电流密度、传输效率、能量损耗是几个相关的量，与导线铝截面、电阻有关，各种导线电流密度、传输效率、能量损耗的差异，最终都体现在经济性上。相同极电流情况下，导线铝截面越大，电流密度越小，能量损耗越低，传输效率越高。不同导线电流密度的比值为铝截面积的反比，电阻损耗、传输效率之比近似为导线直流电阻的正比。1250mm^2 导线线损率约仅是 720mm^2 导线的 56%，1000mm^2 导线的 80%，具有优异的传输效率。

（二）导线机械特性

影响不同导线方案经济性的导线机械特性主要是弧垂特性和荷载特性。弧垂特性主要影响铁塔高度，荷载特性主要影响单基塔重，从而影响工程量，影响工程投资。

表 2-1 中的导线拉力单重比接近，因此弧垂特性接近。1250mm^2 导线的弧垂在所选四种截面的导线中相对较小，但相差不大。

1250mm^2 导线有冰情况下垂直荷载比 1000mm^2 导线增加约 15%～19%；纵向最大张力比 1000mm^2 导线增加约 20%。

在设定的环境条件下，所选 $720mm^2$～$1250mm^2$ 导线机械特性均满足技术要求。各导线机械特性上的差异直接体现在工程量指标上，最终体现在经济性上。因此，本节不再详细分析各导线机械特性的差异。

（三）导线经济性分析

工程造价是发生在建设初期的一次性投资，而电能损耗发生在工程使用期内的所有时间。因此，比较不同截面导线的经济性，必须考虑时间因素，即时间是有价值的。

输电线路导线经济性比较一般采用年费用法。年费用法是财务评价方法之一，能反映工程投资的合理性、经济性。年费用比较法是将参加比较的诸多方案在计算期内的全部支出费用折算成等额年费用比较，年费用低的方案在经济上最优。年费用包含初投资年费用、年运行维护费用、电能损耗费用及资金的时间价值（即利息）。

年费用按式（2-1）进行计算

$$NF = Z\left[\frac{r_0(1+r_0)^n}{(1+r_0)^n - 1}\right] + u \tag{2-1}$$

$$Z = \sum_{t=1}^{m} Z_t (1+r_0)^{m+1-t} \tag{2-2}$$

式中 NF——年费用（平均分布在 n 年内）；

Z——折算到第 m 年的总投资；

u——折算年运行费用；

m——施工年数；

n——经济使用年数；

t——从工程开工这一年起的年份；

r_0——电力工程投资的回收率。

1. 边界条件设定

导线方案的经济比较必须设定边界条件，在前文设定的环境条件、系统条件之外，进行年费用比较分析，还需对年费用计算公式中的参数取值进行设定。根据目前电力行业的总体情况，确定边界条件如下：

（1）电价：0.3 元/kWh、0.4 元/kWh、0.45 元/kWh、0.5 元/kWh。

（2）工程经济使用年限：30年。

（3）施工期：按两年计算，第一年投资60%，第二年40%。

（4）设备运行维护费率：1.4%。

（5）电力工程投资回收率：8%。

2. 初期投资估算

对每一种导线方案，在不同的工程条件下初期投资均有所不同，在假定边界条件下对各导线方案初期投资进行估算，重点比较导线投资的差额。

初期投资差额主要由以下几个因素构成：

（1）导线、铁塔、基础、附件材料价格差异。

（2）安装施工费用差异（施工工艺、人工费等）。

（3）走廊清理费用差异（不同导线极间距不同，走廊宽度不同）。

（4）设计费、监理费、管理费、征地、运输费用等其他费用差异。

按假定工程边界条件，结合近期±800kV线路工程前期设计情况，对各导线方案初期投资及投资差额进行估算，如表2-2所示。

表2-2　　各导线方案初期投资及投资差额

序号	导线型号及分裂数	导线价格（万元/t）	导线耗量（t/km）	塔材费用（万元/km）	基础费用（万元/km）	架线费用（万元/km）	附件费用（万元/km）	估算初投资（万元/km）	初投资差（万元/km）
1	6×JL1/G2A-720/50	1.717	29.33	105.86	45.13	85.13	52.97	415.79	0.00
2	6×JL1/G3A-900/40	1.786	34.20	113.38	46.60	100.18	56.65	444.83	29.05
3	6×JL1/G3A-1000/45	1.781	38.05	119.99	47.65	112.62	56.98	467.71	51.93
4	6×JL1/G3A-1120/50	1.784	42.42	116.75	42.89	112.31	54.57	508.62	92.83
5	6×JL1/G3A-1250/70	1.758	49.10	137.83	50.26	133.94	64.41	522.81	107.02
6	8×JL1/G3A-1250/70	1.758	49.10	186.06	57.21	172.88	66.69	630.79	215.00

3. 年费用比较

按设定的边界条件，各导线方案年费用如表2-3和表2-4所示。

表 2-3　　各导线年费用（额定电流 5000A）

年费用 *NF*（万元/km）		投资回收率 8%				投资回收率 8%				投资回收率 8%				投资回收率 8%			
		τ=3000h				τ=4000h				τ=5000h				τ=6000h			
序号	导线方案	0.3 元/kWh	0.4 元/kWh	0.45 元/kWh	0.5 元/kWh	0.3 元/kWh	0.4 元/kWh	0.45 元/kWh	0.5 元/kWh	0.3 元/kWh	0.4 元/kWh	0.45 元/kWh	0.5 元/kWh	0.3 元/kWh	0.4 元/kWh	0.45 元/kWh	0.5 元/kWh
1	6×JL1/G2A-720/50	85.18	97.44	103.58	109.71	92.44	107.12	114.46	121.80	103.44	121.78	130.96	140.13	114.46	136.48	147.49	158.50
2	6×JL1/G3A-900/40	81.56	91.48	96.45	101.41	86.95	98.68	104.54	110.40	95.73	110.38	117.71	125.04	104.53	122.12	130.91	139.71
3	6×JL1/G3A-1000/45	81.03	89.90	94.33	98.76	85.84	96.31	101.54	106.77	93.67	106.75	113.29	119.83	101.53	117.23	125.08	132.93
4	6×JL1/G3A-1120/50	82.97	91.05	95.08	99.13	86.86	96.26	100.94	105.67	93.87	105.65	111.52	117.45	100.82	115.00	122.02	129.11
5	6×JL1/G3A-1250/70	82.45	89.65	93.25	96.85	86.06	94.47	98.67	102.88	92.35	102.85	108.10	113.35	98.66	111.26	117.56	123.87
6	8×JL1/G3A-1250/70	89.35	94.68	97.34	100.00	91.11	97.15	100.17	103.22	95.78	103.37	107.18	111.00	100.45	109.61	114.20	118.81

表 2-4　　各导线年费用（额定电流 6250A）

年费用 NF（万元/km）		投资回收率 8%				投资回收率 8%				投资回收率 8%				投资回收率 8%			
		τ=3000h				τ=4000h				τ=5000h				τ=6000h			
序号	导线方案	0.3 元/kWh	0.4 元/kWh	0.45 元/kWh	0.5 元/kWh	0.3 元/kWh	0.4 元/kWh	0.45 元/kWh	0.5 元/kWh	0.3 元/kWh	0.4 元/kWh	0.45 元/kWh	0.5 元/kWh	0.3 元/kWh	0.4 元/kWh	0.45 元/kWh	0.5 元/kWh
1	6×JL1/G2A-720/50	105.38	124.37	133.87	143.37	119.36	143.02	154.85	166.68	137.12	166.69	181.48	196.26	154.87	190.36	208.10	225.85
2	6×JL1/G3A-900/40	97.36	112.56	120.16	127.76	108.02	126.78	136.15	145.53	122.09	145.53	157.25	168.97	136.16	164.29	178.35	192.42
3	6×JL1/G3A-1000/45	95.02	108.55	115.32	122.08	104.49	121.17	129.51	137.86	117.00	137.86	148.29	158.72	129.52	154.55	167.06	179.58
4	6×JL1/G3A-1120/50	94.12	106.05	112.02	118.03	101.76	116.32	123.60	130.93	112.64	130.95	140.11	149.35	123.47	145.54	156.53	167.61
5	6×JL1/G3A-1250/70	93.53	104.42	109.87	115.31	100.83	114.16	120.82	127.48	110.82	127.48	135.81	144.14	120.82	140.81	150.81	160.81
6	8×JL1/G3A-1250/70	97.72	105.82	109.87	113.91	102.37	112.13	117.01	121.90	109.81	122.05	128.17	134.30	117.24	131.95	139.32	146.68

由表 2-3 和表 2-4 可见，对±800kV 直流线路：

（1）在额定输送功率 8000MW，额定电流 5000A 的系统条件下：当电价在 0.3 元/kWh 及以下，年损耗小时数低于 4000h 时，$6\times1000mm^2$ 截面导线方案经济性较好，$6\times900mm^2$、$6\times1250mm^2$ 截面导线方案次之；当电价在 0.4 元/kWh 及以上时，$1250mm^2$ 截面导线方案经济性较好，且多数情况下，$6\times1250mm^2$ 经济性优于 $8\times1250mm^2$。

整体而言，在额定输送功率 8000MW 时，$6\times1250mm^2$ 截面导线方案经济性较好。

（2）在额定输送功率 10000MW，额定电流 6250A 的系统条件下：在所选系统参考边界条件下，电价、损耗小时数在所选范围内波动时，$1250mm^2$ 导线方案经济性均较好，且大多数情况下 $8\times1250mm^2$ 经济性比 $6\times1250mm^2$ 导线更优。

（四）$1250mm^2$ 导线的技术经济性比选结论

通过比较不同截面的钢芯铝绞线的技术经济性，结果表明：对于±800kV 特高压直流线路，当输送容量达到 8000MW 及以上，额定电流 5000A 及以上时，选用 $1250mm^2$ 截面导线方案技术经济性具有优势。且当输送容量为 8000MW 左右，额定电流 5000A 左右时，采用 6 分裂比采用 8 分裂更具经济优势；当输送容量为 10000MW 左右，额定电流 6250A 左右时，采用 8 分裂更具经济优势。

第二节　不同类型 $1250mm^2$ 导线的技术经济性比选

一、导线类型及主要参数

前文在设定的环境条件下，比较了不同截面圆线钢芯铝绞线的技术经济性，结果表明 $1250mm^2$ 导线技术经济性较优。在比选中，$1250mm^2$ 导线选取了一种规格 JL1/G3A-1250/70。我国幅员辽阔，气候、地形条件变化多样，在实际工程中，环境条件往往变化多端。同一种导线在不同的环境条件下，可能并不是技术经济性较优的导线。因此，对于

1250mm² 截面的导线，也有必要研制和应用不同类型和规格的导线，以适应不同的工程需求。

前文进行技术经济比较的几种导线，在 GB/T 1179—2008《圆线同心绞架空导线》中，属于钢芯截面较小的钢芯铝绞线，比较适用于平丘地形及轻冰区。在山区和中、重冰区，对导线机械强度要求较高，设计常选用钢芯截面较大，机械强度较高的导线。在锦苏、溪浙特高压直流工程中，轻冰区平丘地形采用 JL1/G3A-900/40 钢芯铝绞线，山地及 15mm、20mm 冰区采用 JL1/G2A-900/75 钢芯铝绞线；哈郑特高压直流工程中，轻冰区平丘地形采用 JL1/G3A-1000/45 型钢芯铝绞线，山地以及 15mm、20mm 冰区采用 JL1/G2A-1000/80 型钢芯铝绞线。为适应山地及中重冰区的需要，研制了较大钢芯截面的 1250mm² 导线，型号为 JL1/G2A-1250/100。

导线截面增大，外径相应增大，导线所受风荷载和覆冰荷载则增大，从而造成线路杆塔荷载增加，塔重增大，线路投资增加。从目前已建和规划的特高压直流线路实际情况来看，线路经过大风区、重冰区的情况难以避免。为了降低导线荷载，降低杆塔重量，从而降低投资，有必要研制外径较小的大截面导线。在保证铝截面不变的情况下，绞线单线采用型线能够有效减小导线外径。其原理是型线绞线结构紧密，弥补了圆线绞线单线间空隙较大的缺点，从而减小绞线外径。为了降低导线外径，减小大风和覆冰情况下的导线荷载，参照圆线钢芯铝绞线的铝钢截面比，研制了外径更小的 1250mm² 截面级型线钢芯铝绞线，型号为 JL1X1/G3A-1250/70 和 JL1X1/G2A-1250/100。

特高压直流输电线路输送电流大、损耗较大，为了节能降耗，建设资源节约型电网，应当考虑节能导线的应用。为此，研制了 1250mm² 截面级铝合金芯型线铝绞线，型号为 JL1X1/LHA1-800/550。

以上介绍的钢芯铝绞线 JL1/G2A-1250/100，钢芯成型铝绞线 JL1X1/G3A-1250/70、JL1X1/G2A-1250/100，铝合金芯成型铝绞线 JL1X1/LHA1-800/550 的主要技术参数见表 2-5。

表 2-5　　不同类型 1250mm² 导线主要参数

导线型号		JL1/G3A-1250/70	JL1X1/G3A-1250/70	JL1/G2A-1250/100	JL1X1/G2A-1250/100	JL1X1/LHA1-800/550
导线类型		钢芯铝绞线	钢芯铝型线绞线	钢芯铝绞线	钢芯铝型线绞线	铝合金芯铝型线绞线
截面积（mm^2）	铝	1252.09	1259.88	1248.38	1259.57	802.86
	铝合金芯	0	0	0	0	549.88
	钢芯	70.07	70.07	101.65	101.65	
	总计	1322.16	1329.95	1350.03	1361.22	1352.74
直径（mm）		47.35	43.11	47.85	43.74	45.15
单位质量（kg/km）		4011.1	4055.1	4252.3	4303.7	3726.8
额定拉断力（N）		294230	289180	329850	325350	289000
弹性模量（N/mm^2）		62200	62100	65200	65100	55000
热膨胀系数（$\times10^{-6}$，1/℃）		21.1	21.1	20.5	20.5	23
20℃时直流电阻（Ω/km）		0.02291	0.02292	0.023	0.02292	0.02246

二、导线技术经济性分析

对前文所述五种 1250mm² 截面级导线而言，在 10mm 及以下冰区，电气及机械特性均满足要求。对于山地、15mm、20mm（中、重）冰区导线，主要应考虑导线机械特性。

山区具有高差大、档距大，存在微气象区等特点，运行条件比平地更加恶劣，因此对导线的机械性能提出更高要求。中、重冰区荷载大，对导线的机械特性要求更高，需要导线有较大的覆冰过载能力。在五种 1250mm^2 导线中，JL1/G2A－1250/100 的拉断力最大，过载能力强。同规格的钢芯成型铝绞线 JL1X/G2A-1250/100 外径小，过载能力更强。

根据以往大量输电线路 10mm、15mm、20mm（中）、20mm（重）冰区导线设计及运行经验，从导线的机械性能方面考虑，在 10mm 轻冰区的平丘地段建议采用 JL1/G3A-1250/70、JL1X1/G3A-1250/70 导线型式，在平丘段可采用节能新型 JL1X1/LHA1-800/550 铝合金芯成型铝绞线；在 10mm 冰区山地、15mm、20mm（中、重）冰区段均可采用 JL1/G2A-1250/100、JL1X1/G2A-1250/100 导线。在大风区，可采用外径小，风荷载小的钢芯成型铝绞线。

经济性方面，在与本章第二节同样的边界条件下，不同类型 6×1250mm^2 导线初期投资估算见表 2-6。

表 2-6　　不同类型 6×1250mm^2 导线初期投资及投资差额

序号	导线型号及分裂数	导线价格（万元/t）	塔材费用（万元/km）	基础费用（万元/km）	架线费用（万元/km）	附件费用（万元/km）	初期投资（万元/km）	初期投资差（万元/km）
1	6×JL1/G3A-1250/70	1.758	137.83	50.26	133.94	64.41	522.81	−6.15
2	6×JL1X1/G2A-1250/70	1.803	133.23	49.44	137.17	64.19	520.11	−8.85
3	6×JL1/G2A-1250/100	1.704	140.39	50.35	136.78	64.41	528.96	0.00
4	6×JL1X1/G2A-1250/100	1.775	136.25	49.45	141.78	64.19	528.66	−0.30
5	6×JL1X1/LHA1-800/550	2.087	133.34	49.39	145.15	64.01	528.91	−0.05

按±800kV 直流特高压线路输送 8000MW 容量，系统额定电流 5000A 考虑，不同类型 6×1250mm^2 截面导线年费用比较见表 2-7。

表 2-7　　不同类型 $6\times1250mm^2$ 截面导线年费用比较

年费用 *NF*（万元/km）		投资回收率 8%				投资回收率 8%				投资回收率 8%				投资回收率 8%			
		τ=3000h				τ=4000h				τ=5000h				τ=6000h			
序号	导线方案	0.3 元/kWh	0.4 元/kWh	0.45 元/kWh	0.5 元/kWh	0.3 元/kWh	0.4 元/kWh	0.45 元/kWh	0.5 元/kWh	0.3 元/kWh	0.4 元/kWh	0.45 元/kWh	0.5 元/kWh	0.3 元/kWh	0.4 元/kWh	0.45 元/kWh	0.5 元/kWh
1	6×JL1/G3A-1250/70	82.36	89.53	93.11	96.69	86.06	94.47	98.67	102.87	92.35	102.85	108.10	113.35	98.65	111.25	117.55	123.85
2	6×JL1X/G2A-1250/70	83.23	90.79	94.57	98.36	85.69	94.08	98.27	102.46	91.95	102.43	107.66	112.90	98.24	110.81	117.09	123.37
3	6×JL1/G2A-1250/100	82.98	90.12	93.69	97.26	86.66	95.02	99.21	103.39	92.91	103.36	108.59	113.81	99.18	111.72	117.99	124.26
4	6×JL1X/G2A-1250/100	84.28	91.87	95.66	99.45	86.76	95.18	99.38	103.59	93.05	103.55	108.81	114.06	99.35	111.96	118.26	124.57
5	6×JL1X/LHA1-800/550	82.58	89.59	93.10	96.60	86.01	94.16	98.24	102.31	92.10	102.29	107.38	112.47	98.21	110.43	116.54	122.65

由表 2-7 可见，整体而言，经济性较好的是 1250/70 结构的钢芯铝绞线和 800/550 结构的铝合金芯成型铝绞线。这两种类型导线相比，钢芯铝绞线价格低，初期投资更低，但电阻高、电能损耗大，因此在低电价、低损耗小时数的情况下，钢芯铝绞线经济性占优；在高电价、高损耗小时数的情况下，铝合金芯成型铝绞线的经济性较好。

相同截面的型线导线与圆线导线相比，荷载小，杆塔及基础费用低，损耗基本一样，但导线价格略高，因此综合造价及年费用与圆线导线相差不大。新中国成立 60 多年来，我国积累了大量科研、设计、制造、运行的能力，特别是导线制造（包括新材料、新结构、新工艺）的能力。目前型线绞线的技术日趋成熟，产能逐步增大。可以用作圆线绞线的替代产品。但整体来讲型线绞线在特高压线路上应用较少，缺少运行维护经验，因此推广使用宜逐步进行。

综上所述，在以上五种不同类型的 $1250mm^2$ 导线中，首先推荐采用工艺成熟、运行经验丰富的圆线钢芯铝绞线，其次推荐节能效果较好的铝合金芯成型铝绞线。考虑型线绞线目前应用经验、制造水平、产能及价格的因素，建议先在部分工程部分区段试用，逐步推广。随着型线绞线的逐步扩大使用，型线绞线的生产制造水平、产能将会逐步提高，生产成本下降，其技术经济性优势将很快凸显，必将替代圆线导线。

三、30mm、40mm 重冰区 $1250mm^2$ 导线的技术经济性比选

重冰区线路运行经验表明，导线上主要发生悬垂线夹处的导线断股事故。因此在重冰区导线选择中应选取强度较大、铝股受力好的导线，并且适当提高导线安全系数，尽量降低铝股应力，提高线夹握力均匀性。根据重冰线路设计、运行经验，在 30mm 冰区及以上重冰线路，导线均采用钢芯铝合金绞线。参照前文所选适用于山地、15mm 冰区、20mm 冰区的 JL1/G2A-1250/100 圆线钢芯铝绞线的型号，$1250mm^2$ 钢芯铝合金线拟选两种钢芯高强度铝合金绞线，一种钢芯中强度铝合金绞线，一种钢芯中强度成型铝合金线共四种导线，在 30mm、40mm 冰区进行机械

特性及经济性比选。所选钢芯铝合金绞线铝钢截面比与20mm冰区所选钢芯铝绞线一致，均为1250/100结构。同时考虑30mm、40mm冰区对导线机械强度要求较高，故在采用铝合金线替代铝线以提高外层绞线强度的同时，钢芯强度不降低，均取G2A。所选钢芯铝合金绞线如主要参数见表2-8。

表2-8　　$1250mm^2$钢芯铝合金绞线主要参数

线　型	JLHA1/G2A-1250/100	JLHA2/G2A-1250/100	JLHA4/G2A-1250/100	JLHA4X/G2A-1250/100
铝截面（mm^2）	1248.39	1248.39	1248.39	1254.7
钢截面（mm^2）	101.65	101.65	101.65	101.65
总截面（mm^2）	1350.04	1350.04	1350.04	1356.35
直　径（mm）	47.85	47.85	47.85	43.68
线重（kg/km）	4252.3	4252.3	4252.3	4290.2
20℃直流电阻（Ω/km）	0.0269	0.0269	0.0248	0.0248
额定拉断力（kN）	523.36	498.39	448.46	450.07
弹性模量（GPa）	65.17	65.17	65.17	65.12
热膨胀系数（$\times10^{-6}$，1/℃）	20.5	20.5	20.5	20.5

（一）导线机械性能

由表2-8可见，钢芯铝合金绞线的机械强度明显高于钢芯铝绞线。

在铝钢比结构相同（1250/100）的情况下，同是圆线结构的钢芯铝绞线、钢芯高强度铝合金绞线、钢芯中强度铝合金绞线的总截面、外径、线重、弹性模量、热膨胀系数均相同。因此在相同情况下，导线的风荷载、覆冰荷载相同。钢芯成型铝合金绞线的外径小，因此风荷载、覆冰荷载均小于圆线钢芯铝合金绞线和钢芯铝绞线。在安全系数相同的情况下，各种导线纵向张力荷载之比等于导线额定拉断力之比，钢芯高强度铝合金绞线的张力高于钢芯中强度铝合金绞线。

弧垂特性决定于导线拉力重量比，在安全系数相同的情况下，钢芯高强度铝合金绞线的弧垂小于钢芯中强度铝合金绞线。若令各种导线弧垂一致，则钢芯高强度铝合金绞线的安全系数高于钢芯中强度铝合金绞线。在 30mm、40mm 冰区，当钢芯铝绞线安全系数取规范要求的最小值 2.5，钢芯铝合金绞线弧垂取与钢芯铝绞线一致时，钢芯铝合金绞线的安全系数均在 3.0 以上。

钢芯铝合金绞线强度高，覆冰过载能力（一般用导线最低点的张力达到其额定拉断力的 60%时相应的覆冰厚度来表示）显著高于钢芯铝绞线。当最大弧垂取与钢芯铝绞线一致时，所选钢芯铝合金绞线在 30mm 冰区过载冰厚均达到 65mm 以上，在 40mm 冰区过载冰厚达到 74mm 以上，满足各冰区过载的要求。

（二）导线经济性分析

导线进行比选时，对于轻中冰区，通常做法是选用相同的安全系数进行比选；对于重冰区来说，一般有两种做法，一是弧垂基本一致，二是导线安全系数一致。当取弧垂基本一致时，各种导线张力相差不大，杆塔重量及基础用量基本一致，对于工程造价主要取决于导线价格及损耗；当导线安全系数取一致时，不同拉断力的导线张力差异较大，导致杆塔重量及基础用量差异较大，工程造价主要由杆塔重量、基础工程量、导线价格、绝缘子附件安装决定。

1. 初投资估算

在假定边界条件下，各导线方案初投资估算如表 2-9 和表 2-10 所示，重点比较导线初投资的差额。

表 2-9　30mm 冰区各导线初投资估算　（万元/km）

序号	导线型号及分裂数	初投资	基础工程	杆塔工程	架线工程	附件工程	接地工程	差值
1	6×JLHA1/G2A-1250/100	1059.99	266.71	455.16	128.25	193.97	15.9	−6.41
2	6×JLHA2/G2A-1250/100	1059.99	266.71	455.16	128.25	193.97	15.9	−6.41
3	6×JLHA4/G2A-1250/100	1066.4	266.71	455.16	134.66	193.97	15.9	0
4	6×JLHA4X/G2A-1250/100	1068.63	264.58	446.06	148.13	193.97	15.9	13.47
5	6×JLHA1/G2A-1250/100	1211.47	309.65	486.11	128.25	271.56	15.9	141.62

注　1. 序号 1～4 为导线弧垂基本一致的情况。

2. 序号 5 钢芯高强度铝合金绞线（JLHA1/G2A-1250/100）与序号 3 钢芯中强度铝合金绞线（JLHA4/G2A-1250/100）最大应力安全系数相同。

表 2-10　　40mm 冰区各导线初投资估算　　（万元/km）

序号	导线型号及分裂数	初投资	基础工程	杆塔工程	架线工程	附件工程	接地工程	差值
1	6×JLHA1/G2A-1250/100	1773.82	481.87	717.34	150.10	406.82	17.69	−7.51
2	6×JLHA2/G2A-1250/100	1773.82	481.87	717.34	150.10	406.82	17.69	−7.51
3	6×JLHA4/G2A-1250/100	1781.33	481.87	717.34	157.61	406.82	17.69	0
4	6×JLHA4X/G2A-1250/100	1742.50	459.99	684.63	173.37	406.82	17.69	−38.83
5	6×JLHA1/G2A-1250/100	2007.66	563.79	767.55	150.10	508.53	17.69	226.33

注　1．序号 1～4 为导线弧垂基本一致的情况。

2．序号 5 钢芯高强度铝合金绞线（JLHA1/G2A-1250/100）与序号 3 钢芯中强度铝合金绞线（JLHA4/G2A-1250/100）最大应力安全系数相同。

由表 2-9 和表 2-10 可见，当取弧垂基本一致时，钢芯高强度铝合金绞线由于导线价格略低于钢芯中强度铝合金绞线，工程初期投资略低；当取导线安全系数一致时，钢芯高强度铝合金绞线的纵向张力大，故其杆塔、基础费用高，初期投资大大高于钢芯中强度铝合金绞线；钢芯成型铝合金绞线价格高，但水平风荷载、覆冰垂直荷载小，故杆塔及基础费用低，综合起来后在 30mm 冰区工程初期投资高于同规格圆线钢芯铝合金绞线，在 40mm 冰区低于同规格圆线钢芯铝合金绞线，原因是在 40mm 冰区，杆塔、基础费用在总投资中占的比例大。

2. 年费用比较

重冰区导线方案的经济比较仍采用年费用法进行。计算条件如下：

（1）建设年限：2 年。

（2）第一年投资 60%，第二年投资 40%。

（3）线路工程经济使用期：30 年。

（4）损耗小时数：4000h、4500h、5000h、6000h。

（5）设备运行维护费率 1.4%。

（6）电力工业投资回收率 8%。

（7）电价按 0.5014 元/kWh。

按以上边界条件，30mm、40mm 冰区各导线方案年费用如表 2-11 和表 2-12 所示。

表 2-11　　30mm 冰区导线年费用比较

序号	1	2	3	4	5
项目 \ 导线型号	6×JLHA1/G2A-1250/100	6×JLHA2/G2A-1250/100	6×JLHA4/G2A-1250/100	6×JLHA4X/G2A-1250/100	6×JLHA1/G2A-1250/100
初期投资（万元/km）	1059.99	1059.99	1066.4	1068.63	1211.47
年损耗小时数（h）	4000				
电阻及电晕损耗（kW/km）	240.1	238.0	222.4	224.0	240.1
年损耗费用（万元/km）	48.15	47.73	44.60	44.93	48.15
导线年费用（万元/km）	161.66	161.24	158.80	159.37	177.88
年损耗小时数（h）	4500				
电阻及电晕损耗（kW/km）	238.3	236.2	220.6	222.1	238.3
年损耗费用（万元/km）	53.77	53.30	49.78	50.12	53.77
导线年费用（万元/km）	167.29	166.82	163.99	164.56	183.51
年损耗小时数（h）	5000				
电阻及电晕损耗（kW/km）	236.9	234.8	219.2	220.6	236.9
年损耗费用（万元/km）	59.39	58.87	54.96	55.30	59.39
导线年费用（万元/km）	172.91	172.39	169.17	169.75	189.13
年损耗小时数（h）	6000				
电阻及电晕损耗（kW/km）	234.8	232.7	217.1	218.3	234.8

续表

序号	1	2	3	4	5
导线型号 项目	6×JLHA1/G2A-1250/100	6×JLHA2/G2A-1250/100	6×JLHA4/G2A-1250/100	6×JLHA4X/G2A-1250/100	6×JLHA1/G2A-1250/100
年损耗费用（万元/km）	70.64	70.02	65.33	65.68	70.64
导线年费用（万元/km）	184.16	183.53	179.53	180.12	200.38

注 1. 序号 1～4 为导线弧垂基本一致的情况。

2. 序号 5 钢芯高强度铝合金绞线（JLHA1/G2A-1250/100）与序号 3 钢芯中强度铝合金绞线（JLHA4/G2A-1250/100）最大应力安全系数相同。

表 2-12　　40mm 冰区导线年费用比较

序号	1	2	3	4	5
导线型号 项目	6×JLHA1/G2A-1250/100	6×JLHA2/G2A-1250/100	6×JLHA4/G2A-1250/100	6×JLHA4X/G2A-1250/100	6×JLHA1/G2A-1250/100
初期投资（万元/km）	1773.82	1773.82	1781.33	1742.50	2007.66
年损耗小时数（h）	4000				
电阻及电晕损耗（kW/km）	240.1	238.0	222.4	224.0	240.1
年损耗费用（万元/km）	48.15	47.73	44.60	44.93	48.15
导线年费用（万元/km）	238.11	237.69	235.37	231.54	263.15
年损耗小时数（h）	4500				
电阻及电晕损耗（kW/km）	238.3	236.2	220.6	222.1	238.3
年损耗费用（万元/km）	53.77	53.30	49.78	50.12	53.77
导线年费用（万元/km）	243.73	243.26	240.55	236.72	268.77

续表

序号	1	2	3	4	5
项目 \ 导线型号	6×JLHA1/G2A-1250/100	6×JLHA2/G2A-1250/100	6×JLHA4/G2A-1250/100	6×JLHA4X/G2A-1250/100	6×JLHA1/G2A-1250/100
年损耗小时数（h）	5000				
电阻及电晕损耗（kW/km）	236.9	234.8	219.2	220.6	236.9
年损耗费用（万元/km）	59.39	58.87	54.96	55.30	59.39
导线年费用（万元/km）	249.35	248.83	245.73	241.91	274.40
年损耗小时数（h）	6000				
电阻及电晕损耗（kW/km）	234.8	232.7	217.1	218.3	234.8
年损耗费用（万元/km）	70.64	70.02	65.33	65.68	70.64
导线年费用（万元/km）	260.60	259.98	256.09	252.29	285.64

注 1．序号1～4为导线弧垂基本一致的情况。
2．序号5钢芯高强度铝合金绞线（JLHA1/G2A-1250/100）与序号3钢芯中强度铝合金绞线（JLHA4/G2A-1250/100）最大应力安全系数相同。

由表2-11和表2-12可见：

（1）在弧垂基本一致的情况下，30mm、40mm冰区钢芯中强度铝合金绞线年费用低于钢芯高强度铝合金绞线（普遍低3万～4万元）；当高强度铝合金绞线安全系数取值与中强度铝合金绞线一致时，30mm冰区中强度铝合金绞线年费用比高强度铝合金绞线约低20万元，40mm冰区约低30万元。

（2）由于损耗费用低，30mm冰区在各种损耗小时数下年费用最低的均是JLHA4/G2A-1250/100钢芯中强度铝合金绞线。

（3）40mm冰区年费用最低的是JLHA4X/G2A-1250/100钢芯中强度

成型铝合金绞线，其次为钢芯中强度铝合金绞线。JLHA4X/G2A-1250/100钢芯中强度成型铝合金绞线在 40mm 冰区年费用最低的是原因是该导线荷载低、塔更轻，且在 40mm 冰区档距小，绝大多数为转角塔，耗钢量和基础费用优势凸显，初期投资最低，导致年费用最低。

（三）30mm、40mm 重冰区 $1250mm^2$ 导线的技术经济性比选结论

$1250mm^2$ 导线电气特性均满足 30mm、40mm 冰区要求。

从机械性能看，铝合金导线在过载能力、弧垂特性等方面均满足要求，且明显优于钢芯铝绞线。钢芯高强度铝合金线优于钢芯中强度铝合金线。

从经济性看，在弧垂基本一致的情况下，30mm、40mm 冰区钢芯中强度铝合金绞线由于导线略贵，初期投资高于钢芯高强度铝合金绞线，但损耗费用低，故年费用低于钢芯高强度铝合金绞线（普遍低 3 万～4 万元）；当钢芯高强度铝合金绞线安全系数取值与钢芯中强度铝合金绞线一致时，钢芯高强度铝合金绞线初投资远高于钢芯中强度铝合金绞线，且损耗费用高，故年费用也高，30mm 冰区钢芯中强度铝合金绞线年费用比钢芯高强度铝合金绞线约低 20 万元，40mm 冰区约低 30 万元；30mm 冰区年费用最低的是 JLHA4/G2A-1250/100 钢芯中强度铝合金绞线；40mm 冰区年费用最低的 JLHA4X/G2A-1250/100 钢芯中强度铝合金型线绞线，其次为钢芯中强度铝合金绞线；JLHA4X/G2A-1250/100 钢芯中强度铝合金型线绞线在 40mm 冰区年费用最低的原因是该导线荷载低、塔更轻，且在 40mm 冰区档距小，绝大多数为转角塔，耗钢量和基础费用优势凸显，初投资最低，因此年费用最低。

综合电气性能、机械性能和经济性比较，推荐 30mm 冰区采用经济性较好的 6×JLHA4/G2A-1250/100-84/19 钢芯中强度铝合金绞线。40mm 冰区可采用经济性较好的 6×JLHA4X1/G2A-1250/100-437 钢芯中强度成型铝合金绞线，但应考虑型线绞线的生产制造工艺难度。同时，在 30mm、40mm 这样的重冰区，输电线路往往长度较短，因此，在 40mm 冰区，仍推荐 6×JLHA4/G2A-1250/100-84/19 钢芯中强度铝合金绞线。

第三章 1250mm^{2}导线及交货盘研制

第一节 架空导线的分类

架空导线是架空输电线路的重要组成部分，主要作用是输送电能。架空导线应具有良好的导电能力、足够的机械强度、耐振动疲劳和抵抗空气中化学杂质腐蚀的能力。架空导线采用裸绞线，由多根单线扭绞在一起，单线数量多且线径较小，不仅增加了导线的柔软性，而且提高了线路可靠性。

架空导线种类繁多，有多种分类方法。目前主要的架空导线分类标准有按导体截面形状分类、按材料分类和按功能分类。其中，按导体截面形状分类、按材料分类属于架空导线的传统分类，随着越来越多的新型导线出现，传统分类方法已不能完全满足实际情况的需要，因此架空导线也逐渐衍生出按功能分类的情况。

一、按导体截面形状分类

按导体截面形状分类是根据导体单线的形状不同，导线可以分为圆线同心绞架空导线和型线同心绞架空导线，前者均由圆单线（round wire）绞制而成，如图 3-1 所示，而后者导体部分或全部采用异型截面的型线（formed wire），如图 3-2 所示。与圆线同心绞架空导线相比，在相同导电截面的条件下，型线同心绞架空导线的外径更小，有利于降低杆塔的冰、风荷载；在相同外径的

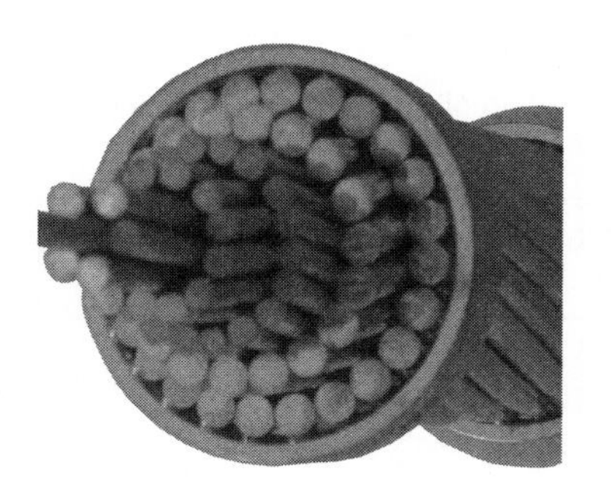

图 3-1 圆线同心绞架空导线

条件下型线同心绞架空导线的导电截面更大，有利于提高线路输送容量。

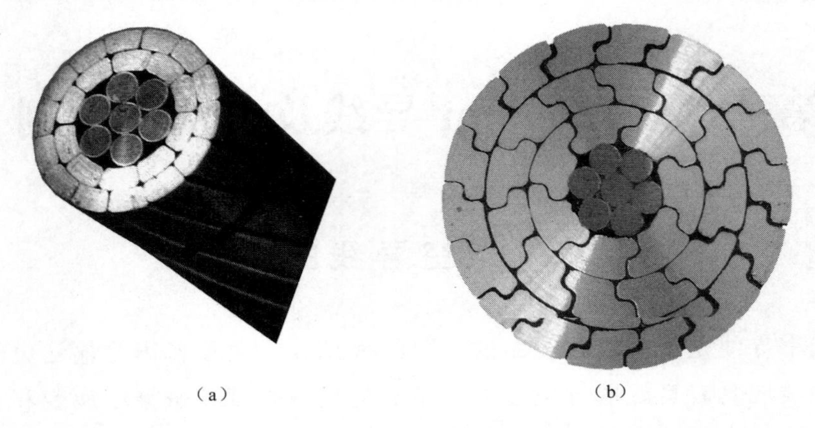

（a） （b）

图 3-2 型线同心绞架空导线截面

（a）“X1”型单线；（b）“X2”型单线

二、按材料分类

因为组成导线的有导体和加强芯，不同材质的导体和加强芯相互组合可有多种导线类型，因此可以对架空导线按材料分类。导体有铝（硬铝和软铝）和铝合金（高强度铝合金、耐热铝合金和高强度耐热铝合金等），加强芯有镀锌钢芯、铝包钢芯、铝包殷钢芯和复合材料线芯等，以上导体和加强芯相互组合（或无加强芯），可成为铝绞线、铝合金绞线、钢芯铝绞线、钢芯铝合金绞线、铝包钢芯铝绞线、铝包钢芯铝合金绞线、钢芯耐热铝合金绞线、铝包殷钢芯（特）耐热铝合金绞线、特强钢芯软铝绞线、碳纤维复合材料芯架空导线等。

三、按功能分类

按功能分类，即按照导线可以满足的特定功能对其进行划分。例如，增容导线是在与普通钢芯铝绞线外径、截面、重量及弧垂大致相同的情况下，通过改变导线结构或材料，提高导线的运行温度、降低导线电阻等以达到大幅提高导线输送容量的导线。常见的增容导线主要有钢芯耐热铝合金导线、间隙型（超）耐热铝合金导线、铝包殷钢芯超耐热铝合金导线及碳纤维复合材料芯导线等。另外还有用于降低线路表面场强、减小电晕损耗、降低可听噪声及无线电干扰的扩径导线；减小风压的低风压导线；减小风噪声的低噪声导线；跨越江河等用途的大跨越导线等。

第二节 导 线 设 计

1250mm^{2}级导线包含四种类型七个型号规格的导线，分别为钢芯铝绞线 JL1/G3A-1250/70-76/7、JL1/G2A-1250/100-84/19，钢芯成型铝绞线 JL1X1/G3A-1250/70-431、JL1X1/G2A-1250/100-437，铝合金芯成型铝绞线 JL1X1/LHA1-800/550-452，钢芯铝合金绞线 JLHA1/G2A-1250/100-84/19、JLHA4/G2A-1250/100-84/19。本节将对几种导线主要设计方法进行介绍。

一、导线结构设计

（一）钢芯铝绞线、钢芯铝合金绞线结构设计

钢芯铝绞线（圆线同心绞）因其技术成熟、价格较低，在我国输电线路上得到了最广泛的应用。钢芯铝绞线用铝做导体，采用抗拉强度较大的镀锌钢线作为加强材料，以提高绞线的总拉断力。钢芯铝合金绞线结构与钢芯铝绞线一致，其铝合金导体具有更大强度，以增大导线拉重比，常用于重冰区输电线路。钢芯铝绞线、钢芯铝合金绞线为中心加强形式，即以镀锌钢绞线排列在绞线中心，加强芯的单丝的直径往往小于外层导电铝单丝的直径。此时的绞线结构是将钢绞线的外径尺寸换算到铝线的直径，然后根据每层增加 6 根的规律组成钢芯铝绞线、钢芯铝合金绞线。计算方法如式（3-1）和式（3-2）所示

$$d_a / D_s = 3/(n-3) \tag{3-1}$$

$$D_s = \begin{cases} d_s, & \text{单根钢芯} \\ 3d_s, & \text{钢芯1层} \\ 5d_s, & \text{钢芯2层} \end{cases} \tag{3-2}$$

式中 d_a——铝（合金）单丝直径；

D_s——钢芯外径；

d_s——钢线的直径；

n——内层铝（合金）股数。

在钢芯直径已知的情况下，选定了紧邻钢芯的内层铝股数，即可通过式（3-1）计算出铝（合金）单丝的直径。

各层的股数 Z_x 随该层股径 d_x 和相邻内层外径 D_i 而定，其近似关系为

$$Z_x \approx \frac{\pi(D_i + d_x)}{d_x} \approx \frac{3(D_i + d_x)}{d_x} \tag{3-3}$$

式（3-3）中考虑了层中线股因具有扭绞斜角而在导线的垂直截面内线股呈椭圆、长径稍大于股径的因素。实际股数应取算出数值相接近的整数。如果相邻内、外层的股径相同均为 d 时，则内外层股数 Z_1、Z_2 为

$$\left.\begin{aligned} Z_1 &\approx \frac{3(D_1 - d)}{d} \\ Z_2 &\approx \frac{3(D_2 + d)}{d} \\ Z_2 - Z_1 &= 6 \end{aligned}\right\} \tag{3-4}$$

即相邻两层总是相差 6 股。

（二）型线导线结构设计

型线导线规格及单线材料选择与选择圆线导线一致。型线导线规格的选择，应使其机械与电气性能满足工程设计对导线的基本要求，适应工程的应用。型线导线截面的选择应从其电气性能和经济性能两方面考虑，保证安全经济地输送电能。一般先按经济电流密度初选导线截面，再按电压损失、发热、电晕等条件校验，并应通过经济比较确定。绞合单线的材料和强度的选择应根据工程对导线的需要进行。钢芯或铝包钢芯、铝合金加强芯的截面及抗拉强度的选择，应满足导线的机械使用条件要求，型线同心绞架空导线的加强芯一般采用圆线绞合结构。

GB/T 20141—2006《型线同心绞架空导线》中给出了几种典型的型线导线型式，主要为 X1 型及 X2 型两种，每种型式的结构各有其优势。

在绞合层数选择上，不推荐单层型线同心绞架空导线的结构。ASTM B 779-03《钢芯梯形型线铝绞线》标准中，梯形型线的绞合层数为 2 层及 4 层，同样没有单层绞合的结构。

型线单线的股数在 GB/T 20141—2006 中没有要求，可根据导线截面的大小来设计。1250mm² 导线截面大，需采用 4 层成型铝单线结构，由于单线截面较常规导线大，在生产过程中须加以严格控制，才能满足铝单线的机械性能要求。成型单线应具有基于它们的等效圆单线直径所应有的性能，所以，型线股数的选择原则是使得成型单线的截面不宜太大，但也不能太小。

成型铝线的设计可遵循多种设计原则，一种设计原则为成型单线按等截面设计，另一种设计原则为成型单线按宽高比控制进行设计。两种原则同一绞层上成型铝线的等效截面是相等的。成型铝线设计时还需考虑型线导线加工过程中单线“翻身”的问题，基于防翻身的考虑，X1 型成型铝单线的宽高比不宜小于 5:4。一般内层型线的根数不得少于 8 根，因为根数太少，相应的扇形角度太大，会造成单线拉制及绞线困难。

二、主要计算方法

（一）导线外径

钢芯铝绞线、钢芯铝合金绞线导线外径 D 为

$$D = d_0 + 2nd \tag{3-5}$$

式中 d_0——芯线（如钢芯）外径，mm；

d——铝线外径，mm；

n——铝线绞层数。

钢芯成型铝绞线及铝合金芯成型铝绞线外径 D 为

$$D = \sqrt{\frac{4A_a}{\pi\eta} + d_0} \tag{3-6}$$

式中 D——导线直径，mm；

A_a——导体截面积，mm；

d_0——加强芯（钢芯或其他种类的加强芯）直径，mm；

η——填充系数（型线部分的导体截面积与所占圆环的面积之比），一般取0.92～0.94，1250mm^{2}导线型线导线的填充系数取0.92。

（二）绞合增量

某层的绞合增量k为

$$k=\frac{1}{\cos\beta}=(1+\tan^2\beta)^{\frac{1}{2}}=\left\{1+\left[\frac{\pi(D_n-d)}{D_n m}\right]^2\right\}^{\frac{1}{2}} \tag{3-7}$$

式中 β——扭角或捻角，为线股沿内层芯线轴缠绕与轴线方向所成的夹角；

m——该层节径比，为该层节距与该层外径D_n的比值；

d——该层线股直径。

对于钢芯铝绞线、钢芯铝合金绞线、钢芯成型铝绞线及铝合金芯成型铝绞线，应分别计算芯线层的综合绞合增量和铝层的综合绞合增量。绞线的综合增量k_Σ为各层综合增量总和

$$k_\Sigma=\frac{1}{\sum N}(1+N_1k_1+N_2k_2+\cdots+N_nk_n) \tag{3-8}$$

对于芯线（钢芯或铝合金芯），括号中的1代表其中的一根，故1算作总根数中的一根；对于铝层，括号中的1代表钢芯，故1不算作总根数中的一根。

（三）导线单位长度的质量、直流电阻

导线单位长度的质量为

$$W=q_s z_s\times\frac{\pi d_s^{\ 2}}{4}\times k_{s\Sigma}+q_a z_{a\Sigma}\times\frac{\pi d_{a2}}{4}\times k_{a\Sigma} \tag{3-9}$$ [❶]

式中 q_s——钢密度/铝合金密度；

q_a——铝密度。

钢芯铝绞线、钢芯成型铝绞线、钢芯铝合金绞线仅计算铝股的20℃直流电阻，即

❶ 式中下角s代表芯线层，下角a代表铝层，下同。

$$R = \rho \frac{l}{A_a} k_{a\Sigma} \tag{3-10}$$

式中　l——导线长度；

A_a——铝股总截面积（铝单股截面积×股数）；

ρ——电阻率，对于 61.5%IACS[1]铝股，为 0.028034Ω/mm²。

对铝合金芯成型铝绞线，应分别计算铝合金芯电阻及铝型线电阻，再将其按并联计算，以得到绞线电阻，对其铝合金芯及铝型线电阻，仍按式（3-10）进行计算。

（四）绞线综合弹性模量

对钢芯铝绞线、钢芯成型铝绞线及钢芯铝合金绞线的弹性模量，需进行单股的弹性模量和绞线综合弹性模量计算。

1. 单股的弹性模量

铝（合金）单股弹性模量：E'_a=55000N/mm²；

钢股弹性模量：E'_a=190000N/mm²。

2. 绞线综合弹性模量

当不考虑扭绞和塑性变形时，其近似式为

$$E \approx \frac{A_s E'_s + A_a E'_a}{A_s + A_a} = \frac{\phi E'_s + E'_a}{1+\phi} \tag{3-11}$$

$$\phi = \frac{A_s}{A_a}$$

式中　E'_s、E'_a——分别为钢、铝（合金）单股线的弹性模量，N/mm²；

A_s、A_a——分别为钢芯及铝层截面，mm²；

ϕ——钢、铝截面比（简称为铝钢比）。

绞线扭绞对绞线综合弹性模量影响较小，当忽略扭绞影响时，E 值约偏大 6%。铝合金芯成型铝绞线的组成材料铝合金及铝的弹性模量一致，该导线弹性模量取 55.0GPa。

---

[1] international annealed copper standard 的缩写，国际退火铜标准值，导体导电率与退火铜导电率的比值，以百分数表示，假定退火纯铜的导电率为 100%IACS。

（五）绞线线膨胀系数

对钢芯铝绞线、钢芯成型铝绞线及钢芯铝合金绞线的线膨胀系数，需进行单股的线膨胀系数和绞线综合线膨胀系数计算。

1. 单股的线膨胀系数

铝（合金）单股线膨胀系数：$\alpha'_{\mathrm{a}}=23\times10^{-6}$（1/℃）；

钢股线膨胀系数：$\alpha'_{\mathrm{s}}=11.5\times10^{-6}$（1/℃）。

2. 绞线综合线膨胀系数

对于钢芯铝绞线、钢芯成型铝绞线及钢芯铝合金绞线，当不计绞线扭绞的影响时，通常采用近似式，即

$$\alpha\approx\frac{\alpha'_{\mathrm{s}}E'_{\mathrm{s}}A_{\mathrm{s}}+\alpha'_{\mathrm{a}}E'_{\mathrm{a}}A_{\mathrm{a}}}{E'_{\mathrm{s}}A_{\mathrm{s}}+E'_{\mathrm{a}}A_{\mathrm{a}}}=\frac{\alpha'_{\mathrm{s}}E'_{\mathrm{s}}\phi+\alpha'_{\mathrm{a}}E'_{\mathrm{a}}}{E'_{\mathrm{s}}\phi+E'_{\mathrm{a}}}\tag{3-12}$$

式中 A_{s}、A_{a}——分别为钢芯及铝（合金）股的总截面，mm^2；

α'_{s}、α'_{a}——分别为钢、铝（合金）单股线的线膨胀系数，1/℃；

E'_{s}、E'_{a}——分别为钢、铝（合金）单股线的弹性模量，$\mathrm{N/mm}^2$。

绞线扭绞对绞线综合线膨胀系数影响较小，铝合金芯成型铝绞线的组成材料，铝合金及铝的弹性模量一致，因此该导线线膨胀系数取 23×10^{-6}（1/℃）。

（六）绞线的额定拉断力

国标和 IEC 标准中规定钢芯铝绞线、钢芯成型铝绞线、钢芯铝合金绞线的额定拉断力为

$$T_{\mathrm{r}}=A_{\mathrm{s}}\sigma_{\mathrm{s}(\varepsilon=0.01)}+A_{\mathrm{a}}\sigma'_{\mathrm{ab,min}}\tag{3-13}$$

式中 A_{s}、A_{a}——分别为钢芯和铝（合金）截面，mm^2；

$\sigma'_{\mathrm{ab,min}}$——铝（合金）股的单股最小破断应力，$\mathrm{N/mm}^2$；

$\sigma_{\mathrm{s}(\varepsilon=0.01)}$——钢线的 1%应力，$\mathrm{N/mm}^2$。

国标和 IEC 标准中规定铝合金芯成型铝绞线的额定拉断力为

$$T_{\mathrm{r}}=0.95A_{\mathrm{s}}\sigma_{\mathrm{s}}+A_{\mathrm{a}}\sigma'_{\mathrm{ab,min}}\tag{3-14}$$

式中 A_{s}、A_{a}——分别为铝合金芯截面和铝截面，mm^2；

$\sigma'_{\mathrm{ab,min}}$——铝股的单股最小破断应力，$\mathrm{N/mm}^2$；

σ_{s}——铝合金股的单股破断应力，$\mathrm{N/mm}^2$。

（七）绞线的载流量

验算导线允许载流量时，钢芯铝绞线、钢芯成型铝绞线、铝合金芯成型铝绞线、钢芯铝合金绞线允许温度采用 70℃，环境气温应采用最高气温月的最高平均气温，风速应采用 0.5m/s，太阳辐射功率密度应采用 0.1W/cm²。

导线允许载流量可用式（3-15）计算

$$I=\sqrt{(W_{\rm R}+W_{\rm F}-W_{\rm S})/R_{\rm t}'} \tag{3-15}$$

式中　I——允许载流量，A；

$W_{\rm R}$——单位长度导线的辐射散热功率，W/m；

$W_{\rm F}$——单位长度导线的对流散热功率，W/m；

$W_{\rm S}$——单位长度导线的日照吸热功率，W/m；

$R_{\rm t}'$——允许温度时导线的交流电阻，Ω/m。

辐射散热功率 $W_{\rm R}$ 可用式（3-16）进行计算

$$W_{\rm R}=\pi DE_1S_1(\theta+\theta_{\rm a}+273)^4-(\theta_{\rm a}+273)^4 \tag{3-16}$$

式中　D——导线外径，m；

E_1——导线表面的辐射散热系数，光亮的新线为 0.23～0.43，旧线或涂黑色防腐剂的线为 0.90～0.95；

S_1——斯特凡—包尔茨曼常数，为 5.67×10^{-8}W/m²；

θ——导线表面的平均温升，℃；

$\theta_{\rm a}$——环境温度，℃。

流散热功率 $W_{\rm F}$ 可用式（3-17）计算

$$W_{\rm F}=0.57\pi\lambda_{\rm f}\theta Re^{0.485} \tag{3-17}$$

$$\lambda_{\rm f}=2.42\times10^{-2}+7(\theta_{\rm a}+\theta/2)\times10^{-5} \tag{3-18}$$

$$Re=VD/v \tag{3-19}$$

$$v=1.32\times10^{-5}+9.6(\theta_{\rm a}+\theta/2)\times10^{-8} \tag{3-20}$$

式中　$\lambda_{\rm f}$——导线表面空气层的传热系数，W/m℃；

Re——雷诺数；

V——垂直于导线的风速，m/s；

v——导线表面空气层的运动粘度，m²/s。

日照吸热功率 $W_{\rm S}$ 可用式（3-21）进行计算

$$W_S = \alpha_s J_s D \qquad (3\text{-}21)$$

式中 α_s——导线表面的吸热系数，光亮的新线为 0.35～0.46，旧线或涂黑色防腐剂的线为 0.9～0.95；

J_s——日光对导线的日照强度，W/m^2，当天晴、日光直射导线时，可采用 1000W/m^2。

第三节 1250mm^{2}导线技术参数及要求

在进行导线类型选择、结构设计及技术参数设计研究时，需要考虑多种外部条件，包括工程的技术要求、导线和金具制造的难度、施工设备和机具利用率等。

一、1250mm^{2}钢芯铝绞线

按照单线直径合理、绞合可行的原则，1250mm^{2}级钢芯铝绞线结构可设计为 72/19（72/7）、76/19（76/7）、80/19、84/19 几种结构，均为四层铝线的结构形式。具体结构见表 3-1。

表 3-1 四种钢芯铝绞线结构

结构/规格	铝线分布情况	结构图
72/7 72/19 （1250/50）	9+15+21+27	
76/7 76/19 （1250/70）	10+16+22+28	
80/19 （1250/85）	11+17+23+29	

续表

结构/规格	铝线分布情况	结构图
84/19 （1250/100）	12+18+24+30	

GB/T 1179—2008《圆线同心绞架空导线》中，大截面的钢芯铝绞线有 72/7、72/19 及 84/19 等三种结构。美国标准 ANSI/ASTM B 232《Standard Specification for Concentric-Lay-Stranded Aluminum Conductors，Coated-Steel Reinforced（ACSR）》中，大截面钢芯铝绞线有 72/7、76/19 及 84/19 等三种结构。72/7 与 72/19 结构相似，铝钢比大，达到了 23，根据以往大截面导线研制及工程运用经验，这两种结构导线压接强度损失率大，因此在 1250mm^2 导线结构设计时不推荐这两种结构。根据研究工程情况及导线设计、试制及试验情况，对于 1250mm^2 截面规格的钢芯铝绞线，随着钢芯截面和钢芯强度的增加，弧垂特性变好、导线安全系数增大，但导线荷载也有所增加，初期投资也随之增加。1250/70 导线选择 G3A 钢芯时，其技术及经济特性均较好，而 1250/100 结构的钢芯铝绞线若采用高强钢芯 G3A，与之配套的耐张串强度需提高一个级别，费用增加较多，因此 1250/100 导线的钢芯采用了中强度的 G2A。最终工程应用的 1250mm^2 级钢芯铝绞线为 JL1/G3A-1250/70-76/7 及 JL1/G2A-1250/100-84/19，其技术参数分别如表 3-2 和表 3-3 所示。

最终确定的 1250mm^2 级钢芯铝绞线为 76/7 及 84/19 结构。

表 3-2　　JL1/G3A-1250/70-76/7 技术参数表

项　目			单位	技术参数
产品型号规格				JL1/G3A-1250/70-76/7
外观及表面质量				绞线表面无肉眼可见的缺陷，如明显的压痕、划痕等，无与良好产品不相称的任何缺陷
结构	铝	外层	根/mm	28/4.58
		邻外层	根/mm	22/4.58
		邻内层	根/mm	16/4.58
		内层	根/mm	10/4.58

续表

项目			单位	技术参数
结构	钢	6根层	根/mm	6/3.57
		中心根	根/mm	1/3.57
计算截面积		合计	mm^2	1322.16
		铝	mm^2	1252.09
		钢	mm^2	70.07
外径			mm	$47.35^{+1\%}_{0}$
单位长度质量			kg/km	$4011.1^{+2\%}_{0}$
20℃时直流电阻			Ω/km	≤0.02291
额定拉断力			kN	294.23
弹性模量			GPa	62.2±3
线膨胀系数			1/℃	21.1×10^{-6}
节径比	铝	外层		10～12
		邻外层		11～14
		邻内层		12～15
		内层		13～16
	钢	6根层		16～22
绞向		外层		右向
		其他层		相邻层绞向相反
每盘线长			m	2500
线长偏差		正		0.5%
		负		0

表3-3　JL1/G2A-1250/100-84/19技术参数表

项目			单位	技术参数
产品型号规格				JL1/G2A-1250/100-84/19
外观及表面质量				绞线表面无肉眼可见的缺陷，如明显的压痕、划痕等，无与良好产品不相称的任何缺陷
结构	铝	外层	根/mm	30/4.35
		邻外层	根/mm	24/4.35
		邻内层	根/mm	18/4.35
		内层	根/mm	12/4.35
	钢	12根层	根/mm	12/2.61
		6根层	根/mm	6/2.61
		中心根	根/mm	1/2.61

续表

项目			单位	技术参数
结构	计算截面积	合计	mm^2	1350.03
		铝	mm^2	1248.38
		钢	mm^2	101.65
外径			mm	$47.85_{0}^{+1\%}$
单位长度质量			kg/km	$4252.3_{0}^{+2\%}$
20℃时直流电阻			Ω/km	≤0.02300
额定拉断力			kN	329.85
弹性模量			GPa	65.2±3
线膨胀系数			1/℃	20.5×10^{-6}
节径比	铝	外层		10～12
		邻外层		11～14
		邻内层		12～15
		内层		13～16
	钢	12 根层		14～20
		6 根层		16～22
绞向		外层		右向
		其他层		相邻层绞向相反
每盘线长			m	2500
线长偏差		正		0.5%
		负		0

铝线电阻率均按照不低于 61.5%IACS 设计（电阻率不大于 28.034nΩ·m），目前我国导线生产的主流厂家都能达到该技术水平，因此在本次 1250mm² 参数设计时，导电率采用 61.5%IACS。铝单线直径不允许负偏差。

为了提高工程质量及导线配套金具握力的可靠性，1250mm² 级导线的硬铝单线强度较国家标准提高了 5MPa，导线额定拉断力则仍按标准值进行计算。

二、1250mm² 钢芯成型铝绞线

目前型线主要结构有两种，一种是梯形结构单丝，标记为 X1，另一

种是 Z（或 S）形结构单丝，标记为 X2。综合考虑单丝的受力状况和 X2 型导线制造水平，且 X2 型导线施工时如跳股不容易恢复，因此确定采用 X1 型结构单丝。

1250mm² 钢芯铝绞线有 JL1/G3A-1250/70-76/7、JL1/G2A-1250/100-84/19 两种型号，按照等电阻原则设计了 1250mm² 钢芯成型铝绞线，结构及技术参数如表 3-4 和表 3-5 所示，镀锌钢线技术参数与钢芯铝绞线中镀锌钢线要求一致。

表 3-4　JL1/ G3A-1250/70-76/7 及对应型线导线结构及技术参数表

项目			单位	结构性能参数		
产品型号规格				JL1/ G3A-1250/7076/7	JL1X1/G3A-1250/70-431	JL1X1/G3A-1250/70-431
结构示意图						
外观及表面质量				绞线表面无肉眼可见的缺陷，如明显的压痕，划痕等，无与良好产品不相称的任何缺陷		
结构	铝	外层	根/mm	28/4.58	23/5.07	24/4.93
		邻外层	根/mm	22/4.58	18/5.07	19/4.93
		邻内层	根/mm	16/4.58	13/5.07	14/4.93
		内层	根/mm	10/4.58	8/5.22	9/4.93
	钢	6 根层	根/mm	6/3.57	6/3.57	6/3.57
		中心根	根/mm	1/3.57	1/3.57	1/3.57
计算截面积		合计	mm²	1322.16	1331.46	1329.95
		铝	mm²	1252.09	1261.39	1259.88
		钢	mm²	70.07	70.07	70.07
外径			mm	47.35±0.5%	43.13±0.4	43.11±0.4
单位长度质量			kg/km	4011.1±1%	4059.3±81	4055.1±81
20℃时直流电阻			Ω/km	≤0.02291	≤0.02289	≤0.02292
额定抗拉力			kN	≥294.23	289.41	≥289.18

续表

项目			单位	结构性能参数		
弹性模量			GPa	62.2±3	62.1±3	62.1±3
线膨胀系数			1/℃	21.1×10^{-6}	21.1×10^{-6}	21.1×10^{-6}
节径比	铝	外层		10～12	10～12	10～12
		邻外层		11～14	11～14	11～14
		邻内层		12～15	12～15	12～15
		内层		13～16	13～16	13～16
	钢	6根层		16～22	16～22	16～22
绞向		外层		右向	右向	右向
		其他层		相邻层绞向相反	相邻层绞向相反	相邻层绞向相反

表 3-5 JL1/G2A-1250/100 及对应型线导线结构及技术参数表

项目			单位	结构性能参数		
产品型号规格				JL1/G2A-1250/100-84/19	JL1X1/G2A-1250/100-437	JL1X1/G2A-1250/100-437（推荐结构）
结构示意图						
外观及表面质量				绞线表面无肉眼可见的缺陷，如明显的压痕，划痕等，无与良好产品不相称的任何缺陷		
结构	铝	外层	根/mm	30/4.35	21/5.17	22/5.00
		邻外层	根/mm	24/4.35	17/5.17	18/5.00
		邻内层	根/mm	18/4.35	13/5.17	14/5.00
		内层	根/mm	12/4.35	9/5.17	10/5.00
	钢	12根层	根/mm	12/2.61	12/2.61	12/2.61
		6根层	根/mm	6/2.61	6/2.61	6/2.61
		中心根	根/mm	1/2.61	1/2.61	1/2.61

续表

项目			单位	结构性能参数		
计算截面积		合计	mm^2	1350.03	1361.22	1358.29
		铝	mm^2	1248.38	1259.57	1256.64
		钢	mm^2	101.65	101.65	101.65
外径			mm	47.85±0.5%	43.74±0.4	43.70±0.4
单位长度质量			kg/km	4252.3±1%	4303.7±86	4295.5±86
20℃时直流电阻			Ω/km	≤0.02300	≤0.02292	≤0.02298
额定抗拉力			kN	329.85	325.35	324.90
弹性模量			GPa	65.2±3	65.1±3	65.1±3
线膨胀系数			1/℃	20.5×10^{-6}	20.5×10^{-6}	20.5×10^{-6}
节径比	铝	外层		10～12	10～12	10～12
		邻外层		11～14	11～14	11～14
		邻内层		12～15	12～15	12～15
		内层		13～16	13～16	13～16
	钢	12 根层		14～20	14～20	14～20
		6 根层		16～22	16～22	16～22

与 1250/70 对应的 $1250mm^2$ 钢芯成型铝绞线设计了 66/7（宽高比约 1.25）及 62/7（宽高比约 1.33）两种结构。与 1250/100 对应的 $1250mm^2$ 钢芯成型铝绞线设计了 64/19（宽高比约 1.33）及 60/19（宽高比 1.4）两种结构。

合理的宽高比可保证导线在生产过程中比较稳定，不容易“翻身”，试制过程中已经首先选择了两种宽高比（1.25 和 1.33）的型单线结构，通过试制均能制造出机电性能符合技术条件及国家标准的型线导线，且在生产过程中均不存在困难。因此在 $1250mm^2$ 钢芯成型铝绞线的试制中建议只选取一种结构。结合铝单线等效直径的问题，确定了 1250/70 型线导线采用 66/7 结构（宽高比为 1.25）。1250/100 型线导线采用 64/19

结构（宽高比为 1.33）。

最终工程采用的两种钢芯成型铝绞线为 JL1X1/G3A-1250/70-431、JL1X1/G2A-1250/100-437，技术参数如表 3-6 和表 3-7 所示。

表 3-6　　JL1X1/G3A-1250/70-431 技术参数表

项　目			单位	技术参数
产品型号规格				JL1X1/G3A-1250/70-431
结构示意图				
外观及表面质量				绞线表面无肉眼可见的缺陷，如明显的压痕、划痕等，无与良好产品不相称的任何缺陷
结构	铝	外层	根/ mm	24/4.93
		邻外层	根/mm	19/4.93
		邻内层	根/mm	14/4.93
		内层	根/mm	9/4.93
	钢	6 根层	根/mm	6/3.57
		中心根	根/mm	1/3.57
计算截面积		合计	mm^2	1329.95
		铝	mm^2	1259.88
		钢	mm^2	70.07
外径			mm	43.11±0.4
单位长度质量			kg/km	4055.1±81
20℃时直流电阻			Ω/km	≤0.02292
额定拉断力			kN	289.18
弹性模量			GPa	62.1±3
线膨胀系数			1/℃	21.1×10^{-6}
节径比	铝	外层		10～12
		邻外层		11～14
		邻内层		12～15
		内层		13～16
	钢	6 根层		16～22

续表

项目		单位	技术参数
绞向	外层		右向
	其他层		相邻层绞向相反
每盘线长		m	2500
线长偏差	正		0.5%
	负		0

表 3-7　JL1X1/G2A-1250/100-437 技术参数表

项目			单位	技术参数
产品型号规格				JL1X1/G2A-1250/100-437
结构示意图				
外观及表面质量				绞线表面无肉眼可见的缺陷，如明显的压痕、划痕等，无与良好产品不相称的任何缺陷
结构	铝	外层	根/mm	21/5.16
		邻外层	根/mm	17/5.16
		邻内层	根/mm	13/5.16
		内层	根/mm	9/5.16
	钢	12 根层	根/mm	12/2.61
		6 根层	根/mm	6/2.61
		中心根	根/mm	1/2.61
计算截面积		合计	mm^2	1356.35
		铝	mm^2	1254.70
		钢	mm^2	101.65
外径			mm	43.67±0.4
单位长度质量			kg/km	4290.1±86
20℃时直流电阻			Ω/km	≤0.02301
额定拉断力			kN	324.59

续表

项　　目			单位	技术参数
弹性模量			GPa	65.1±3
线膨胀系数			1/℃	20.5×10^{-6}
节径比	铝	外层		10～12
		邻外层		11～14
		邻内层		12～15
		内层		13～16
	钢	12 根层		14～20
		6 根层		16～22
绞向		外层		右向
		其他层		相邻层绞向相反
每盘线长			m	2500
线长偏差		正		0.5%
		负		0

三、1250mm² 铝合金芯成型铝绞线

铝合金芯成型铝绞线铝型线与钢芯成型铝绞线一致采用 X1 型结构。研制了导电能力与 1250mm² 级铝合金芯成型铝绞线 JL1X1/LHA1-800/550-452，技术参数如表 3-8 所示。

表 3-8　　JL1X1/LHA1-800/550-452 技术参数表

项　　目	单位	技术参数
产品型号规格		JL1X1/LHA1-800/550-452
结构示意图		
外观及表面质量		绞线表面无肉眼可见的缺陷，如明显的压痕、划痕等，无与良好产品不相称的任何缺陷

续表

项目			单位	技术参数
结构	铝	外层	根/等效直径（mm）	24/4.82
		内层	根/等效直径（mm）	20/4.82
	铝合金	外层	根/直径（mm）	18/4.35
		邻外层	根/直径（mm）	12/4.35
		邻内层	根/直径（mm）	6/4.35
		内层	根/直径（mm）	1/4.35
计算截面积		合计	mm^2	1352.74
		铝	mm^2	802.86
		铝合金	mm^2	549.88
外径			mm	45.15±0.4
单位长度质量			kg/km	3737.6±74
20℃时直流电阻			Ω/km	≤0.02253
额定拉断力			kN	289.00
弹性模量			GPa	55±3
线膨胀系数			1/℃	23×10^{-6}
节径比	铝	外层		10～12
		内层		11～14
	铝合金	18 根层		12～14
		12 根层		13～15
		6 根层		14～16
绞向		外层		右向
		其他层		相邻层绞向相反
每盘线长			m	2500
线长偏差		正		0.5%
		负		0

根据等电阻原则，设计了 JL1X1/LHA1-800/550-452 铝合金芯成型铝绞线，其 44 股铝线结构的宽高比约 1.33，等效直径为 4.82mm。

四、1250mm² 铝合金芯铝绞线

根据重冰区导线选型的结果，对 1250mm² 导线还研制了两种钢芯铝合金绞线，用于重冰区输电线路。两种重冰区导线均与钢芯铝绞线 JL1/G2A-1250/100-84/19 结构相同，导体部分分别采用了 LHA1 及 LHA4 铝合金，导线型号规格为 JLHA1/G2A-1250/100-84/19 及 JLHA4/G2A-1250/100-84/19，技术参数见表 3-9。

表 3-9　JLHA1/G2A-1250/100-84/19、JLHA4/G2A-1250/100-84/19 技术参数表

项　目			单位	技术参数
产品型号规格				JLHA1/G2A-1250/100-84/19、JLHA4/G2A-1250/100-84/19
外观及表面质量				绞线表面无肉眼可见的缺陷，如明显的压痕、划痕等，无与良好产品不相称的任何缺陷
结构	铝合金	外层	根/mm	30/4.35
		邻外层	根/mm	24/4.35
		邻内层	根/mm	18/4.35
		内层	根/mm	12/4.35
	钢	12 根层	根/mm	12/2.61
		6 根层	根/mm	6/2.61
		中心根	根/mm	1/2.61
计算截面积		合计	mm^2	1350.03
		铝合金	mm^2	1248.38
		钢	mm^2	101.65
外径			mm	$47.85^{+1\%}_{0}$
单位长度质量			kg/km	$4252.3^{+2\%}_{0}$

续表

项目			单位	技术参数
20℃时直流电阻（JLHA1/G2A）			Ω/km	≤0.02694
20℃时直流电阻（JLHA4/G2A）				≤0.02481
额定拉断力（JLHA1/G2A）			kN	523.35
额定拉断力（JLHA4/G2A）				448.45
弹性模量			GPa	65.2±3
线膨胀系数			1/℃	20.5×10^{-6}
节径比	铝	外层		10～12
		邻外层		11～14
		邻内层		12～15
		内层		13～16
	钢	12 根层		14～20
		6 根层		16～22
绞向		外层		右向
		其他层		相邻层绞向相反
每盘线长			m	根据施工条件确定
线长偏差		正		0.5%
		负		0

第四节　导　线　制　造

一、导线生产工序

钢芯铝绞线、钢芯成型铝绞线的完整生产工艺流程如图 3-3 所示，具体流程是：外购铝锭，用连铸连轧机将铝锭轧制成铝杆，用拉丝机拉制出铝单线（圆线、型线单线），用绞线机将钢芯和铝单线（圆线、型线单线）绞制出符合设计要求的导线。

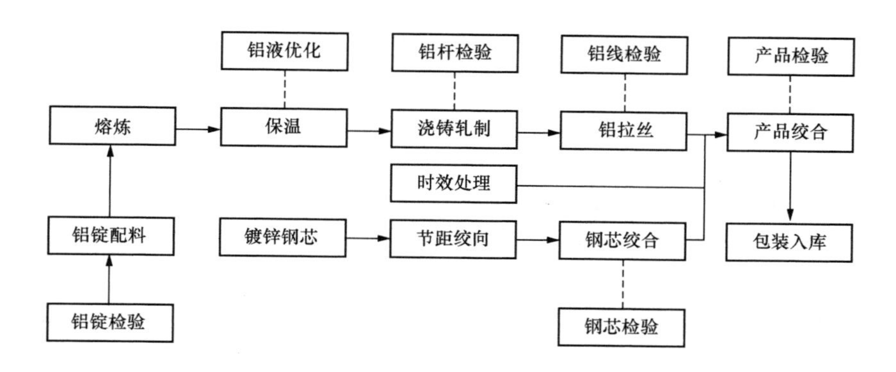

图 3-3　钢芯铝绞线、钢芯成型铝绞线主要工艺流程图

铝合金芯成型铝绞线的完整生产工艺流程如图 3-4 所示。具体流程是：外购铝锭、铝合金锭，用连铸连轧机将铝锭轧制成铝杆，用铝合金连铸连轧机将铝锭加入合金锭使之合金化后锭轧制成铝合金杆，用铝合金拉丝机拉制出铝合金单丝并时效处理，用拉丝机拉制出铝型线单丝，用绞线机将铝合金单丝和铝型线单线绞制出符合设计要求的导线。

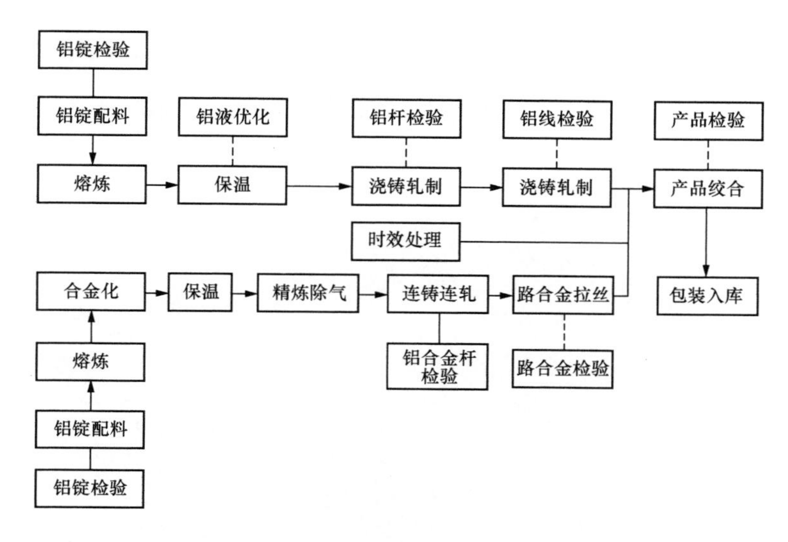

图 3-4　铝合金芯成型铝绞线主要工艺流程图

钢芯铝合金绞线的铝合金线生产过程与铝合金芯成型铝绞线的铝合金线生产过程一致，导线绞制过程与钢芯铝绞线、钢芯成型铝绞线绞制过程一致。

二、主要生产设备

主要生产设备为连铸连轧机组、拉丝机、绞线机，如图 3-5～图 3-7 所示。生产铝合金导线还必须具有铝合金连铸连轧机组、铝合金拉丝机和时效炉等。

图 3-5　连铸连轧机组

图 3-6　高速拉丝机

图 3-7 框绞机

绞线机的种类很多，效率高且适合绞制大截面导线的是框绞机。1250mm² 导线生产工艺与生产普通的钢芯铝绞线基本相同，但是对四层绞结构的 1250mm² 导线而言，必须用四段式框绞机 84 盘（及以上）才能达到一次绞合四层铝股的要求，对铝合金芯成型铝绞线，建议由五段式 90 盘（及以上）框绞机一次绞合成型。

三、原材料控制

根据 1250mm² 导线技术条件的要求，导线制造时必须在原材料的采购、生产工艺和过程检验等环节进行严格控制。

1. 重熔用铝锭

根据导线的技术条件，重熔用铝锭的化学成分应符合 GB/T 1196—2008《重熔用铝锭》中 Al99.70[b] 及以上化学成分要求，Al99.70[b] 及以上化学成分见表 3-10。

表 3-10 重熔用铝锭的化学成分

牌号	化学成分（质量分数）									
	Al 不小于	杂质，不大于								
		Si	Fe	Cu	Ga	Mg	Zn	Mn	其他每种	总和
Al99.90[b]	99.90%	0.05%	0.07%	0.005%	0.020%	0.01%	0.025%	—	0.010%	0.10%

续表

牌号	化学成分（质量分数）									
	Al不小于	杂质，不大于								
		Si	Fe	Cu	Ga	Mg	Zn	Mn	其他每种	总和
Al99.85[b]	99.85%	0.08%	0.12%	0.005%	0.030%	0.02%	0.030%	—	0.015%	0.15%
Al99.70[b]	99.70%	0.10%	0.20%	0.01%	0.03%	0.02%	0.03%	—	0.03%	0.30%

进行化学成分分析时，采用的光谱分析法按 GB/T 7999—2007《铝及铝合金光电直读发射光谱分析方法》的规定进行，化学分析按 GB/T 20975—2008《铝及铝合金化学分析方法》的规定进行。对钒、铬、锰、钛不作常规分析，但必须保证符合表 3-10 的规定，铁硅比不小于 1.3。

铝锭外观呈银白色。铝锭应无飞边、夹渣和较严重的气孔。

2. 铝中间合金锭

根据导线的技术条件，铝中间合金锭应符合 YS/T 282—2000《铝中间合金锭》的要求，化学成分如表 3-11 所示。

表 3-11　铝合金锭质量控制

牌号	化学成分（质量分数）									
	Al	杂质，不大于								
		Si	Cu	Mn	B	Re	Fe	Zn	Mg	Sn
AlSi10	余量	9.0%～11.0%	—	—	—	—	0.2%	0.1%	0.1%	0.1%
AlFe20	余量	0.2%	0.1%	0.3%	—	—	18.0%～22.0%	0.1%	—	—
AlRe10	余量	0.15%	0.01%	—	—	9.0%～11.0%	0.25%	—	—	—
AlB3	余量	0.2	0.1	—	2.5～3.5	—	0.4%	0.1%	—	—

化学成分分析按 GB/T 20975—2008《铝及铝合金化学分析方法》的规定进行。

3. 镁锭

镁锭应符合 GB/T 3499—2011《原生镁锭》的要求，化学成分如表

3-12 所示。

表 3-12 镁锭质量控制

牌号	化学成分（质量分数）							
	Mg	杂质，不大于						
		Fe	Si	Ni	Cu	Al	Mn	其他单个杂质
Mg9990	99.90	0.04%	0.03%	0.001%	0.004%	0.02%	0.03%	0.01%

4. 镀锌钢线技术要求

镀锌钢线应粗细均匀，并且不允许有任何种类的接头，镀层应均匀连续、光滑、没有气孔、厚度均匀，且没有裂纹、斑疤、漏镀、镀液堆积及影响质量的一切缺陷。镀锌钢线应符合 GB/T 3428—2012《架空导线用镀锌钢线》中相应镀锌钢线（G2A、G3A）的规定。

钢芯（镀锌钢绞线）应符合 GB/T 1179—2008 的要求。镀锌钢绞线应表面光洁，镀层连续、无任何形式的裂纹、毛刺，不允许有任何种类的接头，绞线节距恒定，外径一致。镀锌钢绞线绞合时各单丝的张力应保持均匀一致，不得有单丝凸起、扭曲和不圆或“蛇形”现象。成品镀锌钢绞线在切割后，应无明显的回弹和散股，应易于重新组合，在压接时能将接续管自钢绞线切割端顺利套入钢管。同一钢绞线中镀锌钢线抗拉强度的不均匀值不得超过 150MPa。

四、工序控制

（一）铝杆连铸连轧

1250mm^2 导线将铝单丝的导电率提高到 61.5%IACS、绞前平均抗拉强度≥170MPa、绞后平均抗拉强度≥162MPa 和强度极差要求≤25MPa，作为铝单丝的重要的考核指标。分析了影响上述指标的原因，认为要生产出所要求的低电阻率、高强度铝杆，则要从材料选用、成分的优化处理、熔铸、连轧中控制铝液温控、恒速轧制、均匀冷却等的工艺条件等方面作大量的工作。

要获得优于控制指标的铝线，建议电工铝杆的抗拉强度控制在120MPa～125MPa范围内，抗拉强度极差不大于10MPa，电阻率不大于0.027801Ω.mm^2/m，且铝杆表面应光洁、圆整。

1. 铝杆电阻率的控制

铝液中Si、Fe元素的含量以及Ti、V、Mn、Cr等微量元素的含量对铝线的电阻率影响很大，因此，必须严格控制铝液成分，其中Si≤0.07%，Fe≤0.18%，Ti、V、Mn、Cr等微量元素的含量≤0.01%，在生产过程中对每炉的铝液成分进行检测控制，对不同成分的铝液采用加入稀土合金或硼化处理等技术，保证铝杆电阻率满足技术要求。

2. 控制铝杆的表面质量

铝线的斑疤、起皮、麻点很大程度上与轧机孔径的调整有关，因此，生产前必须认真检查和调整轧机各道的孔径，而且，生产过程中应随时检查铝杆的表面质量，从而消除下道拉丝工序引起表面缺陷的隐患。

3. 气孔、夹渣的控制

采用优选高效无毒精炼剂对保温炉内的铝液进行处理，该精炼剂在铝液中能够产生高纯氮气形成微小气泡，利用惰性气体的除气原理除掉铝液中的有害气体，然后采用粉状除渣剂除去铝液中的氧化夹渣。浇铸前在浇包内安装陶瓷过滤板以有效的控制铝液的有害气体和夹渣。

4. 铝杆强度均匀性的控制

铝单丝强度的均匀性是导线很重要的一个性能指标，铝单丝强度的均匀性与铝杆强度的均匀性有直接的关系，导致铝杆强度不均匀性的主要原因是铸锭进轧温度不能连续的恒定，导致铸锭温度变化的原因与铝液的温度、铸锭的冷却、轧制的速度以及铝杆冷却速度等多方面原因有关，尤其是铝杆成圈前温度较高，使成圈的铝杆内外温度差异较大，冷却速度不同造成铝杆强度的不均匀。主要可以采取以下措施保证铸锭进轧温度的恒定，来保证铝杆强度的均匀。

（1）采用相应措施，保证保温炉铝液温度控制在±5℃以内。

（2）轧制速度恒定，有利于进轧铸锭温度连续恒定。

（3）对浇铸工进行严格培训和考核，提高浇铸技术水平，保持浇铸液位在 2cm 以内波动，保证铸锭温度连续的稳定性。

（4）采用 H 型结晶轮四面均匀冷却，使铸锭四面结晶效果相同，铝杆强度一致。

（5）对铝杆在爬高段加装冷却装置，可以采用水冷或乳化液冷却，使成圈时的铝杆温度保持在 100℃以下。

（二）铝合金杆连铸连轧

铝合金杆生产最好选用配有自动永磁搅拌、在线除气过滤装置、水平浇铸系统、感应加热装置，能够实现实时监控，连续生产的连铸连轧机组，以确保铝合金杆性能稳定。

铝合金杆的生产应注意材料选用、体系成分的控制及优化、熔铸过程的精细控制、轧制温度及速度控制、均匀冷却等工艺条件，要获得优于控制指标的铝合金线，电工铝合金杆的抗拉强度建议控制在 195MPa～205MPa，抗拉强度均匀性不大于 10MPa，伸长率不小于 10%，电阻率不大于 $0.03400\Omega \cdot mm^2/m$，并且铝合金杆表面应光洁、圆整。

1. 铝合金杆电阻率的控制

铝液中 Mg、Si、Cu、Fe 主要元素的含量以及 Ti、V、Mn、Cr 等微量元素的含量对铝合金线的电阻率影响很大，因此，必须严格控制铝液成分，其中主要元素的含量应控制在规定值以保证其强度，Ti、V、Mn、Cr 等微量元素的含量应尽可能控制在最低水平，在生产过程中采用直读光谱仪等先进检测设备对每炉的铝液成分反复进行检测控制以达到要求，对不同成分的铝液采用加入稀土合金或硼化处理等技术，保证铝合金杆电阻率满足技术要求；此外，氢含量影响铸锭致密程度进而影响其导电率，必须采取除氢措施严格加以控制。

2. 铝合金杆强度的控制

铝合金杆的强度主要受体系成分、净化程度、浇铸温度、冷却条件、入轧温度及淬火条件影响。为获得所需强度的铝合金杆，严格控制主要元素含量，其他元素也应控制在要求范围；净化过程在炉内及炉外先后进行，严格控制铝液中氢含量。浇铸时，浇铸温度、冷却速率和冷却条件应合适稳定，以保证铸坯性能均匀；入轧时，铸坯应具有合适的温度，入轧温度决定了铝合金强化机制的形成与否及效果大小，温度过低则强化相含量不足，过高则难以形成。淬火冷却水温度压力应符合工艺要求。

铝合金杆的表面质量控制、铝合金杆强度均匀性的控制措施与铝杆相关控制措施一致。气孔、夹渣的控制措施与铝杆相关措施一致，并可在保温炉与浇铸机间增加在线过滤及除气系统，利用陶瓷过滤板及 N_2 进行炉外净化处理，以进一步提高气孔、夹渣控制效果。

（三）铝线拉丝

为保证铝单丝抗拉强度波动范围小于 25MPa，在拉拔时尽可能选择抗拉强度值较为接近的铝杆，以保证铝线强度的均匀性。绞前铝线抗拉强度建议控制在 175MPa～195MPa 范围内，可以保证铝单丝绞合后抗拉强度平均值不小于 162MPa，抗拉强度极差不大于 25MPa。

铝线的电阻率主要靠控制电工铝杆电阻率来实现，需使用电阻率不大于 0.027801Ω·mm^2/m 的铝杆拉制铝单丝，其铝单丝电阻率才能满足《1250 平方毫米大截面导线技术条件》中的规定。

由于导线外层铝单丝不允许有接头，铝单丝拉拔时必须采用定长拉丝，这样既可以避免因铝单丝长度不足造成的接头，又可以有效减少铝单丝剩余废丝的数量。

根据试制产品的规范要求，铝单丝直径不得出现负公差，考虑到绞制过程中铝单丝存在拉细现象，在拉丝过程中需控制铝单丝直径。

此外还要选择合适的拉丝速度、油温、拉丝模具材质等，才能保证铝单丝的指标合格。

拉丝油的运动粘度、酸值、水分、闪点、凝点等均应严格控制。拉丝油应于室温下密封贮存，期限为一年。拉丝油应根据拉丝要求及时更换，拉丝过程中严格控制拉丝油的温度不得超过 60℃。为了保证单线表面质量，避免铝丝温度过高，使其表面拉丝油氧化变黑，拉丝速度不宜过快，拉线股轮、导轮、模具均进行了抛光处理，导向模、导线轮采用尼龙材料制成，减少中间环节对铝线表面的影响，保证铝线光洁，无毛刺。成品导线应无过量的拉模用润滑油。

（四）铝合金线拉丝及时效

为了避免铝合金拉丝过程中出现的表面磨损、带油和断丝现象，在合金线拉丝过程中，应选择合适的配模，适合的拉丝温度及滑动系数。在拉制不同丝经的铝合金丝时，铝合金杆强度应有差异。一般在拉制丝经较小的铝合金丝，应选择强度较低的铝合金杆。拉制铝合金线时，要保证选择的模具与拉丝机器所提供的模套配合紧密，以防止拉丝过程中合金线摆动折断。

拉丝模具出线模应选择聚晶模，除出线模以外，最好选用钨钢模。拉制铝合金丝时，最好选用最少的配模数量，同时相邻两道模具之间的压缩比最大不超过 1.30。为了保证铝合金丝强度均匀，除进线模以外，其他各模具间的压缩比应平均分配。

为保证铝合金单丝抗拉强度波动范围小于 25MPa，在拉拔时选择抗拉强度值较为接近的铝合金杆，以保证铝合金线强度的均匀性。时效处理前铝合金线抗拉强度建议控制在 300MPa～320MPa 范围内，可以保证铝合金线时效处理后抗拉强度平均值不小于 315MPa，进而保证绞合后铝合金单线抗拉强度最小值不小于 305MPa，抗拉强度极差不大于 25MPa。

铝合金线的电阻率主要靠控制电工铝合金杆电阻率来实现，需使用电阻率不大于 $0.03500\Omega \cdot mm^2/m$ 的铝合金杆拉制铝合金丝，绞合后的铝合金单丝电阻率方能达到 GB/T 23308—2009 标准中的规定，即满足电阻率不大于 $0.03284\Omega \cdot mm^2/m$ 要求。

将拉拔出的铝合金单丝进行人工时效处理，使合金中的 Mg_2Si 强化相大量析出，进一步保证铝合金单线的导电率、强度及延伸率。同时也消除部分残余内应力。选用温差均匀的连续式时效炉，按工艺要求控制时效温度及时效时间，保证时效后的铝合金线的抗拉强度、电阻、延伸率达到设计要求。

（五）铝型线单线拉丝

试制铝型线绞线产品的核心关键是铝型线的制造。

铝型线单线应是电工用的冷拔线，绞合之前的铝单线应满足相应标准要求。单丝等效直径需控制公差，铝型线单丝的抗拉强度极差应不大于 25MPa，20℃电阻率不大于 0.027800Ω·mm^2/m。表面应光洁且不得有可能影响产品性能的所有缺陷，如裂纹、粗糙、划痕和杂质等，成品绞线不允许（内外层）有任何种类的接头。型线拉丝应注意以下几点。

1. 型单线的设计

型单线的设计流程如图 3-8 所示。

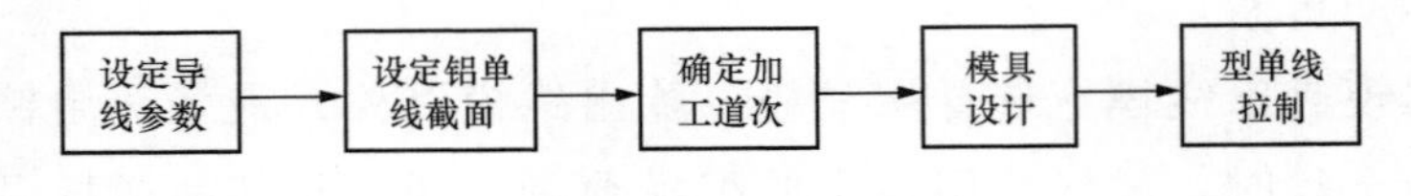

图 3-8 型单线的设计流程图

2. 模具的设计

由于型线为复杂截面，但是变形过程也必须符合金属的流动规律，每道模具间的加工量满足金属冷加工的工艺要求，形状过渡符合比例，同时必须使铝丝拉制过程中不出现断丝现象。因此模具设计的合理性及模具与设备的匹配性显得十分重要。型线成型过程可采用渐变仿真方式进行模拟，拉丝过程中铝型线的变形过程如图 3-9 所示。即将变形过程采用渐变形式分割到每个道次上。保证线材表面与模具开始接触的地方处于同一平面上，因此能够有效的控制接触区域，保证接触表面光滑，变形均匀。

（a） （b）

图 3-9 型线的变形过程及出线模

（a）变形过程；（b）出线模

3. 拉线的速度和绕线方向的确定

型线单线和模具的接触面积较大，发热较严重，因此速度不宜过快。模具放置时应保持形状一致，且使小弧面和拉丝鼓轮接触，这样有利于拉丝的形变，并且能有效地保证单丝大弧面（即导线外表面）平滑和光洁。在走线时也应使小弧面和导轮接触，以避免单丝大弧面的损伤。收线时各盘单线应保证方向一致，在型单线拉制和收线过程中不得发生翻转，且在拉制过程中需被快速、高效的冷却。在生产过程中需注意控制拉丝速度及模具配合，以避免断线；且走线导轮的底部应光滑、平整，且宽度适当，以防止单线翻身和夹线。

4. 型线拉丝模截面及型线截面的控制

由于型线拉丝过程中会存在缩径现象，因此设计模具面积要比铝型线面积大 3%～5%，拉制型线应选择适当的拉丝温度及滑动系数，配模过程中控制压缩比在 1.1～1.3 范围内，以确保型线强度合格，性能稳定。

5. 型线质量的控制

（1）拉制每一层第一盘型线后应检测截面和强度，根据测试结果适当调整拉丝速度和张力，以确保型线强度和截面合格。

（2）用蘸有酒精的棉球在铝型线上轻擦，用电子天平测量，计算出有效的等效直径。

（3）收线时，铝型线排列应整齐，无塌线、压线、松圈等现象。

（4）在铝型线拉丝过程中，单线表面应光洁，无划痕，出成品模后，不允许有接头。

（六）绞线

根据导线技术条件及试制的经验总结，绞线重要工艺控制点如下：

1. 节径比控制

从导线的绞合质量上看，制品紧密性等都与节径比有很大的关系。从理论上讲，导线的绞合节径比越小，节距越小，导线绞合就越紧密。但是绞线的节径比并不是越小越好，太小导线会出现“码线”情形，同时应力也会增大，因此，选择合适的节径比和节距是至关重要的，它对后期导线的展放，紧线都有很大的益处，根据导线技术条件推荐的节径比进行控制可取得良好的效果，同时还需注意控制相邻层之间节径比大于1。

2. 预成型效果控制

成品绞线的预成型效果要达到所有镀锌钢线和铝单丝自然地处于各自位置，当切断时，各线端应保持在原位或容易用手复位。

为此使用了单丝预扭装置,使铝单丝在进入并线模前形成S形走向，对各单丝都给以预扭，同时成品出线处增加了整股导线的预成形装置，使导线在该装置内做纵向和横向驼峰形曲线变化，达到金属线内部晶格的改变，从而最大限度地消除了铝线内部应力，使绞后的导线十分服帖，同时有效地解决了成品绞线的松股、蛇形问题，消除了绞线截断后的散花现象。使导线不仅能完全满足高压输电线路工程施工对接续的要求，而且满足了导线跨河、越山和恶劣环境下的使用要求。

3. 成品导线的张力控制

张力如果控制不好，导线会出现蛇形、背股及压线等现象，给施工造成很大的困难。张力控制实际上是包含两个张力：首先单丝的张力要均匀，目前一般的框绞设备均有张力稳定自动控制系统，较好地控制了单丝张力，但要经常检查维护电气原件，保证设备处于最佳状态；其次是收线张力的控制要适当，线盘底层的排线张力要大于外层的张力。如果张力较小，则导线排列不紧密，成盘后，导线在长途运输、现场展放过程中易压线，造成导线严重磨损，无法展放，带来巨大的浪费。

4. 外观质量控制

由于1250mm² 导线用于特高压输电线路，因此对导线外观要求较严格。要想使成品导线圆整、光洁和表面无擦伤。绞线前应检查绞线机上的导线管，及时更换所有磨损的导线管；将生产该产品的绞线机牵引轮用洁净的丙纶地毯包严绑紧，避免绞合线芯在牵引轮上打滑磨损及粘上油污；生产过程中注意及时更换磨损变大的并线模，新更换的并线模的进线区和定径区要打磨光滑，进线区和定径区连接处应光滑过渡；成品导线采用侧板平整的交货盘收线，以避免侧沿划伤导线，成品排线要求平整。

5. 外径控制

绞线成型模采用的圆形模具。

五、过程检测

1. 原材料检测

应对铝锭的化学元素进行测定，对钢芯进行抽检，其性能应达到相关要求。

2. 铝杆、铝合金杆检测

铝杆、铝合金杆表面应光洁、圆整，无严重擦伤、起皮、槽沟、楞边及三角等，其机械及电气性能如表 3-13 所示。

表 3-13　　铝杆铝合金杆机械及电气性能

铝杆种类	抗拉强度（MPa）	伸长率（250mm 标距）	20℃时电阻率（nΩ・m）
铝杆	120～125	≥6%	27.801
铝合金杆	150～200	≥10%	35.00

3. 铝单丝检测

1250mm² 导线要求圆线单丝直径没有负公差，为了满足技术要求，需要充分考虑各方面影响线径的因素，例如拉丝速度、拉丝张力、绞线张力、绞线预扭等因素，确定圆线单线成品模孔径比单丝标称直径大 0.03mm～0.05mm。型线单线虽然可以有正负公差，但考虑型线拉丝过程中缩径现象，确定型线单线成品模孔面积比单丝标称面积大 3%～5%。

建议 1250mm² 导线铝单丝强度控制在 175MPa～195MPa，强度太高的铝单丝电阻率难以达到 61.5%IACS 的要求，太低了难以保证工程质量要求。单丝强度可通过拉丝进行适当调节，保证单丝强度在合理的范围内，但须进行 100%检验。

4. 绞线质量检测

应按技术条件的规定对绞线进行出厂检测。

第五节　导　线　试　验

一、导线型式试验

（一）试验项目

架空导线要应用到工程中，必须完成型式试验来验证产品能否满足相关国家标准及技术规范的要求。根据实践经验，1250mm^{2}导线型式试验项目如下：

（1）绞线结构参数。

（2）镀锌钢线全性能试验。

（3）铝/铝合金单线全性能试验。

（4）拉断力。

（5）应力—应变。

（6）弹性模量。

（7）线膨胀系数。

（8）20℃绞线直流电阻。

（9）载流量。

（10）振动疲劳。

（11）蠕变。

（12）紧密度。

（13）平整度。

（14）滑轮通过试验。

（15）电晕及无线电干扰试验。

（二）试验方法

（1）绞线结构参数、拉断力、应力—应变曲线、弹性模量的试验方法按照GB/T 1179—2008进行。

（2）镀锌钢线全性能试验的试验方法按照GB/T 3428—2012进行；铝单线全性能试验的试验方法按照GB/T 17048—2009进行；铝合金单

线全性能试验方法按照 GB/T 23308—2009 进行。

（3）载流量的计算按照 GB 50545—2010《110kV～750kV 架空输电线路设计规范》或 IEC 61597—1995 的推荐公式进行。

（4）紧密度测试中，导线在承受 30%额定拉断力时与不受张力时，其周长的允许减少值不超过 2%。平整度测试中，导线在承受 50%额定最大张力时，采用一刀口平尺，使刀口平尺的直边平行地靠在导线上，再以塞尺测量导线与刀口平尺之间的距离，刀口平尺长度至少应为导线外层节距的 2 倍，导线表面与刀口平尺间的空隙不应超过 0.5mm。

（5）蠕变试验应参照 GB/T 22077—2008 规定的试验方法进行，蠕变曲线应表明导线在承受恒定的拉力时的蠕变伸长情况，试验张力为 15%RTS（rated tensile strength，额定拉断力）、25%RTS、40%RTS，试验时间为 1000h，温度为（20±2）℃。

（6）疲劳试验是为了考核导线耐微风振动疲劳性能，采用振动角法试验。其档距长度应不小于 35m，张力为 25%RTS，在线夹出口处的振动角应为 25′～30′；导线应能承受三千万次以上的往复振动，如导线任一股在振动不到 3000 万次时已断裂，则导线为不合格。每 1000 万次振动后应检查导线是否已产生疲劳破坏。

（7）滑轮通过试验的包络角定为 30°，滑轮底径 1000mm，在 25%RTS 张力下往复运动 20 次，测试导线过滑轮后的损伤情况。

二、出厂检验项目及方法

导线产品应由制造厂检验合格后方能出厂，每件出厂的产品应附有质量合格证。用户有要求时，制造厂应提供有关的试验数据。

产品按表 3-14 的规定进行检验。

表 3-14　　产品出厂检验要求

序号	项　目	验收规则	试验方法
1	导线尺寸	T，S	GB/T 4909
2	外观	R	目力观察

续表

序号	项　　目	验收规则	试验方法
3	材料	T，S	GB/T 4909
4	绞合结构、断头松散性	T，S	划印法及目力观察
5	接头	T，S	目力观察
6	铝（合金）线的性能		
6.1	机械性能	T，S	GB/T 4909
6.2	电阻率	T，S	GB/T 3048
7	钢线性能	T，S	GB/T 4909
8	单位长度质量	T，S	GB/T 1179
9	交货长度	R	计米器测量

注　T—型式试验；S—抽样试验；R—例行试验。

（1）绞前取样，应从任一批导线所用的铝线和钢线中，在不少于10%的根数上截取，每项试验所用的试件，应从所选取的每根试样上截取。

（2）绞后取样，试样应从任一批次产品中按导线根数选取约10%。每一项的试件应从所选取的每根试样上截取。测定钢线伸长1%应力的试样，在中心钢线上截取。

（3）如第一次试验有不合格时，应另取双倍数量的试样就不合格的项目进行第二次试验，如仍不合格时，则判为不合格产品，并应逐盘检查。

三、特高压工程用导线质量控制

特高压工程用导线质量控制的措施采取三个方法并行实施的方案，即制造厂家检验、驻厂监造及第三方抽检一并实施的方式对导线进行质量控制。

1．制造厂家检验

制造厂家检验包含原材料检验、过程检验及成品检验。

2. 驻厂监造

委托第三方监造机构对导地线生产的全过程进行现场监造。驻厂监造除见证制造厂家检验外还对一些还进行一些抽检，抽检项目如表3-15所示。

表3-15 1250mm²导线监造抽样检测项目

序号	检验项目	工作范围
1	铝锭及合金材料	化学成分
2	镀锌钢芯	绞线结构及性能
3	铝杆	外观与表面质量、直径、抗拉强度、断后伸长率、电阻率、化学成分
4	铝单线	外观与表面质量、直径、单位长度质量、抗拉强度、电阻率、卷绕、工艺接头抗拉强度
5	铝合金单线	外观与表面质量、直径、抗拉强度、（延伸率）断后伸长率、反复弯曲、电阻率、卷绕、工艺接头抗拉强度
6	钢芯铝绞线、钢芯成型铝绞线、铝合金芯成型铝绞线、钢芯铝合金绞线	外观与表面质量、结构、绞向、节径比、外径、单位长度质量、直流电阻、每盘线长、绞合紧密性、绞后单线性能
7	焊接头	工艺性接头抗拉强度，盘号、焊接头位置

导地线现场抽检见证比例：

（1）铝单线、铝合金单线绞前和绞后按照30%比例随机抽样，进行尺寸、力学性能检测（要求制造厂需进行100%自检）。按照10%比例随机抽样，进行电性能检测。

（2）镀锌钢线绞前和绞后按照10%比例进行尺寸、力学性能检测。

（3）钢芯铝绞线、铝合金芯铝绞线、钢芯铝合金绞线绞制工艺、结构按照10%比例随机抽样。

3. 第三方抽检

委托第三方试验检测机构对导地线成品按照一定比例抽样进行检验，第三方检测机构应为经买方认可的具有CNAS证书的权威检验检测机构。抽检项目及抽检比例如表3-16所示。

表 3-16　　导线抽样方案

材料	抽样范围	试验项目	
钢芯铝绞线、钢芯成型铝绞线、铝合金芯成型铝绞线、钢芯铝合金绞线	（1）按厂家进行抽样，每种型号抽样率为总盘数1%，不足一盘的按一盘取（2）每盘一组，每组取30m	铝（合金）单线	外观质量检查、单线直径、抗拉强度、卷绕性能、伸长率（仅对铝合金单线）、电阻率
		镀锌钢线	外观质量检查、单线直径、抗拉强度、1%伸长应力、伸长率、卷绕、镀层重量、镀锌层连续性及镀层附着性
		绞线	外观质量检查、额定抗拉力、直径、单位长度重量、直流电阻、绞向及节径比

第六节　1250mm²导线技术特性

一、导线电阻特性

（一）铝线电阻

研制的7种1250mm²系列导线分别为钢芯铝绞线JL1/G3A-1250/70-76/7、JL1/G2A-1250/100-84/19，钢芯铝合金绞线JLHA4/G2A-1250/100-84/19、JLHA1/G2A-1250/100-84/19，钢芯成型铝绞线JL1X1/G3A-1250/ 70-431、JL1X1/G2A-1250/100-437，铝合芯成型铝绞线JL1X1/LHA1- 800/550-452，如图3-10~图3-16所示。其中五种导线硬铝（两种圆线、三种型线）线均采用了导电率不低于61.5%IACS铝单线（电阻率不大于28.034nΩ·m），提高了导线导电性能，均属节能导线，可减少输电损耗。

图3-10　JL1/G3A-1250/70-76/7型钢芯铝绞线

56个1250mm²导线样品的铝圆线单

线（29 个 JL1/G2A-1250/70-76/7、27 个 JL1/G2A-1250/100-84/19 样品）直流电阻率如图 3-17 所示、30 个导线样的铝型线单线（9 个 JL1X1/G3A-1250/70-431、12 个 JL1X1/G2A-1250/100-437、9 个 JL1X1/LHA1-800/550-452 样品）直流电阻率如图 3-18 所示，铝单丝 20℃时电阻率平均值如表 3-17 所示。

图 3-11 JL1/G2A-1250/100-84/19 型钢芯铝绞线

图 3-12 JLHA4/G2A-1250/100-84/19 型钢芯铝合金绞线

图 3-13 JLHA1/G2A-1250/100-84/19 型钢芯铝合金绞线

图 3-14 JL1X1/G3A-1250/70-431 型钢芯成型铝绞线

图 3-15 JL1X1/G2A-1250/100-437 型钢芯成型铝绞线

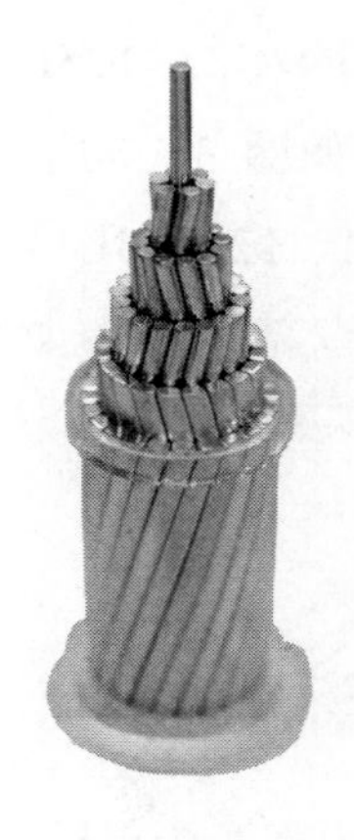

图 3-16 JL1X1/LHA1-800/550-452 型铝合芯成型铝绞线

表 3-17 铝单丝 20℃时电阻率值 （Ω/km）

类型	标准要求	厂家平均值
圆线	≤28.034	27.989
型线		27.926

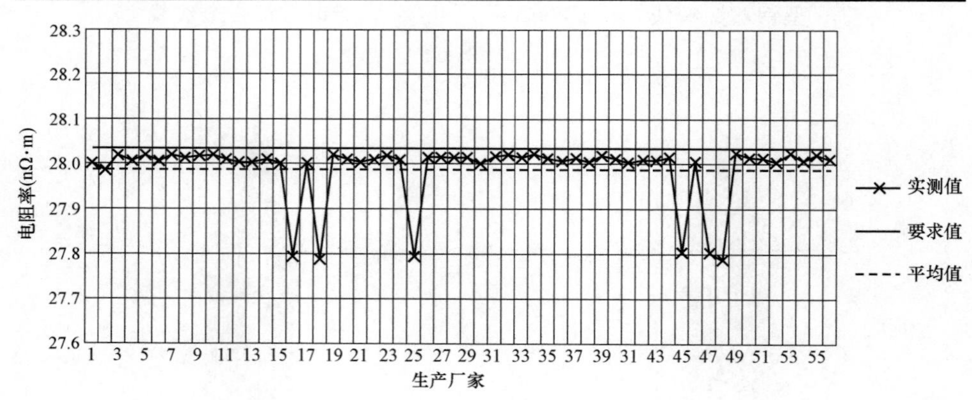

图 3-17 铝圆线单线直流电阻率（20℃时）

所有样品的铝单线直流电阻率均符合技术条件要求。多数厂家电阻率数值与要求值较为接近，说明通过近年来多种 61.5%IACS 导线的生产制造，导线制造厂家对该导电率的硬铝单线生产较为成熟，而部分公司采用了较好的铝杆及相关的工艺措施，其导电率超过了62.0%IACS。

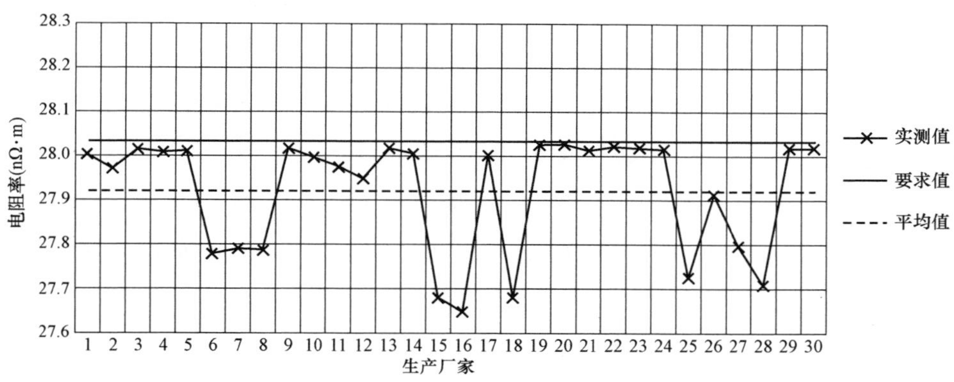

图3-18 铝型线单线直流电阻率（20℃时）

（二）铝合金线电阻

9个LHA1铝合金单线直流电阻率如图3-19所示，铝合金单丝20℃时电阻率平均值如表3-18所示。

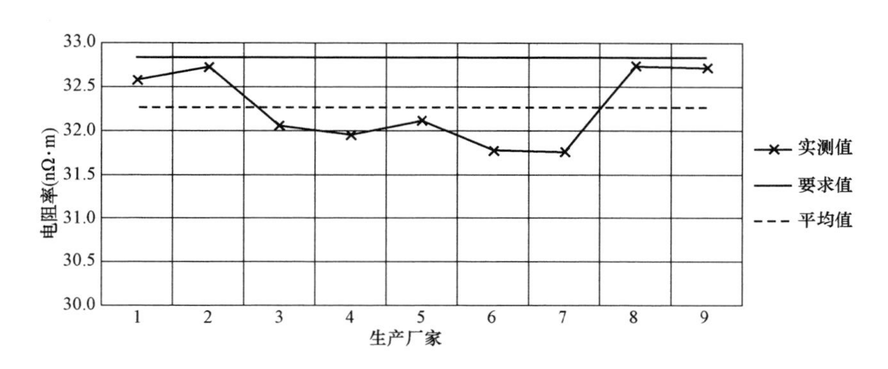

图3-19 铝合金单线直流电阻率（20℃时）

表3-18 铝合金单丝20℃时电阻率平均值 （Ω/km）

LHA1铝合金线		LHA4铝合金线	
标准要求	厂家平均值	标准要求	厂家平均值
≤32.840	32.283	≤32.247	29.930

所有 LHA1、LHA4 样品的铝合金单线直流电阻率均符合技术条件要求。

（三）绞线电阻

29 个 JL1/G2A-1250/70-76/7 样品绞线电阻如图 3-20 所示，27 个 JL1/G2A-1250/100-84/19 样品绞线电阻如图 3-21 所示，9 个 JL1X1/G3A-1250/70-431 样品绞线电阻如图 3-22 所示，12 个 JL1X1/G2A-1250/100-437 样品绞线电阻如图 3-23 所示，9 个 JL1X1/LHA1-800/550-452 样品绞线电阻如图 3-24 所示。20℃时绞线电阻如表 3-19 所示。

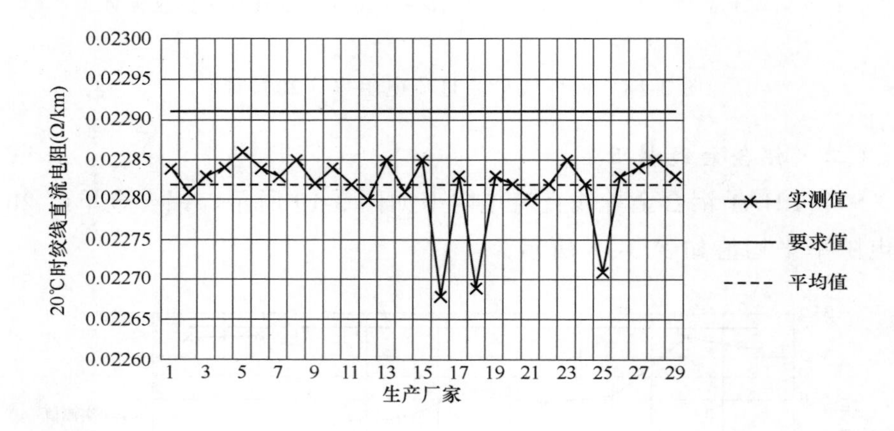

图 3-20　JL1/G2A-1250/70-76/7 导线 20℃时直流电阻

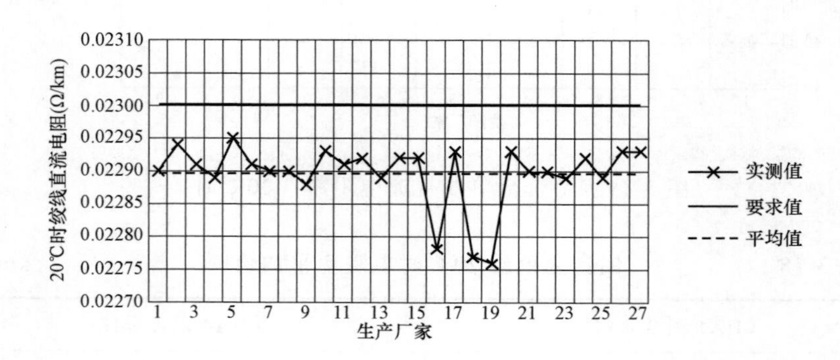

图 3-21　JL1/G2A-1250/100-84/19 导线 20℃时直流电阻

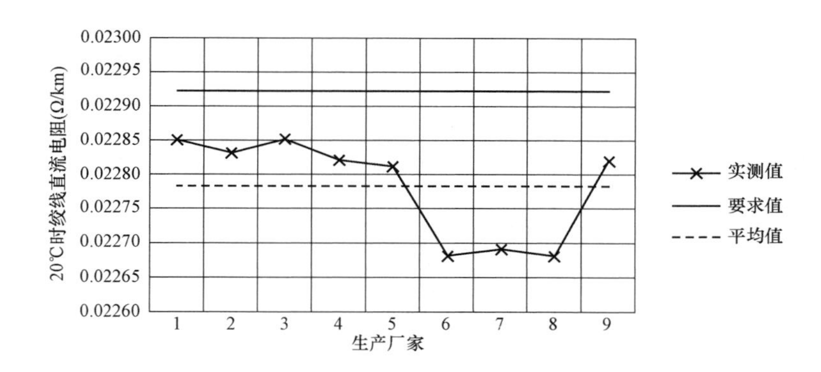

图 3-22　JL1X1/G3A-1250/70-431 导线 20℃时直流电阻

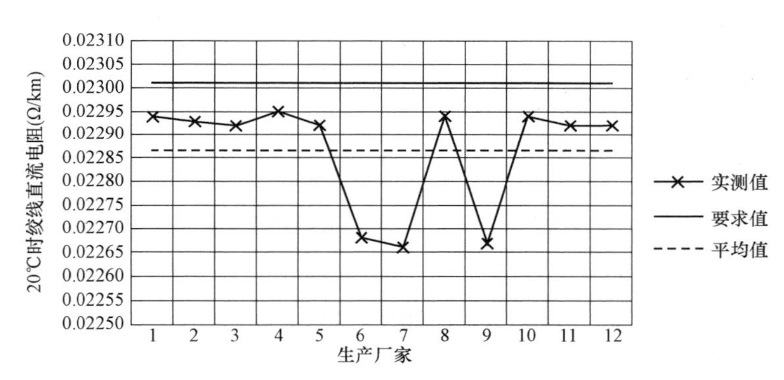

图 3-23　JL1X1/ G2A-1250/100-437 导线 20℃时直流电阻

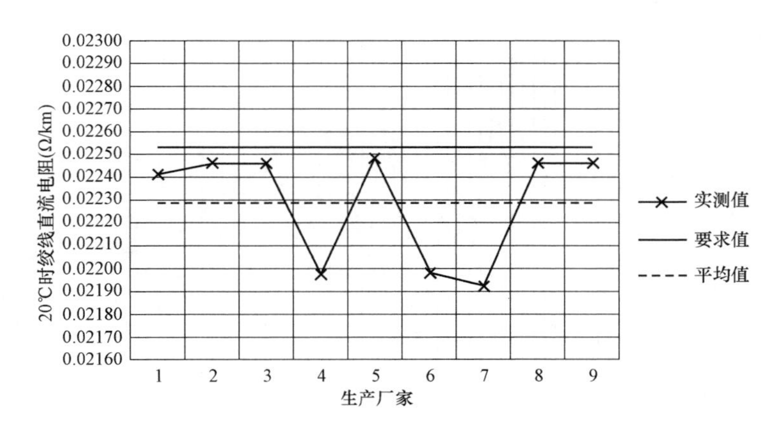

图 3-24　JL1X1/LHA1-800/550-452 导线 20℃时直流电阻

表 3-19　　20℃时绞线电阻　　（Ω/km）

型号	标准要求	厂家平均值
JL1/G3A-1250/70-76/7	≤0.02291	0.02282
JL1/G3A-1250/100-84/19	≤0.02300	0.02290
JL1X1/G3A-1250/70-431	≤0.02292	0.02278
JL1X1/G3A-1250/100-437	≤0.02301	0.02287
JL1X1/LHA1-800/550-452	≤0.02253	0.02229
JLHA1/G3A-1250/100-84/19	≤0.02694	0.02608
JLHA4/G3A-1250/100-84/19	≤0.02481	0.02416

全部样品的 20℃时平均直流电阻值小于要求值，满足要求。

二、铝线抗拉强度

（一）铝线抗拉强度

56 个导线样品的铝圆线单线（29 个 JL1/G2A-1250/70-76/7、27 个 JL1/G2A-1250/100-84/19 样品）绞后抗拉强度平均值如图 3-25 所示，30 个铝型线单线（9 个 JL1X1/G3A-1250/70-431、12 个 JL1X1/ G2A-1250/100-437、9 个 JL1X1/LHA1-800/550-452）绞后抗拉强度平均值分布情况如图 3-26 所示。全部铝单线绞后抗拉强度平均值如表 3-20 所示。

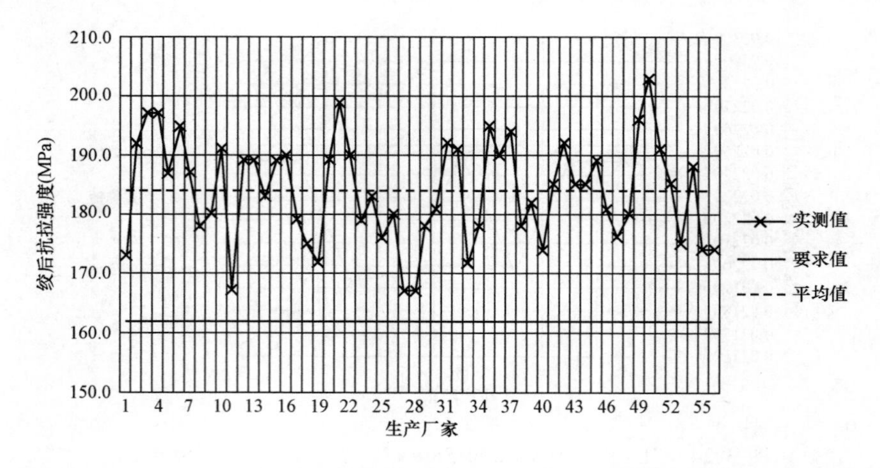

图 3-25　铝单线（圆线）绞后抗拉强度平均值分布图

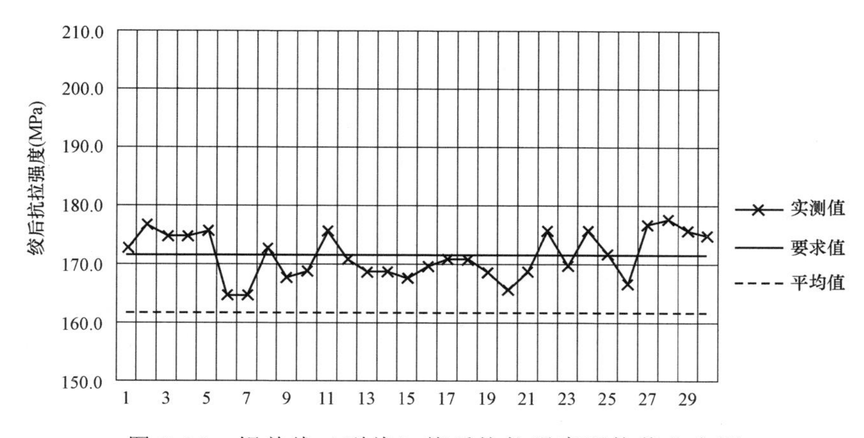

图 3-26　铝单线（型线）绞后抗拉强度平均值分布图

表 3-20　　铝单线绞后抗拉强度平均值　　（MPa）

标准要求		厂家平均值						
		ϕ4.58mm	ϕ4.35mm	圆线	等效 ϕ4.93mm	等效 ϕ5.16mm	等效 ϕ4.82mm	型线
平均值	≥162	183.4	184.7	184.0	171.9	169.8	174.1	171.7
最小值	≥157	172.0	173.1	172.5	162.7	160.2	165.2	162.4
极　差	≤25	21.5	20.9	21.2	20.6	20.3	17.6	19.6

所有样品的绞后抗拉强度符合技术条件要求。圆线绞后抗拉强度平均值、最小值高出要求值较多，且两种直径铝单线（1250/70 用ϕ4.58mm 单线、1250/100 用ϕ4.35mm 单线）抗拉强度值差异不大，说明厂家对铝单线圆线抗拉强度控制水平较高。铝型线绞后抗拉强度平均值、最小值超出标准要求值较小，且随着单线等效直径增大抗拉强度有所降低（JL1X1/G3A-1250/70-431 用等效直径ϕ4.93mm 单线、JL1X1/G2A-1250/100-437 用等效直径ϕ5.16mm 单线，JL1X1/LHA1-800/550-452 用等效直径ϕ4.82mm 单线），这说明铝型线单线生产难度较大，在将来工程用导线生产过程中铝型线单线抗拉强度指标需引起生产厂家的高度重视。

（二）铝合金线抗拉强度

9 个导线样品的铝合金线单线绞后抗拉强度平均值分布情况如图 3-27 所示，铝合金线单线绞后抗拉强度最小值分布情况如图 3-28 所示。

铝合金单线绞后抗拉强度平均值如表 3-21 所示。

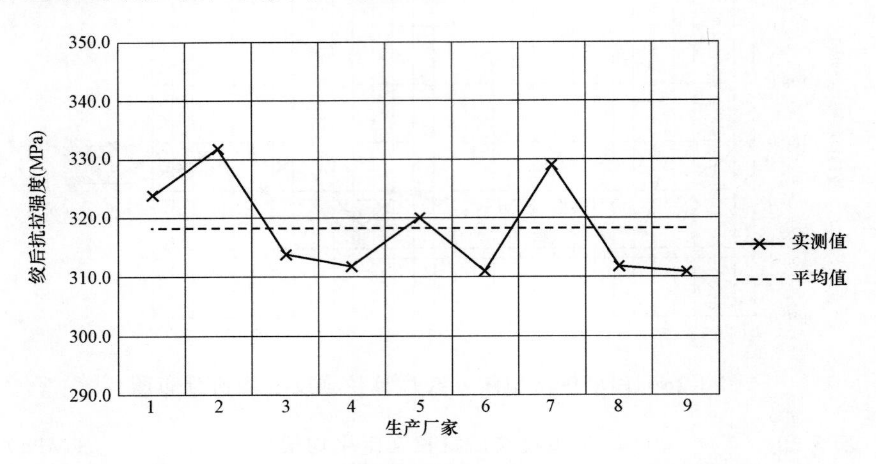

图 3-27 铝合金单线绞后抗拉强度平均值分布图

表 3-21 铝合金单线绞后抗拉强度平均值 (MPa)

LHA1			LHA4		
要求值		厂家平均值	要求值		厂家平均值
平均值		318.3	平均值		264
最小值	≥305	311.6	最小值	≥242	251
极　差	≤25	19.4	极　差	≤25	24

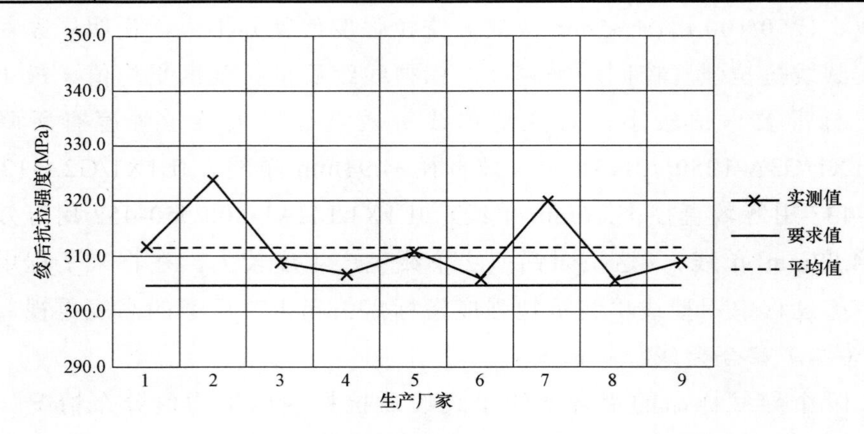

图 3-28 铝合金单线绞后抗拉强度最小值分布图

所有样品的铝合金绞后抗拉强度最小值、极差均符合技术条件要求。

三、绞线结构特性

（一）型线导线结构特性

1250mm^2 导线有三种型线导线，分别为钢芯成型铝绞线 JL1X1/G3A-1250/70-431、JL1X1/G2A-1250/100-437，铝合金芯成型铝绞线 JL1X1/ LHA1-800/550-452。型线导线增大导体截面填充率，减小了导线外径。普通导线（圆线绞线）由圆单线同心绞制而成，铝导体的填充率较低，1250mm^2 型线绞线的铝单线采用 T 型，填充率能达到 92%，在保证导电截面不变的情况下缩小了外径。1250mm^2 铝合金芯成型铝绞线与钢芯铝绞线相比，两者的电气和机械性能基本相同，但 1250mm^2 铝合金芯成型铝绞线的导电性能有所提高，可减少输电损耗，节能环保，该导线还具有耐腐蚀性能强、机械荷载小的优点。1250mm^2 型线导线可降低风载荷和覆冰重量，从而降低工程造价。但型线导线也存在缺点，包括型线绞线生产效率较低、加工制造成本较高、散股及跳股后处理难度较圆线导线大等。目前在国内应用型线导线的工程较少。因此需要严格控制导线制造质量（重点关注绞线紧密度、单线预扭及节径比控制），选用合适的放线设备，采用合理的放线工艺等措施，以保证型线导线的工程应用。

（二）绞线节径比

合理的节径比配置可以保证导线绞制紧密及良好的力学性能，因此对所试制导线的节径比进行了分析。

29 个 JL1/G2A-1250/70-76/7 样品节径比如图 3-29 所示，27 个 JL1/G2A-1250/100-84/19 样品节径比如图 3-30 所示，9 个 JL1X1/G3A-1250/70-431 样品节径比如图 3-31 所示，12 个 JL1X1/G2A-1250/100-437 样品节径比如图 3-32 所示，9 个 JL1X1/LHA1-800/550-452 样品节径比如图 3-33 所示。全部导线样品节径平均值如表 3-22 和表 3-23 所示。

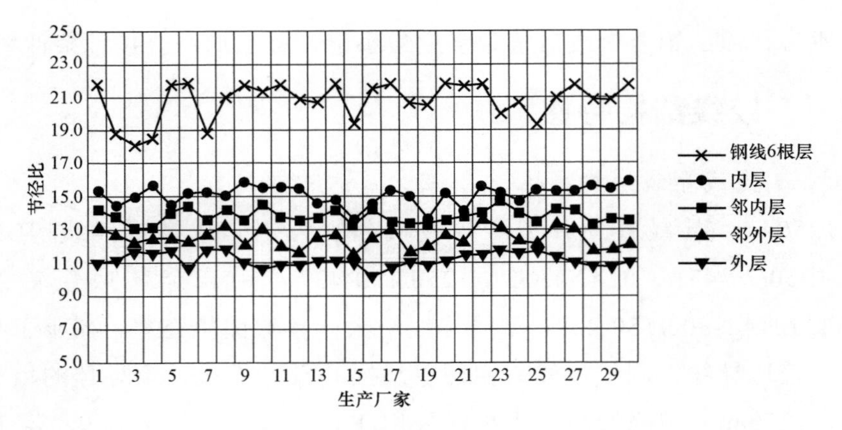

图 3-29　JL1/G2A-1250/70-76/7 导线节径比

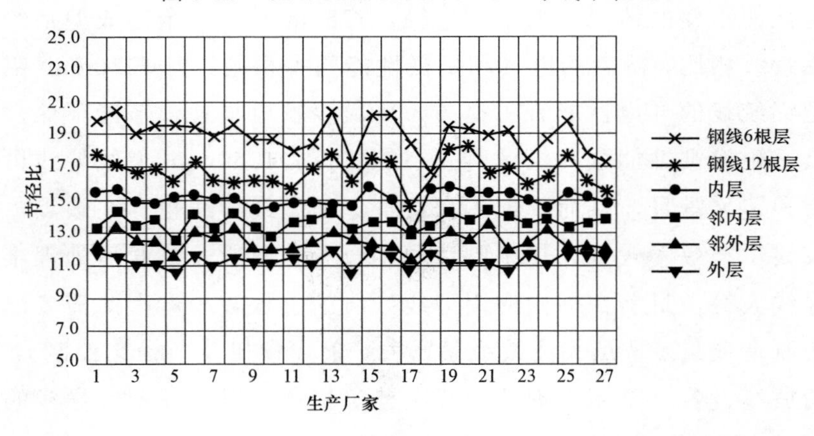

图 3-30　JL1/G2A-1250/100-84/19 导线节径比

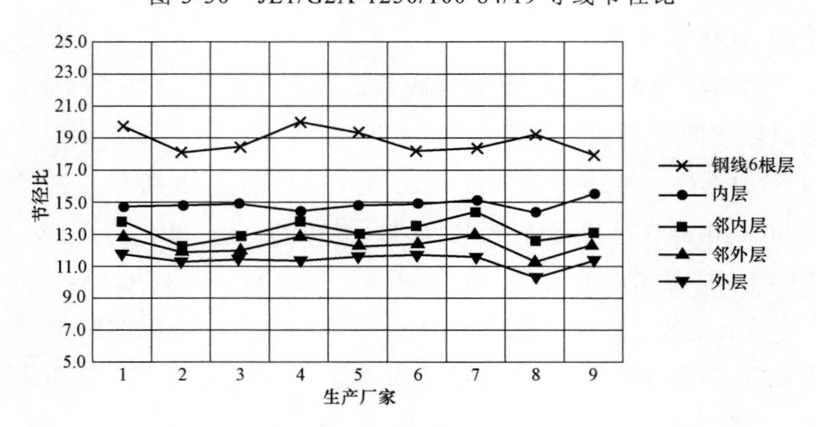

图 3-31　JL1X1/G3A-1250/70-431 导线节径比

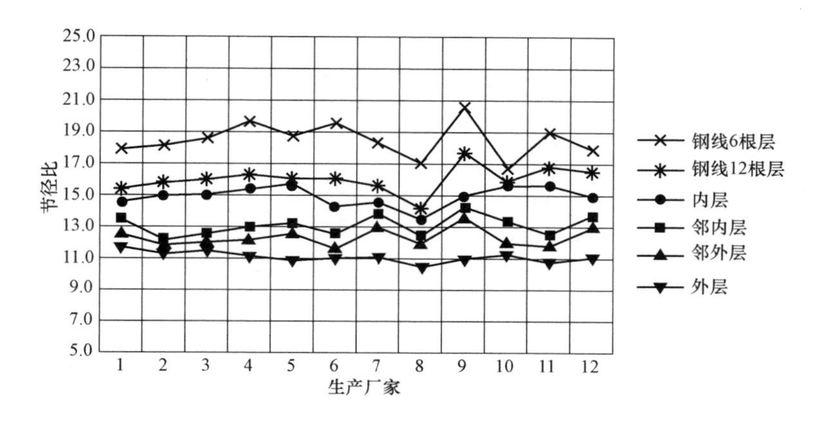

图 3-32 JL1X1/G2A-1250/100-437 导线节径比

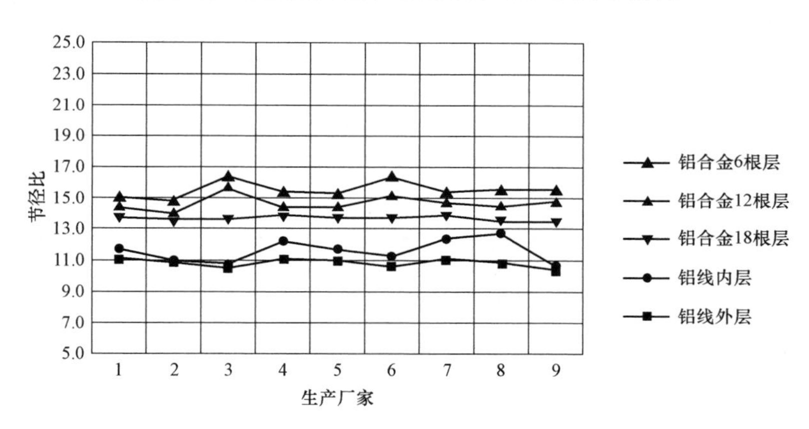

图 3-33 JL1X1/LHA1-800/550-452 导线节径比

表 3-22 导线节径比平均值（钢芯铝绞线、钢芯成型铝绞线、钢芯铝合金绞线）

要求值	JL1/G3A-1250/70-76/7	JL1/G3A-1250/100-84/19	JL1X1/G3A-1250/70-431	JL1X1/G3A-1250/100-437	JLHA1/G2A-1250/100-84/19	JLHA4/G2A-1250/100-84/19
钢芯 6 根层（16～22）	20.8	18.9	18.8	18.6	19.5	18.8
钢芯 12 根层（14～20）		16.6		16.0	16.4	16.2
铝线内层（13～16）	15.1	15.0	14.8	15.0	15.7	15.1

续表

要求值	JL1/G3A-1250/70-76/7	JL1/G3A-1250/100-84/19	JL1X1/G3A-1250/70-431	JL1X1/G3A-1250/100-437	JLHA1/G2A-1250/100-84/19	JLHA4/G2A-1250/100-84/19
铝线邻内层（12～15）	13.8	13.6	13.3	13.2	14.4	14.3
铝线邻外层（11～14）	12.5	12.4	12.3	12.4	12.2	13.1
铝线外层（10～12）	11.2	11.3	11.4	11.1	11.8	11.2

表 3-23　　导线节径比平均值（铝合金芯成型铝绞线）

要求值	JL1X1/LHA1-800/550-452
铝合金芯 6 根层（14～16）	15.6
铝合金芯 12 根层（13～15）	14.7
铝合金芯 18 根层（12～14）	13.7
铝线内层（11～14）	11.6
铝线外层（10～12）	10.9

所有导线节径比均满足相关标准及技术条件，但部分样品相邻层之间节径比差值小于 1，建议对实际工程应用的导线的生产过程严格控制，确保邻层之间节径比差值大于 1，以保证导线质量。

四、导线振动特性

（一）导线振动特性影响因素

1. 导线外径的影响

风输给导线的振动能量约与导线直径的四次方成正比，振动频率则与导线直径成反比，因而大直径导线输入的振动能量相对较大，并且处于低频振动范围，导线的阻尼作用也相应减小。这方面的因素给大直径导线的防振设计带来了很大的困难。

1250mm^2 导线中最大外径已经达到 47.85mm，最小外径也在 43mm 以上，大大超过以往导线的外径。因此，导线外径的增大导致 1250mm^2 导线微风振动水平较其他导线更为显著，在防振方案设计时必须充分考虑因导线外径增加造成的负面影响。

2. 分裂数量及分裂间距的影响

在分裂导线系统中，通常需要安装阻尼间隔棒。间隔棒对导线振动的抑制作用也被证实是比较明显的，它能够从两方面抑制导线系统的振动：一是其本身的阻尼元件能够消耗导线系统的振动能量；二是其对各子导线能够起到互相牵扯的作用，从而改变子导线的振动状态。这样的双重作用，使得分裂导线在相同情况下比单导线的振动强度有所降低。从以往的经验看，分裂数量越多，子导线间距越小，间隔棒对子导线的牵扯作用就越明显，导线系统的振动水平就越低。

$1250mm^2$ 导线在实际工程中采用 6 分裂、8 分裂设计，子导线之间安装阻尼间隔棒，其对导线系统的微风振动起到较好的抑制作用，因此，在分裂导线状态下，导线的振动水平较单导线状态将有所降低，有利于微风振动的防治。

3. 跨越档距及挂点高度的影响

跨越档距是影响振动强度的一项重要因素，主要是振幅和振动延续时间两个方面的影响。跨越档距增大，导线挂点更高，风速更加平稳，因此振动延续时间也随之增加。

忽略导线的刚度，导线微风振动的频率可用式（3-22）计算

$$f_c = \frac{n}{2L}\sqrt{\frac{T}{m}} = \frac{1}{\lambda}\sqrt{\frac{T}{m}} \tag{3-22}$$

式中 f_c——导线的振动频率，Hz；

n——档内振动半波数，为正整数；

L——档内导线长度，m；

T——导线张力，N；

m——导线单位质量，kg/km；

λ——波长，m。

由式（3-22）可知，档距越长，导线微风振动的基频越小，其振动频率就越密集，也就越容易建立稳态振动，振动持续时间也自然会增加。

4. 导线张力的影响

提高导线的张力，不仅会增加导线的振动强度（振幅和振动次数），而且会降低导线的疲劳极限。导线张力提高后，其自阻尼作用下降，导线振幅增大且振动波长也增大。

$1250mm^2$ 导线平均运行张力的水平与其他线路相当，为导线额定抗拉力的25%左右。设计防振方案时需结合导线运行张力，有针对性地解决问题。

（二）导线阻尼特性

1. 自阻尼试验条件及试验方法

导线系统对微风振动能量的消耗一方面来自防振元件，另一方面则来自导线自身的阻尼特性。因此，要了解导线系统的防振性能，首先必须掌握导线的自阻尼特性。导线的自阻尼是衡量材料自身消耗能量的能力，与导线的材料、结构、绞合紧密程度、张力等有关，不同导线之间的自阻尼差异较大，需要通过试验测定。自阻尼特性试验采用功率法，测量的频率范围覆盖微风振动的频率范围。

试验布置示意如图3-34所示。试验时将被测导线按要求张力（25% RTS）架设在试验挡上，两端通过压板固定在重型墩块上，以电动振动台作为振源，用特定频率激振导线。待振动稳定后，测量激振力、激振速度、激振功率、导线波腹振幅以及线夹出口处的动弯应变。最终通过对试验数据的拟合，得出导线自阻尼 P_c 的解析表达式，如式（3-23）所示

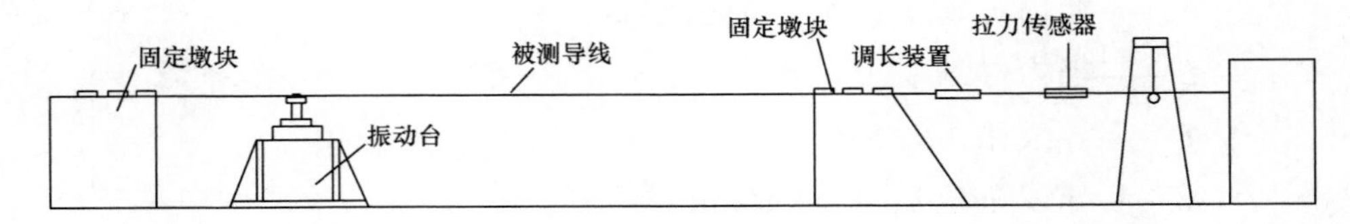

图3-34　导线自阻尼特性试验布置示意图

$$P_c = \Phi(f, Y) = 10^{\beta}(Y/D)^{\alpha} \quad (3\text{-}23)$$

式中　α、β——拟合出的系数；

f——导线振动频率；

D——导线外径；

Y——导线波腹双振幅。

为了直观地表达导线的阻尼特性，通常根据导线自阻尼表达式绘制出导线的自阻尼功率特性曲线及频响特性曲线。功率特性曲线为对数坐标系下的针对不同振动频率的一组直线，每一条直线均反映对应振动频率下导线相对振幅和导线耗能功率之间的关系；频响特性曲线反映的是不同振动频率下导线线夹出口处的动弯应变大小。这两类曲线基本反映了导线的自阻尼特性，能够为后续的防振设计及试验提供参考。

1250mm^2 级导线包含四种类型 7 个型号规格的导线，分别为：钢芯铝绞线 JL1/G3A-1250/70-76/7、JL1/G2A-1250/100-84/19，钢芯成型铝绞线 JL1X1/G3A-1250/70-431、JL1X1/G2A-1250/100-437，铝合金芯成型铝绞线 JL1X1/LHA1-800/550-452，钢芯铝合金绞线 JLHA1/G2A-1250/100-84/19、JLHA4/G2A-1250/100-84/19。导线振动特性研究仅对轻、中冰区用 JL1/G3A-1250/70-76/7、JL1/G2A-1250/100-84/19，JL1X1/G3A-1250/70-431、JL1X1/G2A-1250/100-437，JL1X1/LHA1-800/550-452 五种导线进行分析，重冰区输电线路振动水平较低，一般不需进行防振设计，因此不对两种重冰区导线进行振动特性研究。

2. 导线 JL1/G3A-1250/70-76/7 自阻尼特性

按导线自阻尼试验的要求，将导线 JL1/G3A-1250/70-76/7 架设在试验挡上，导线张力为 73.56kN（25%RTS），通过对试验数据的拟合得出导线自阻尼解析表达式为

$$P_c = \Phi(f,Y) = 10^{\beta}(Y/D)^{\alpha} \tag{3-24}$$

式中 P_c——导线自阻尼，mW/m；

f——导线振动频率，Hz；

Y——导线波腹双振幅，mm；

β——$1.792434+0.071115f$；

D——导线外径，mm；

α——$1.281687+0.020343f$。

根据式（3-24）计算得出的导线自阻尼功率特性曲线绘于图 3-35 中。

根据导线 JL1/G3A-1250/70-76/7 的自阻尼试验结果，得到无防振方案时导线悬垂（耐张）线夹出口动弯应变与导线振动频率的关系（频响特性），如图 3-36 所示。从图 3-36 中可以看出，未安装防振方案时导线悬垂（耐张）线夹出口的动弯应变在中低频范围内都比较大，最大动弯应变达到 646με，远远超出技术条件要求，故必须安装防振方案来抑制导线的振动，将导线的振动水平控制在安全范围内。

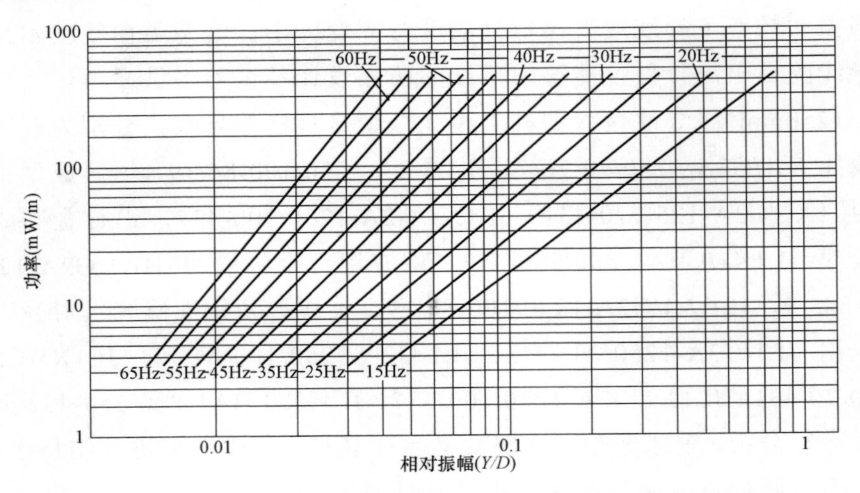

图 3-35　导线 JL1/G3A-1250/70-76/7 自阻尼功率特性曲线

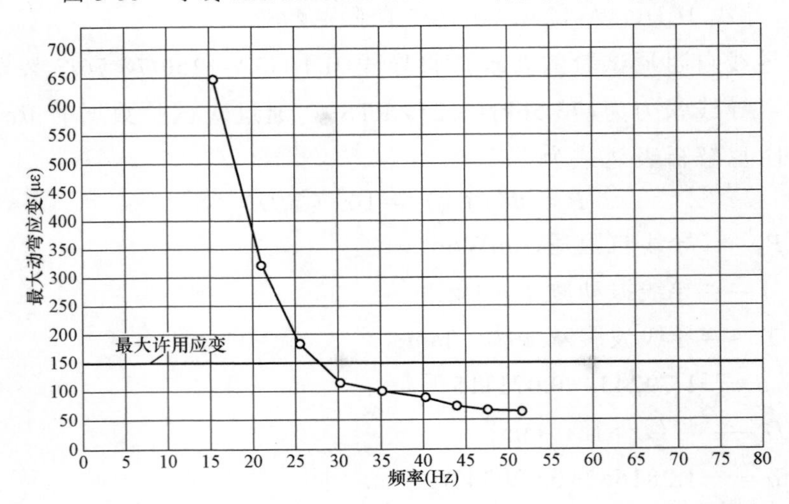

图 3-36　无防振方案时导线 JL1/G3A-1250/70-76/7 频响特性曲线

3．导线 JL1/G2A-1250/100-84/19 自阻尼特性

按导线自阻尼试验的要求，将导线 JL1/G2A-1250/100-84/19 架设在试验挡上，导线张力为 82.46kN（25%RTS），通过对试验数据的拟合得出导线自阻尼解析表达式为

$$P_c = \Phi(f,Y) = 10^{\beta}(Y/D)^{\alpha} \quad (3\text{-}25)$$

$$\beta = 1.840974 + 0.057518f$$

$$\alpha = 0.999655 + 0.019149f$$

根据式（3-25）计算得出的导线自阻尼功率特性曲线绘于图 3-37 中。根据导线 JL1/G2A-1250/100-84/19 的自阻尼试验结果，得到无防振方案时导线悬垂（耐张）线夹出口动弯应变与导线振动频率的关系（频响特性），如图 3-38 所示。从图 3-38 中可以看出，未安装防振方案时导线悬垂（耐张）线夹出口的动弯应变在中低频范围内都比较大，最大动弯应变达到 382με，远远超出技术条件要求，故必须安装防振方案来抑制导线的振动，将导线的振动水平控制在安全范围内。

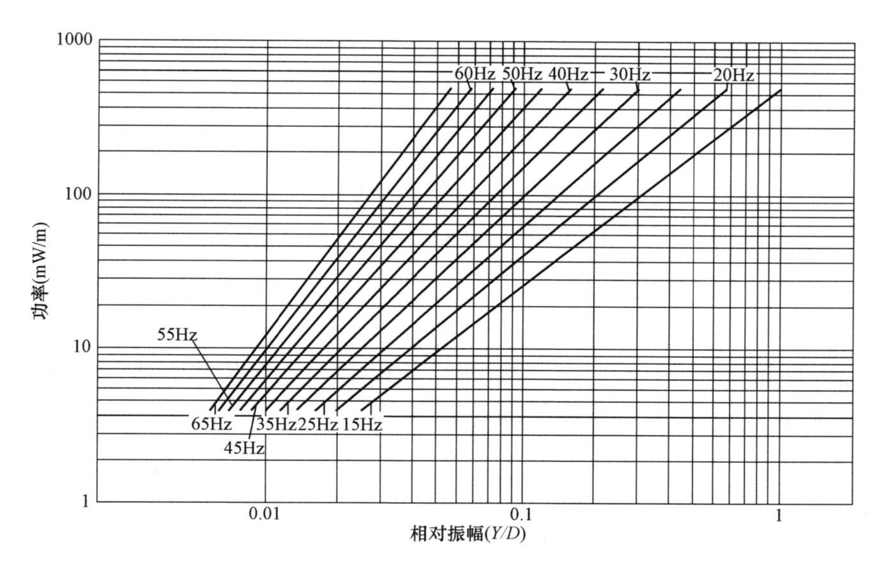

图 3-37 导线 JL1/G2A-1250/100-84/19 自阻尼功率特性曲线

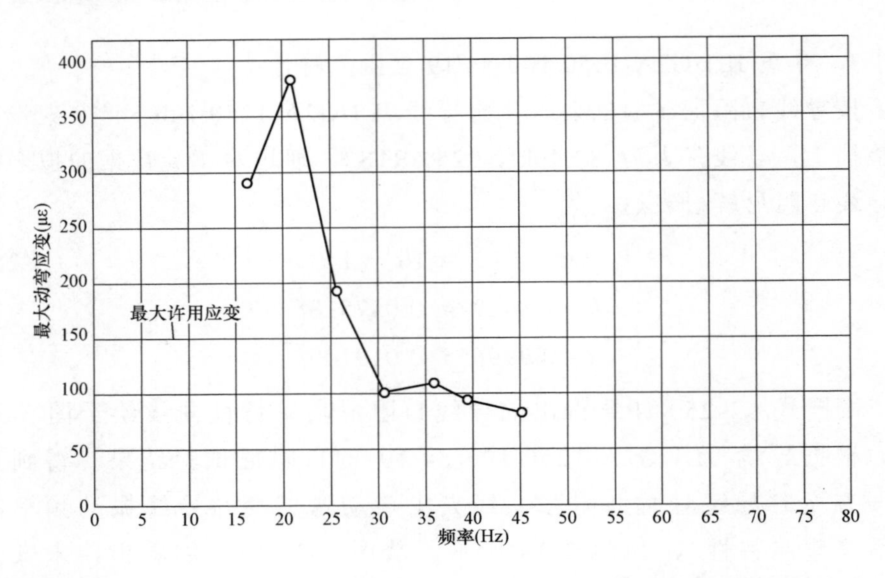

图 3-38　无防振方案时导线 JL1/G2A-1250/100-84/19 频响特性曲线

4. 导线 JL1X1/G3A-1250/70-431 自阻尼特性

按导线自阻尼试验的要求，将导线 JL1X1/G3A-1250/70-431 架设在试验挡上，导线张力为 72.30kN（25%RTS），通过对试验数据的拟合得出导线自阻尼解析表达式为

$$P_c = \Phi(f,Y) = 10^{\beta}(Y/D)^{\alpha} \qquad (3\text{-}26)$$

$$\beta = 2.128419+0.065848f$$

$$\alpha = 2.077514+0.008907f$$

根据式（3-26）计算得出的导线自阻尼功率特性曲线绘于图 3-39 中。根据导线 JL1X1/G3A-1250/70-431 的自阻尼试验结果，得到无防振方案时导线悬垂（耐张）线夹出口动弯应变与导线振动频率的关系（频响特性），如图 3-40 所示。从图 3-40 中可以看出，未安装防振方案时导线悬垂（耐张）线夹出口的动弯应变仅在低频振动范围内略高，最大动弯应变为 164με，超出技术条件要求，故必须安装防振方案来抑制导线的振动，将导线的振动水平控制在安全范围内。

5. 导线 JL1X1/G2A-1250/100-437 自阻尼特性

按导线自阻尼试验的要求，将导线 JL1X1/G2A-1250/100-437 架设在

试验挡上，导线张力为 81.34kN（25%RTS），通过对试验数据的拟合得出导线自阻尼解析表达式为

$$P_c = \Phi(f,Y) = 10^{\beta}(Y/D)^{\alpha} \tag{3-27}$$
$$\beta = 2.363348 + 0.074496f$$
$$\alpha = 2.289431 + 0.012455f$$

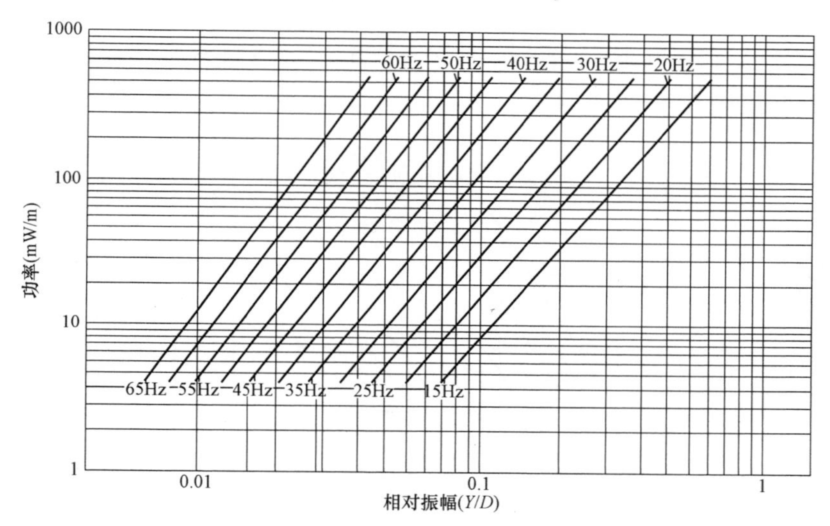

图 3-39　导线 JL1X1/G3A-1250/70-431 自阻尼功率特性曲线

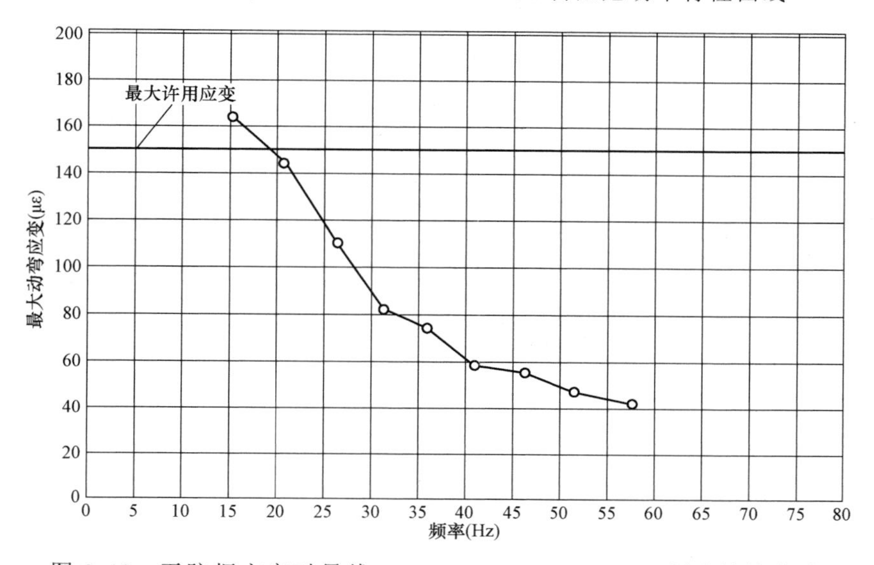

图 3-40　无防振方案时导线 JL1X1/G3A-1250/70-431 频响特性曲线

根据式（3-27）计算得出的导线自阻尼功率特性曲线绘于图 3-41 中。根据导线 JL1X1/G2A-1250/100-437 的自阻尼试验结果，得到无防振方案时导线悬垂（耐张）线夹出口动弯应变与导线振动频率的关系（频响特性），如图 3-42 所示。从图 3-42 中可以看出，未安装防振方案时导线悬垂（耐张）线夹出口的动弯应变在整个微风振动频率范围内都比较小，最大动弯应变为 86με，满足技术条件要求，仅靠自身阻尼即可将导线的振动水平控制在安全范围内。

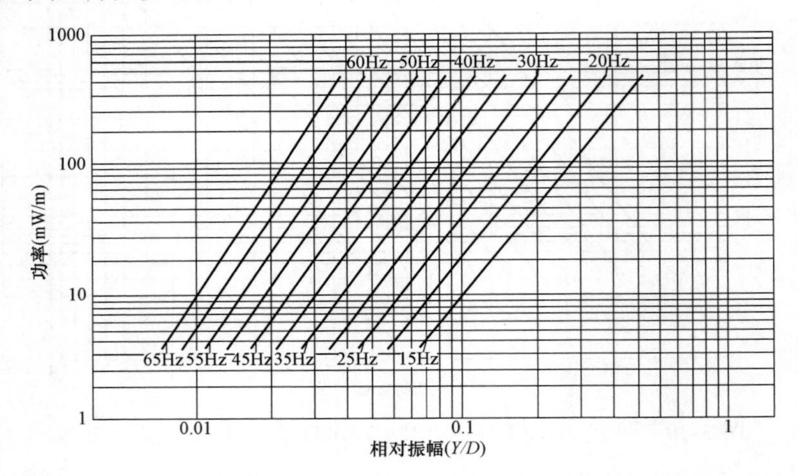

图 3-41　导线 JL1X1/G2A-1250/100-437 自阻尼功率特性曲线

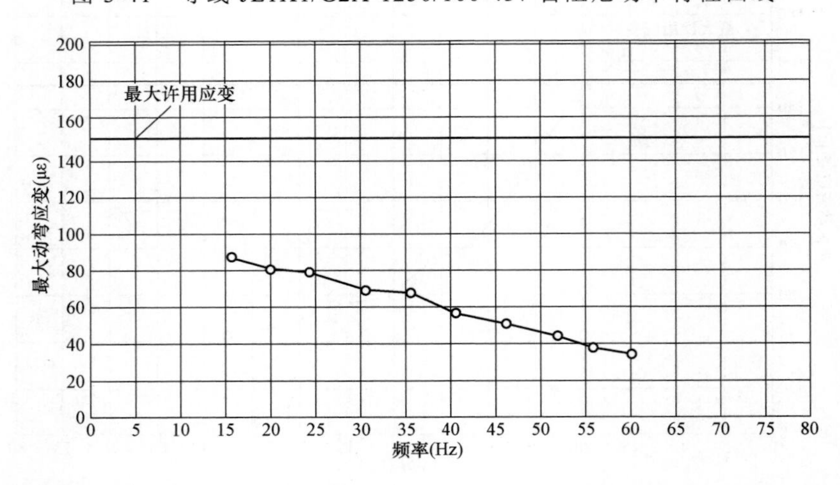

图 3-42　无防振方案时导线 JL1X1/G2A-1250/100-437 频响特性曲线

6. 导线 JL1X1/LHA1-800/550-452 自阻尼特性

按导线自阻尼试验的要求，将导线 JL1X1/LHA1-800/550-452 架设在试验挡上，导线张力为 72.25kN（25%RTS），通过对试验数据的拟合得出导线自阻尼解析表达式为

$$P_c = \Phi (f, Y) = 10^{\beta} (Y/D)^{\alpha} \quad (3\text{-}28)$$

$$\beta = 2.231754 + 0.080277f$$

$$\alpha = 2.107994 + 0.017663f$$

根据式(3-28)计算得出的导线自阻尼功率特性曲线绘于图 3-43 中。根据导线 JL1X1/LHA1-800/550-452 的自阻尼试验结果，得到无防振方案时导线悬垂（耐张）线夹出口动弯应变与导线振动频率的关系（频响特性），如图 3-44 所示。从图 3-44 中可以看出，未安装防振方案时导线悬垂（耐张）线夹出口的动弯应变仅在低频范围内比较大，最大动弯应变达到 221με，超出技术条件要求，故必须安装防振方案来抑制导线的振动，将导线的振动水平控制在安全范围内。

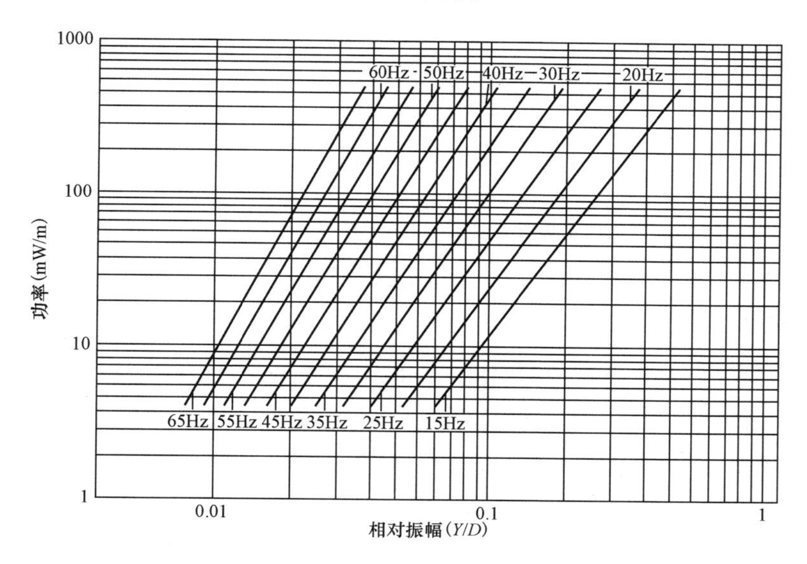

图 3-43 导线 JL1X1/LHA1-800/550-452 自阻尼功率特性曲线

（三）自阻尼条件下导线振动强度特性

振动强度是指振动幅值及其振动延续时间的长短，是衡量导线线股

承受的动弯应力及振动次数是否能使导线在寿命期内不产生振动疲劳断股的重要判据。输电线路的导线振动体系，一方面由风力输给导线振动能量，另一方面又在导线体系内将能量消耗掉，当两种能量达到平衡状态时，就确定了导线稳定振动时的振幅。掌握稳态振动状态下导线的振动参量，能够为导线的防振设计提供必要依据。

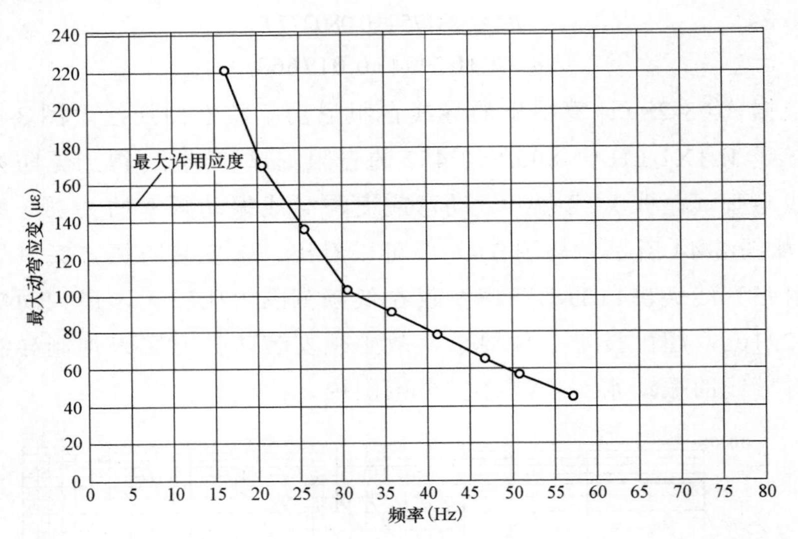

图 3-44　无防振方案时导线 JL1X1/LHA1-800/550-452 频响特性曲线

由于在实验室微风振动模拟试验中可以直接测得导线在线夹出口处的动弯应变，因此可以直接用导线稳态振动状态下线夹出口处的动弯应变来衡量导线的振动强度。动弯应变越大，在同等气象及地形条件下导线的振动强度越高，导线耐振性能越差，越容易在寿命期内发生疲劳断股。因此，比较和分析不同导线在自阻尼条件下（无防振装置）稳态振动时的动弯应变水平，既可以判断导线振动的重点保护频率范围，又可以比较不同导线耐振性能的优劣，为防振设计提供参考。

1．圆线振动强度对比分析

1250mm² 导线中有两种圆线、三种型线，两种圆线分别为 JL1/G3A-1250/70-76/7 和 JL1/G2A-1250/100-84/19。为比较两种圆线在自阻尼条件下振动强度的差别，将两者频响特性绘于同一坐标系下，如图

3-45 所示。

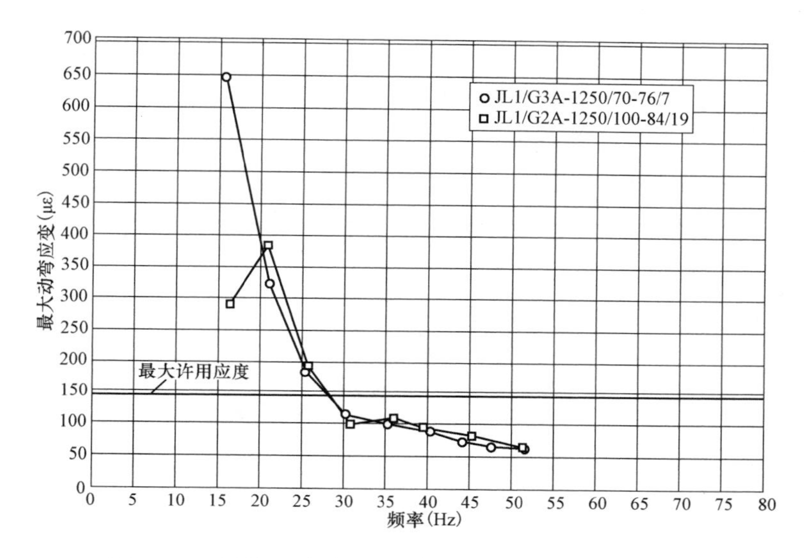

图 3-45　无防振方案时两种圆线频响特性比较曲线

从两种圆线的试验结果的对比来看：

（1）两种导线在 25Hz 及以上的振动频率下，悬垂线夹出口处导线的动弯应变水平相当，即振动强度相当。

（2）在 25Hz 以下的振动频率下，JL1/G2A-1250/100-84/19 导线在悬垂线夹出口处的动弯应变水平较 JL1/G3A-1250/70-76/7 导线总体来说较低，尤其是在 15Hz 左右，JL1/G2A-1250/100-84/19 导线的动弯应变明显低于 JL1/G3A-1250/70-76/7 导线，说明 JL1/G2A-1250/ 100-84/19 导线在低频下的振动强度低于 JL1/G3A-1250/70-76/7 导线。

（3）总体而言，单线股数较多的 JL1/G2A-1250/100-84/19 导线在自阻尼条件下的振动强度低于单线股数较少的 JL1/G3A-1250/70-76/7 导线。

2. 型线振动强度对比分析

1250mm² 导线中三种型线导线分别为 JL1X1/G3A-1250/70-431、JL1X1/G2A-1250/100-437 和 JL1X1/LHA1-800/550-452。同样，为比较三种型线在自阻尼条件下振动强度的差别，将三者频响特性绘于同一坐标系下，如图 3-46 所示。

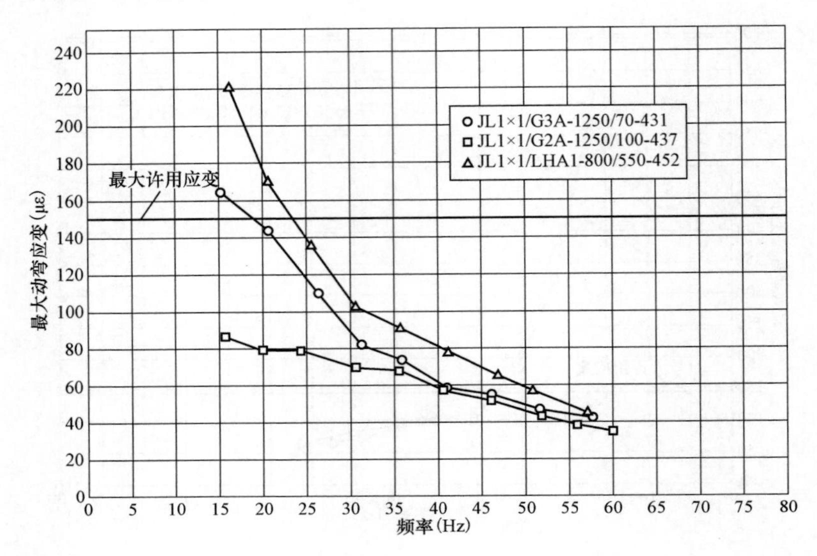

图 3-46　无防振方案时三种型线频响特性比较曲线

从三种型线的试验结果的对比来看：

（1）从悬垂线夹出口处导线的动弯应变水平来看，三种导线在自阻尼条件下振动强度由高到低的排列顺序为：JL1X1/LHA1-800/550-452、JL1X1/G3A-1250/70-431、JL1X1/G2A-1250/100-437，其耐振性能由优到劣的排序为：JL1X1/G2A-1250/100-437、JL1X1/G3A-1250/70-431、JL1X1/LHA1-800/550-452。

（2）JL1X1/G2A-1250/100-437 导线在自阻尼条件下的振动强度较低，所有振动频率下的导线应变水平均在许用应变以下，即使不安装防振装置也能保证导线的安全运行。

（3）JL1X1/G3A-1250/70-431 及 JL1X1/LHA1-800/550-452 两种导线在自阻尼条件下的振动强度也较低，仅在低频情况下略高于许用应变，防振设计时应重点考虑对低频振动的防护。

3. 圆线与型线振动强度对比分析

圆线与型线在自阻尼条件下的振动强度存在一定的差异，为比较五种 1250mm² 导线的耐振性能，将五种导线的频响特性绘于同一坐标系下，如图 3-47 所示。

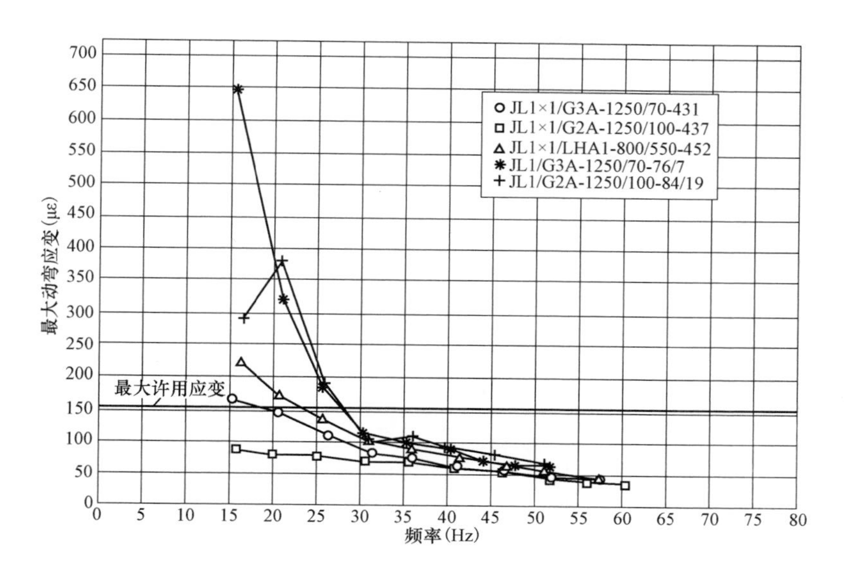

图 3-47 无防振方案时五种 1250mm² 导线频响特性比较曲线

从悬垂线夹出口处导线的动弯应变水平来看，五种导线自阻尼条件下振动强度由高到低的排列顺序为：JL1/G3A-1250/70-76/7、JL1/G2A-1250/100- 84/19、JL1X1/LHA1-800/550-452、JL1X1/G3A-1250/70-431、JL1X1/ G2A-1250/100-437。总体而言，型线的振动强度低于圆线的振动强度，也就是说，型线的耐振性能优于圆线的耐振性能。另外，综合考察五种导线，除 JL1X1/G2A-1250/100-437 在全部振动频率范围内均满足许用应变的要求外，其他四种导线仅在低频振动时超出许用应变的范围，而对于 30Hz 以上的频率均满足许用应变的要求，因此，1250mm² 导线微风振动的重点防护频率范围为 30Hz 以下。

4. 1250mm² 大截面导线与 1000mm² 大截面导线振动强度对比分析

在 1250mm² 大截面导线出现之前，最大截面的导线是 1000mm² 导线。为比较两类大截面导线自阻尼条件下振动强度的差别，选取 JL1/G3A-1250/70-76/7、JL1/G2A-1250/100-84/19、JL1/G3A-1C00/40-72/7

和 JL1/G2A-1000/80-84/19 四种导线，将上述导线的频响特性绘于同一坐标系下，如图 3-48 所示。

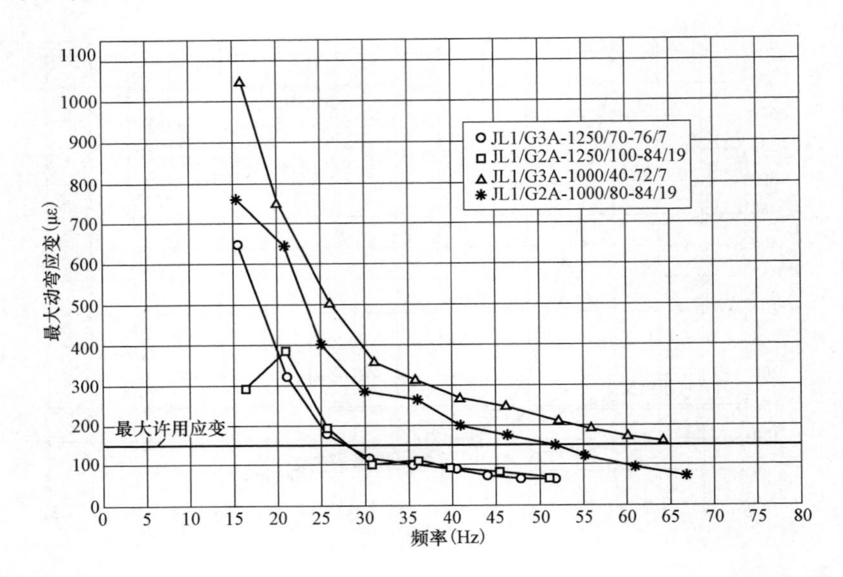

图 3-48　无防振方案时 1250mm² 导线与 1000mm² 导线频响特性比较曲线

从上述试验结果的对比可以看出：同等张力条件下（25%RTS），同等截面型式（圆线）的 1250mm² 导线的耐振性能要优于 1000mm² 导线的耐振性能。

第七节　导 线 交 货 盘

一、导线交货盘使用现状

900mm²、1000mm² 导线使用可拆卸式全钢瓦楞结构交货盘以前，我国架空导线使用的交货盘多为型钢复合结构（也称铁木复合盘），少量采用全木结构。电缆交货盘则多采用全钢瓦楞结构。

导线采用铁木复合盘交货在工程使用中存在一些问题，如运输过程中易变形，在张力放线过程中存在不同程度的尾部窜线、线盘木板散落、钢圈变形、最内几层导线松散等。这些问题造成放线过程中间歇性停机，延误工期；且铁木复合结构交货盘的木材不容易实现回收利用，易造成资源的浪费。

在 2008 年开展的 900mm² 导线展放试验中，采用的型钢复合结构交货盘的导线在展放时，出现了尾端导线损伤、尾端窜出交货盘等问题。经分析，主要原因是型钢复合结构交货盘在装载大长度的大截面导线时刚度不足，加之因其内筒为木结构，容易受加工工艺、空气湿度等因素影响出现变形、断裂等情况，使导线不能紧密缠在交货盘的内筒上，从而导致了展放试验中出现的问题。

2008 年，国家电网公司组织中国电力科学研究院、相关施工单位、导线生产厂家及盘具制造厂家，开展导线交货盘专项研究工作，进行设计选型、试制、试验工作，并制定了企业标准 Q/GDW 386—2009《可拆卸式全钢瓦楞结构架空导线交货盘》，该标准于 2013 年升级为电力行业标准 DL/T 1289—2013《可拆卸式全钢瓦楞结构架空导线交货盘》，实现了可拆卸式全钢瓦楞结构交货盘的大规模应用。900mm²、1000mm² 导线使用的可拆卸式全钢瓦楞结构交货盘规格型号为 PL/4 2600×1500×1900，该交货盘装载能力约 8.7t（2500m、1000mm² 导线的质量）。通过近年来多个工程的应用检验，2600 交货盘的安全性、重复利用性能等得到了充分的验证，其使用有效提高了工程质量，取得了良好的经济和社会效益。

二、1250mm² 导线用交货盘设计

若采用 2600 交货盘装载 1250mm² 导线，通过计算可知，装载 JL1/G3A-1250/70-76/7、JL1/G2A-1250/100-84/19、JL1X1/LHA1-800/550-452 三种导线，盘长为 1950m，装载 JL1X1/G3A-1250/70-431、JL1X1/G2A-1250/100-437 两种导线，盘长为 2000m，其装载质量均不超过 8.7t。

较长的导线盘长可有效提高施工效率，保障工程质量。900mm² 及 1000mm² 导线的盘长均大于 2500m，1250mm² 导线盘长及盘具的确定综合导线生产、运输、施工等多方面的要求，明确导线盘长为 2500m，设

计的交货盘为 PL/4 2800×1500×1950。该交货盘计算装载能力及推荐装载情况如表 3-24 所示。

表 3-24　PL/4 2800×1500×1950 交货盘计算装载能力及推荐装载情况

导线级别	导线型号规格	导线直径（mm）	单位长度/质量（kg/km）	计算长度/质量（m/t）	推荐长度/质量（m/t）
1250mm²	JL1/G3A-1250/70-76/7	47.35	4011.1	2650/10.63	2500/10.03
	JL1/G2A-1250/100-84/19	47.85	4252.3	2580/10.97	2500/10.63
	JL1X1/LHA1-800/550-452	45.15	3726.8	2680/9.99	2500/9.32
	JL1X1/G3A-1250/70-431	43.11	4055.1	3110/12.61	2500/10.14
	JL1X1/G2A-1250/100-437	43.74	4303.7	3040/13.08	2500/10.76

注　PL/4 2800×1500×1950 交货盘，2800 为侧板直径，1500 为内筒直径，1950 为外宽，1700 为内宽，导线净重不超过 10.8t，该交货盘毛重不超过 11.8t。

PL/4 2800×1500×1950 可拆卸式全钢瓦楞结构交货盘技术参数如表 3-25 所示，主要尺寸及对应产品结构如图 3-49 所示。

表 3-25　PL/4 2800×1500×1950 技术参数表

项　目		单位	产　品　参　数
产品型号规格			PL/4 2800×1500×1950
外观及表面质量			交货盘外表面应平整，无毛刺，不得有裂纹、扭转等明显缺陷。 侧板内表面和筒体外表面应光滑平整，焊缝应修平、磨光，锐角棱边应倒钝。 表面应涂防锈漆。涂漆前，应清除浮渣、浮锈、氧化皮和焊渣等物。涂漆表面应光滑。紧固件螺纹不得涂有防锈漆
主要尺寸参数	外宽 L_1	mm	$1950_{-0.8}^{0}$
	内宽 L_2	mm	1700±8.0
	侧板直径 d_1	mm	2800±6.5
	筒体直径 d_2	mm	1500±7.5
	携行孔直径 d_5	mm	65±0.8
	轴孔与携行孔中心距 e	mm	300±1.2

续表

项　目		单位	产　品　参　数
主要尺寸参数	起吊孔直径 d_6	mm	80±0.8
	起吊孔长度 L_3	mm	200±1.2
	轴孔与起吊孔中心距 f	mm	500±3.0
	瓦楞板根部深度 L_4	mm	≥105

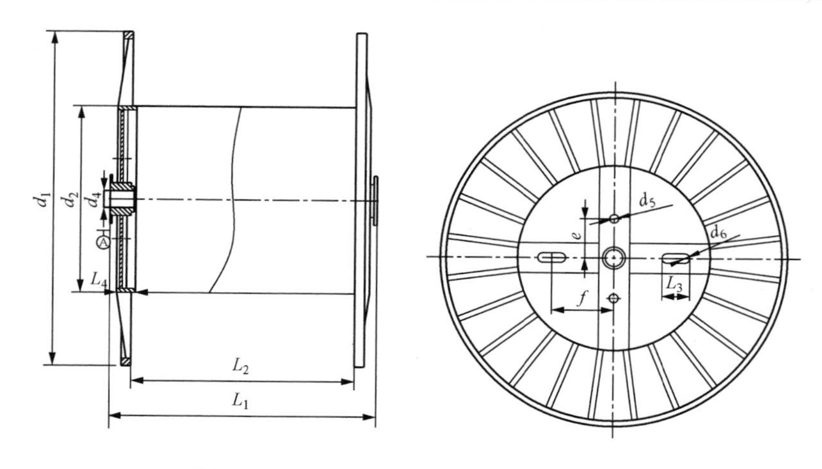

图 3-49　PL/4 2800×1500×1950 结构图

三、交货盘吊装与储运

采用 PL/4 2800×1500×1950 可拆卸式全钢瓦楞结构交货盘装载运输的导线具有重量大、体积大的特点，在吊装、运输施工中有一定的难度。需要引起足够重视，采取必要的保证措施，以下介绍吊装与运输的主要要求。

（一）交货盘吊装

为保证交货盘的吊装质量及运输的安全，根据交货盘的特点，交货盘吊装需使用专门设计的吊架。

1. 吊架

可拆卸式全钢瓦楞结构交货盘吊装需采用钢结构吊架，如图 3-50 所示。

图 3-50　钢结构吊架示意图

2. 吊架与线盘安装关系

装载交货盘于吊装使用专用吊架时，将两根钢丝套分别挂于交货盘的挂耳处，如图 3-51 所示。用 U 型环与钢结构吊装架上的两个预先加工好的吊环相连，将汽车起重机吊钩连于吊架上部吊环中，如图 3-52 所示。

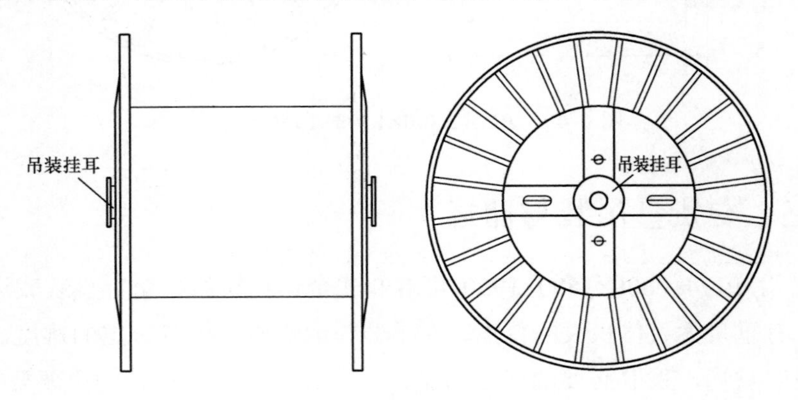

图 3-51　交货盘吊装挂耳

（二）交货盘运输

在装载交货盘的运输过程中，需在侧板下方安装曲率与侧板外径一致的保护装置（道木）。将交货盘吊装在卡车的重心位置处，要求交货盘立放，严禁平放。交货盘底部前后侧分别用道木（200mm×200mm×2200mm）衬垫，使交货盘距离车厢底部 50mm～80mm，以防交货盘与车厢底单点受力后，造成线盘边缘局部变形。交货盘前后侧道木（方木）用 4 股 8 号铁丝提前缠绕，待交货盘就位后，用撬杠将铁丝绞紧，在交货盘两侧各用两根不小于ϕ13mm 的钢丝套、3t 链条葫芦收紧，钢丝套的一端安装在交货盘上，另一端安装在车厢上，防止交货盘在运输过程中滑动及倾倒。交货盘正确的运输方式如图 3-53 所示。

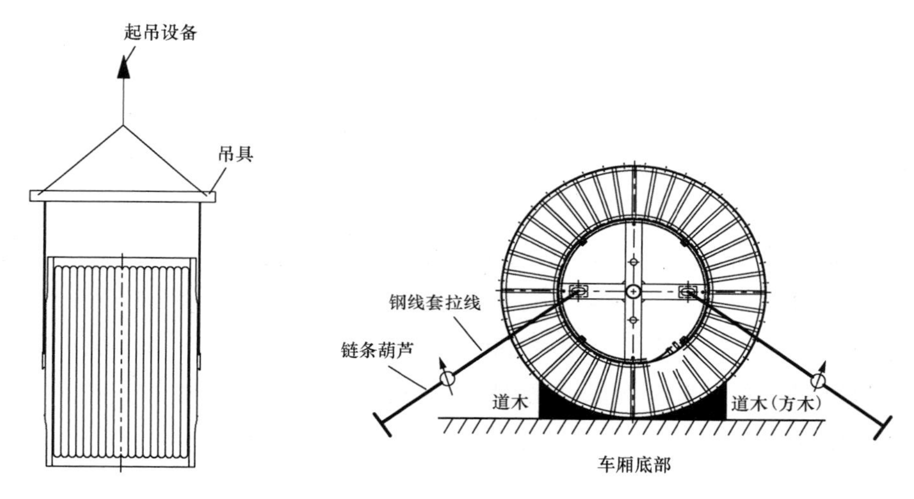

图 3-52 交货盘吊装示意

图 3-53 交货盘正确的运输方式

（三）存放注意事项

交货盘的存放应避免摔碰、冲击。装载后的交货盘侧板应保持与地面处于垂直状态。拆卸后的交货盘堆放高度不宜过高，以避免相关部件的变形和损坏。

第四章 1250mm² 导线金具

金具是指连接和组合电力系统中各类装置，以传递机械、电气负荷及起到某种保护作用的金属附件，包括线路金具和和变电金具。线路金具是架空输电线路的主要部件，通过绝缘子将导线悬挂在杆塔上，并保护导线和绝缘子免受高电压的伤害，同时使电晕和无线电干扰控制在合理水平，保护人类的生存环境。按照金具的用途可以分为悬垂线夹、耐张线夹、接续管、连接金具、防护金具、拉线金具等六大类。

我国规划中的±800kV 特高压直流输电线路将普遍采用 6 分裂和 8 分裂 1250mm² 导线，为使 1250mm² 导线更快投入使用，开展了配套金具的研究工作，配套金具主要是与 1250mm² 导线相接触的各种金具，包括耐张线夹及接续管、间隔棒、悬垂线夹、防振锤等。

第一节 金具发展现状

针对特高压输电线路的特点，下面介绍国内外特高压输电线路的均压屏蔽技术、跳线及配套金具等方面的研究现状。

一、国外研究现状

国外具有特高压输电线路的国家有日本、俄罗斯和美国等，大截面导线的应用也主要集中在日本、美国等国家，其中日本输电线路应用了 1520mm² 导线，美国在太平洋联络线应用了 1170mm² 导线。

（一）均压屏蔽技术

俄罗斯特高压线路中，悬垂串使用两套上抗式防晕型悬垂线夹，使两根子导线的位置与第一片绝缘子齐平，以此代替均压环，其优点是缩短了绝缘子悬垂串，省去均压环。耐张串使用了均压环和屏蔽环，俄罗斯 1150kV 特高压悬垂串及耐张串分别如图 4-1、图 4-2 所示。

图 4-1 俄罗斯 1150kV 特高压悬垂串

图 4-2 俄罗斯 1150kV 特高压耐张串

日本特高压线路中，悬垂串和耐张串使用均压环，而耐张串没有安装屏蔽环，日本特高压线路悬垂串及耐张串分别如图 4-3、图 4-4 所示。

图 4-3 日本特高压线路悬垂串

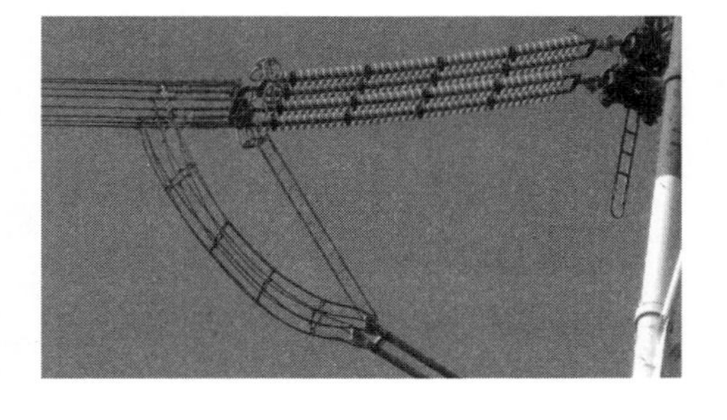

图 4-4 日本特高压线路耐张串

（二）跳线

国外特高压输电线路跳线采用刚性结构跳线，包括铝管式刚性跳线和鼠笼式刚性跳线，其中韩国 765kV 输电线路使用了鼠笼式刚性跳线，如图 4-5 所示，日本 1000kV 特高压输电线路使用了铝管式刚性跳线，如图 4-6 所示。

（三）金具

在间隔棒方面，美国 AEP 公司与加拿大魁北克水电局研究所合作，

图 4-5 韩国 765kV 线路的鼠笼式刚性跳线

图 4-6 日本 1000kV 线路的铝管式刚性跳线

在 1500kV 特高压线路上运用 12 分裂间隔棒。日本的多分裂间隔棒线夹与导线直接接触，不用阻尼橡胶，通过弹簧的收缩实现能量消耗和线夹灵活转动。在防振锤方面，国外普遍采用 FR 型、对称型和扭矩防振锤。在联塔金具方面，国外悬垂串一般使用 EB 型挂板，耐张串一般使用 GD 型挂板或桥式联塔金具。

二、国内研究现状

（一）均压屏蔽技术

我国特高压线路中借鉴国外特高压线路运行经验，悬垂串使用均压环、防晕型悬垂线夹，耐张串使用均压环和屏蔽环，±800kV 特高压直流线路 V 型悬垂串和耐张串分别如图 4-7、图 4-8 所示。

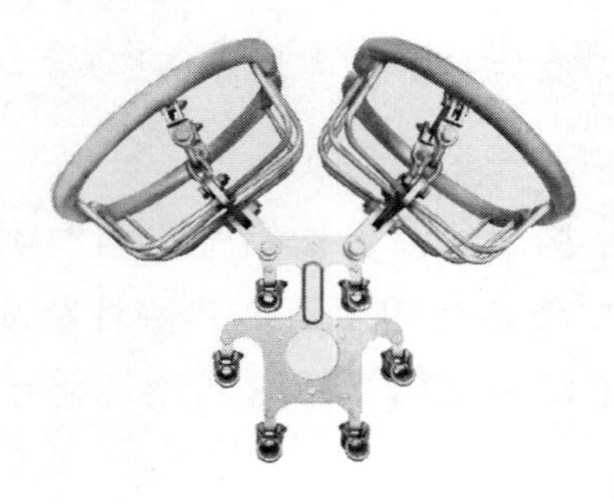

图 4-7 我国±800kV 特高压直流线路 V 型悬垂串

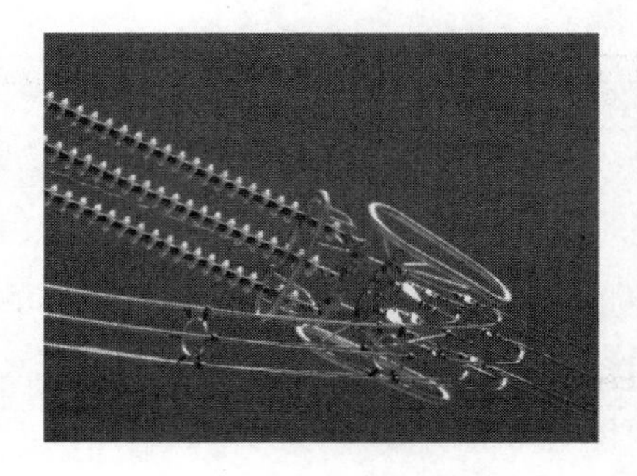

图 4-8 我国±800kV 特高压直流线路耐张串

（二）跳线

国内特高压输电线路跳线也采用刚性结构跳线，有铝管式刚性跳线和鼠笼式刚性跳线两种，如图 4-9 所示。

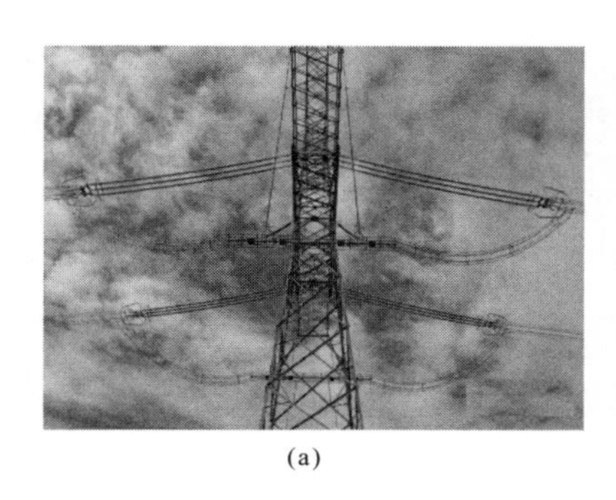
(a)

(b)

图 4-9 我国特高压线路刚性跳线

（a）鼠笼式；（b）铝管式

（三）金具

在间隔棒方面，我国±800kV 特高压直流和 1000kV 特高压交流输电线路普遍采用阻尼型间隔棒，其最大分裂数为 8 分裂，为工字型双板结构。在防振锤方面普遍采用音叉式防振锤。在联塔金具方面，悬垂串使用 EB 型挂板、耐张串使用 GD 型挂板。

在连接金具方面，依托±800kV 特高压直流输电线路开展了大量金属材料耐低温性能和耐磨性能等方面的试验与研究工作，基于 35CrMo 高强材料的耐低温金具、地线串槽型连接的耐磨金具已成功应用于哈密南—郑州±800kV 特高压直流、川藏联网等国家重点工程，攻克了西北地区高寒、大风沙等严酷环境条件下保证金具安全可靠性的难题，为我国特高压工程建设提供了有力的技术支撑。

固态模锻是一种先进的材料制备加工技术，采用固态模锻工艺锻造的悬垂线夹具有强度高、表面光滑、加工量小、所需材料少、节能环保等特点。固态模锻铝合金悬垂线夹已成功运用于晋东南、浙北—福州 1000kV 特高压交流、宁东—山东±660kV 直流、锦屏—苏南和灵州—绍兴±800kV 特高压直流工程。

第二节　导线串型规划研究

导线串型包括绝缘子悬垂串、绝缘子耐张串和跳线串，导线通过绝缘子悬垂串挂在直线杆塔上，悬垂串承受导线的全部荷载。绝缘子耐张串的作用是把导线固定在耐张塔上，是一个耐张段的终点，承受着导线的全部张力。跳线串是将耐张塔两侧的导线连接起来，形成电流通道。

一、线路参数及设计原则

（一）线路参数

（1）系统额定电压为±800kV。

（2）系统最高运行电压为±816kV，短路电流为 20kA。

（3）子导线根数为 6 根和 8 根。

（4）6 分裂导线分裂间距为 500mm，8 分裂导线分裂间距为 550mm。

（5）导线型号：JL1/G3A-1250/70-76/7、JL1/G2A-1250/100-84/19、JL1X1/LHA1-800/550-452、JL1X1/G3A-1250/70-431、JL1X1/G2A-1250/100-437、JLHA4/G2A-1250/100-84/19、JLHA1/G2A-1250/100-84/19。

（6）线路覆冰为 10mm、20mm、30mm、40mm、50mm，风速为 27m/s、31m/s、33m/s。

（二）串型设计原则

针对±800kV 特高压直流工程采用 $6\times1250\text{mm}^2$ 和 $8\times1250\text{mm}^2$ 导线，综合考虑线路走廊宽度、风偏、绝缘子强度影响、塔高和串型自身经济性等因素，结合导线荷载、绝缘子场强分布计算成果及施工、运行反馈意见，确定导线配套的绝缘子串型，串型设计原则如下。

1. 机械和电气性能

绝缘子串的配置首先需满足机械和电气性能要求，机械性能主要由线路正常情况下的最大荷载控制，电气性能主要是绝缘子串在不降低绝缘水平的条件下，控制绝缘子串表面场强并满足电磁环境标准。

2．金具选型与配置

线路配套金具应尽可能降低单件重量、结构和尺寸，便于运输和安装；使用高强度材料应重点考虑材料的延展性，避免脆断；采用成熟的技术、材料和加工工艺；尽量简化金具结构、减少金具数量；金具的互换性要强，便于线路的维护；金具受力分配均匀、合理，满足线路运行中可能出现的各种荷载要求。

3．电晕和无线电干扰

在±800kV 电压等级下，线路的防晕设计需保证绝缘子正常工作，产生的无线电干扰满足 GB/T 2317.2—2008《电力金具试验方法 第二部分：电晕和无线电干扰试验》规定的要求，保证金具在正常运行时不会产生电晕放电。

4．经济性

绝缘子串的配置需充分考虑各种串型组合的经济性，确保绝缘子串型的设计既安全可靠又经济合理，串型配置应尽量简化。

二、导线串型规划

（一）串联间距和导线分裂间距

±800kV 输电线路绝缘子串联间距对应关系如表 4-1 所示，子导线分裂间距如表 4-2 所示。

表 4-1 ±800kV 输电线路绝缘子串联间距值

导线型式	冰区	绝缘子串联间距（mm）		
		悬垂串	耐张串	跳线串
6×JL1/G3A-1250/70-76/7 6×JL1/G2A-1250/100-84/19 6×JL1X1/LHA1-800/550-452 6×JL1X1/G3A-1250/70-431 6×JL1X1/G2A-1250/100-437 8×JL1/G3A-1250/70-76/7 8×JL1/G2A-1250/100-84/19 8×JL1X1/LHA1-800/550-452 8×JL1X1/G3A-1250/70-431 8×JL1X1/G2A-1250/100-437	15mm 及以下冰区	650	650	
6×JL1/G2A-1250/100-84/19 6×JL1X1/G2A-1250/100-437	20mm 及以上冰区	800	1000	

续表

导 线 型 式	冰 区	绝缘子串联间距（mm）		
		悬垂串	耐张串	跳线串
6×JLHA4/G2A-1250/100 6×JLHA1/G2A-1250/100 8×JL1/G2A-1250/100-84/19 8×JL1X1/G2A-1250/100-437	20mm 及以上冰区	800	1000	

表 4-2　　±800kV 输电线路子导线分裂间距值

导 线 型 式	子导线分裂间距（mm）		
	悬垂串	耐张串	跳线串
6×JL1/G3A-1250/70-76/7 6×JL1/G2A-1250/100-84/19 6×JL1X1/LHA1-800/550-452 6×JL1X1/G3A-1250/70-431 6×JL1X1/G2A-1250/100-437 6×JLHA4/G2A-1250/100 6×JLHA1/G2A-1250/100	500	500	450
8×JL1/G3A-1250/70-76/7 8×JL1/G2A-1250/100-84/19 8×JL1X1/LHA1-800/550-452 8×JL1X1/G3A-1250/70-431 8×JL1X1/G2A-1250/100-437	550	550	500

（二）悬垂串

根据导线荷载、分裂数、档距和气象条件等参数，规划了绝缘子悬垂串，每种串型可依据挂点型式、线夹型式等进行扩展。±800kV 输电线路导线悬垂串规划如表 4-3 所示，导线调平悬垂串规划如表 4-4 所示。V 型串夹角控制在 75°～105°。

表 4-3　　±800kV 输电线路导线悬垂串列表

导 线 型 式	绝缘子串型		绝缘子机械破坏负荷			
			300kN	420kN	550kN	760kN
6×JL1/G3A-1250/70-76/7 6×JL1/G2A-1250/100-84/19 6×JL1X1/LHA1-800/550-452 6×JL1X1/G3A-1250/70-431 6×JL1X1/G2A-1250/100-437	复合	V 型	单、双联	单、双联	单、双联、三联	
	盘型悬式	V 型	双联	单、双联	单、双联、三联	
6×JLHA4/G2A-1250/100-84/19 6×JLHA1/G2A-1250/100-84/19			双联	双联	双联、三联	

续表

导线型式	绝缘子串型		绝缘子机械破坏负荷			
			300kN	420kN	550kN	760kN
8×JL1/G3A-1250/70-76/7 8×JL1/G2A-1250/100-84/19 8×JL1X1/LHA1-800/550-452 8×JL1X1/G3A-1250/70-431 8×JL1X1/G2A-1250/100-437	复合	V 型	单、双联	单、双联	单、双联、三联	单、双联、三联
	盘型悬式	V 型	双联	单、双联	单、双联、三联	单、双联、三联
			双联	双联	双联、三联	双联、三联

表 4-4　±800kV 输电线路导线调平悬垂串列表

导线型式	绝缘子机械破坏负荷			
	300kN	420kN	550kN	760kN
6×JL1/G3A-1250/70-76/7 6×JL1/G2A-1250/100-84/19 6×JL1X1/LHA1-800/550-452 6×JL1X1/G3A-1250/70-431 6×JL1X1/G2A-1250/100-437 6×JLHA4/G2A-1250/100-84/19 6×JLHA1/G2A-1250/100-84/19	双联 （10°～20°） 双联 （20°～30°）	双联 （10°～20°） 双联 （20°～30°）	双联 （10°～20°） 双联 （20°～30°）	
8×JL1/G3A-1250/70-76/7 8×JL1/G2A-1250/100-84/19 8×JL1X1/LHA1-800/550-452 8×JL1X1/G3A-1250/70-431 8×JL1X1/G2A-1250/100-437	双联 （10°～20°） 双联 （20°～30°）	双联 （10°～20°） 双联 （20°～30°）	双联 （10°～20°） 双联 （20°～30°）	双联 （10°～20°） 双联 （20°～30°）

复合绝缘子单联、双联和三联 V 型悬垂串布置型式如图 4-10～图 4-12 所示。

盘型悬式绝缘子单联、双联和三联 V 型悬垂串布置型式如图 4-13～图 4-15 所示。

针对双联、三联悬垂串，在保证原串型强度等级的基础上，开展串型优化工作，通过理论分析从以下四个方面着手。

1. 改变串型结构

通过改变串内金具的连接方式来缩短金具串的长度，例如：在三联双线夹悬垂串中采用双三角板与单三角板连接方式代替两个单三角板与平行挂板连接方式。

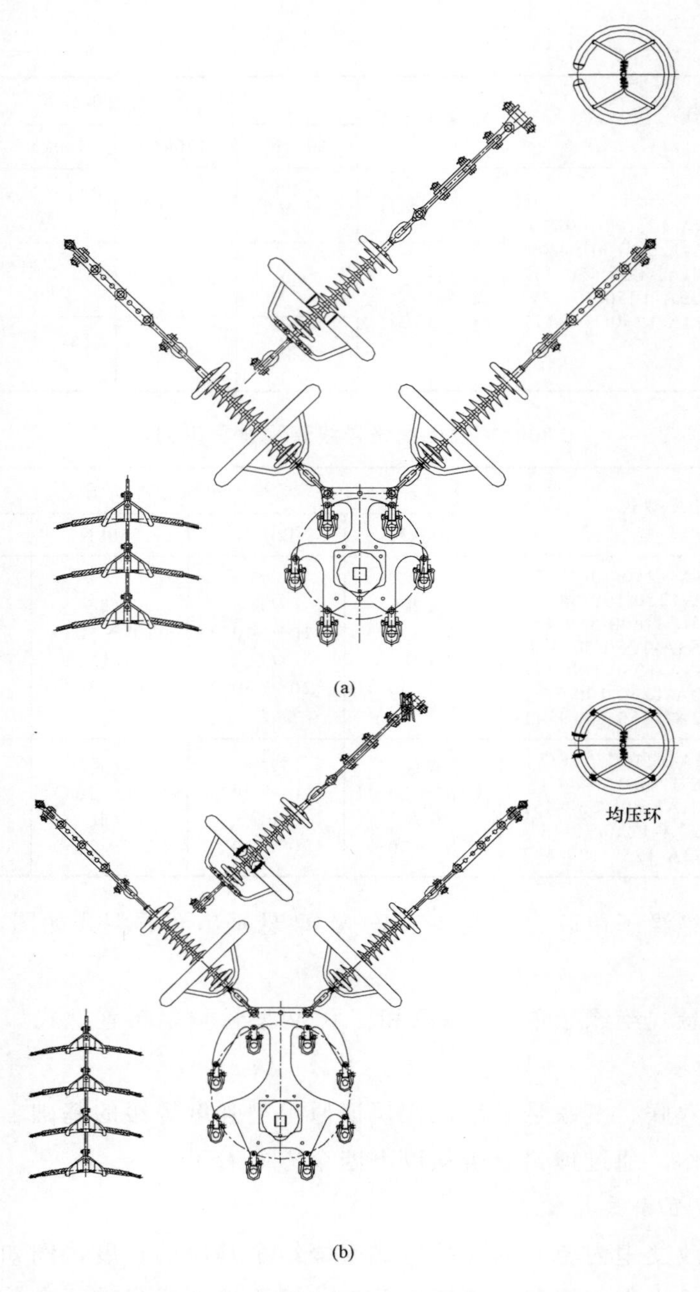

图 4-10 复合绝缘子单联 V 型悬垂串布置型式

（a）6 分裂；（b）8 分裂

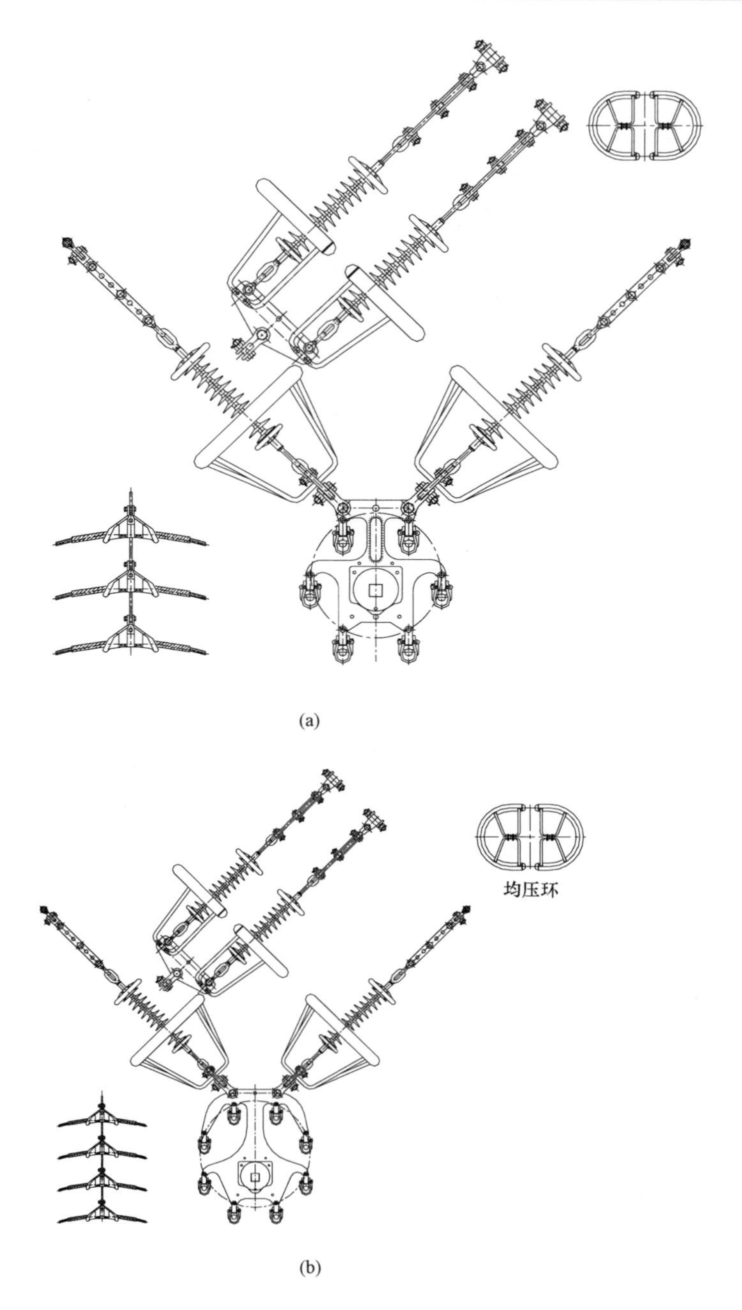

图 4-11 复合绝缘子双联双挂点 V 型悬垂串布置型式

（a）6 分裂；（b）8 分裂

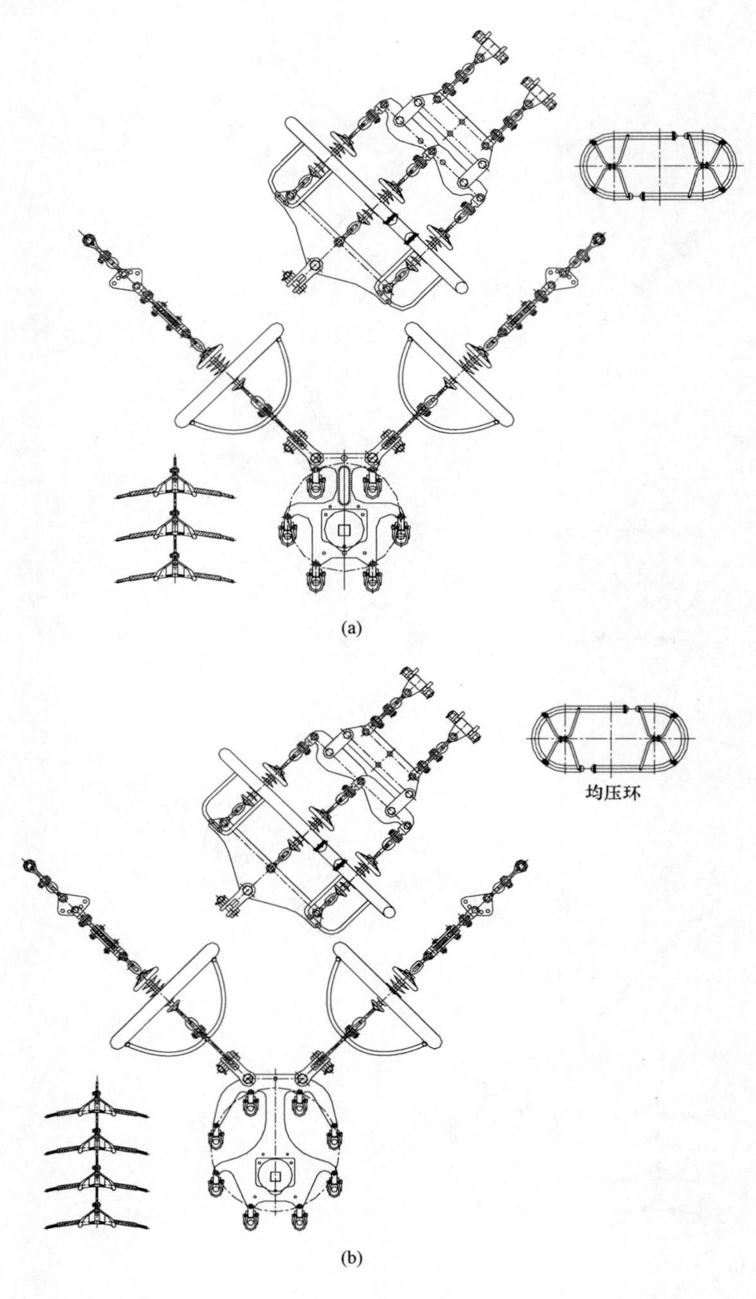

图 4-12　复合绝缘子三联双挂点 V 型悬垂串布置型式

（a）6 分裂；（b）8 分裂

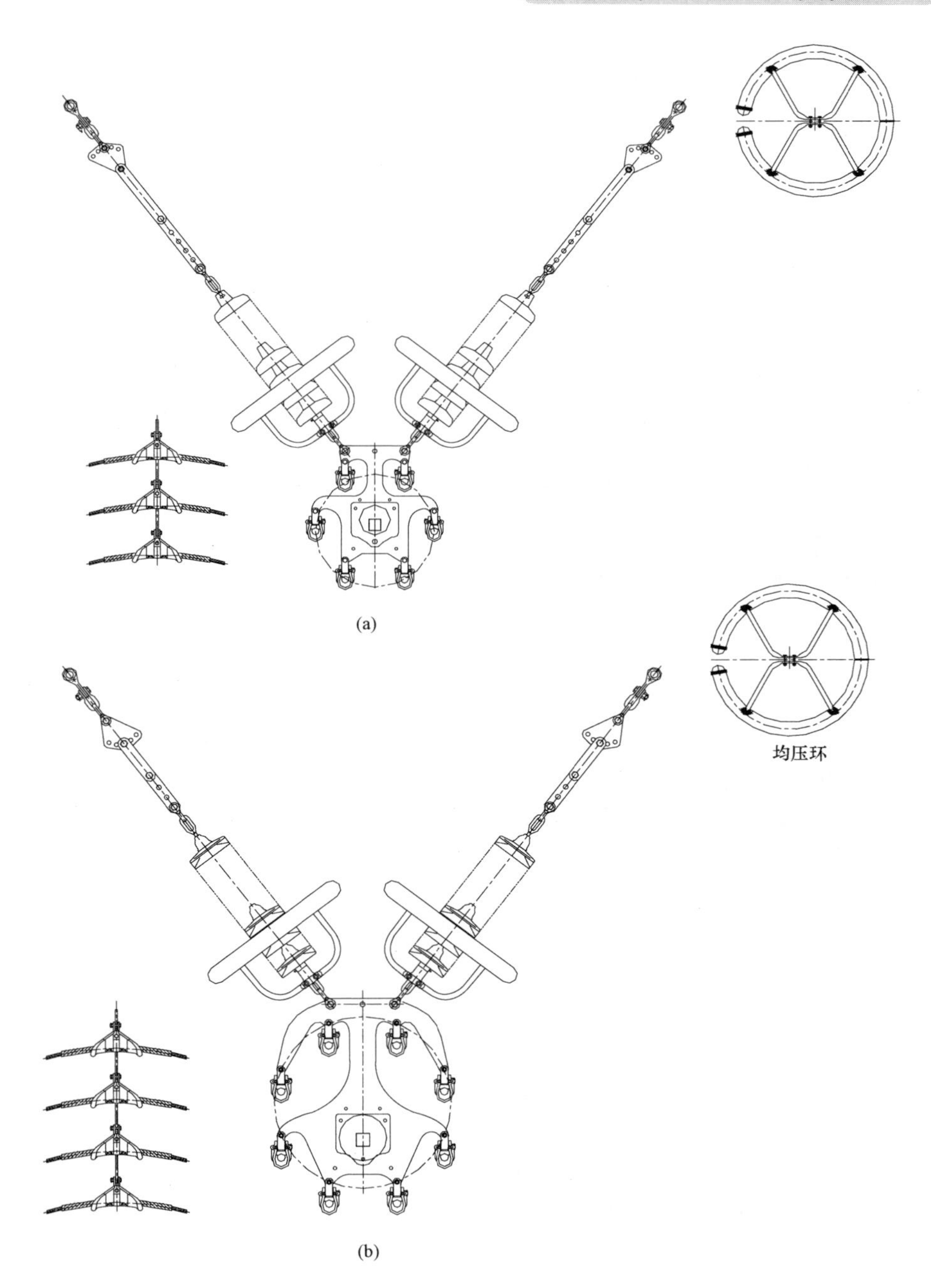

图 4-13 盘型悬式绝缘子单联 V 型悬垂串布置型式

（a）6 分裂；（b）8 分裂

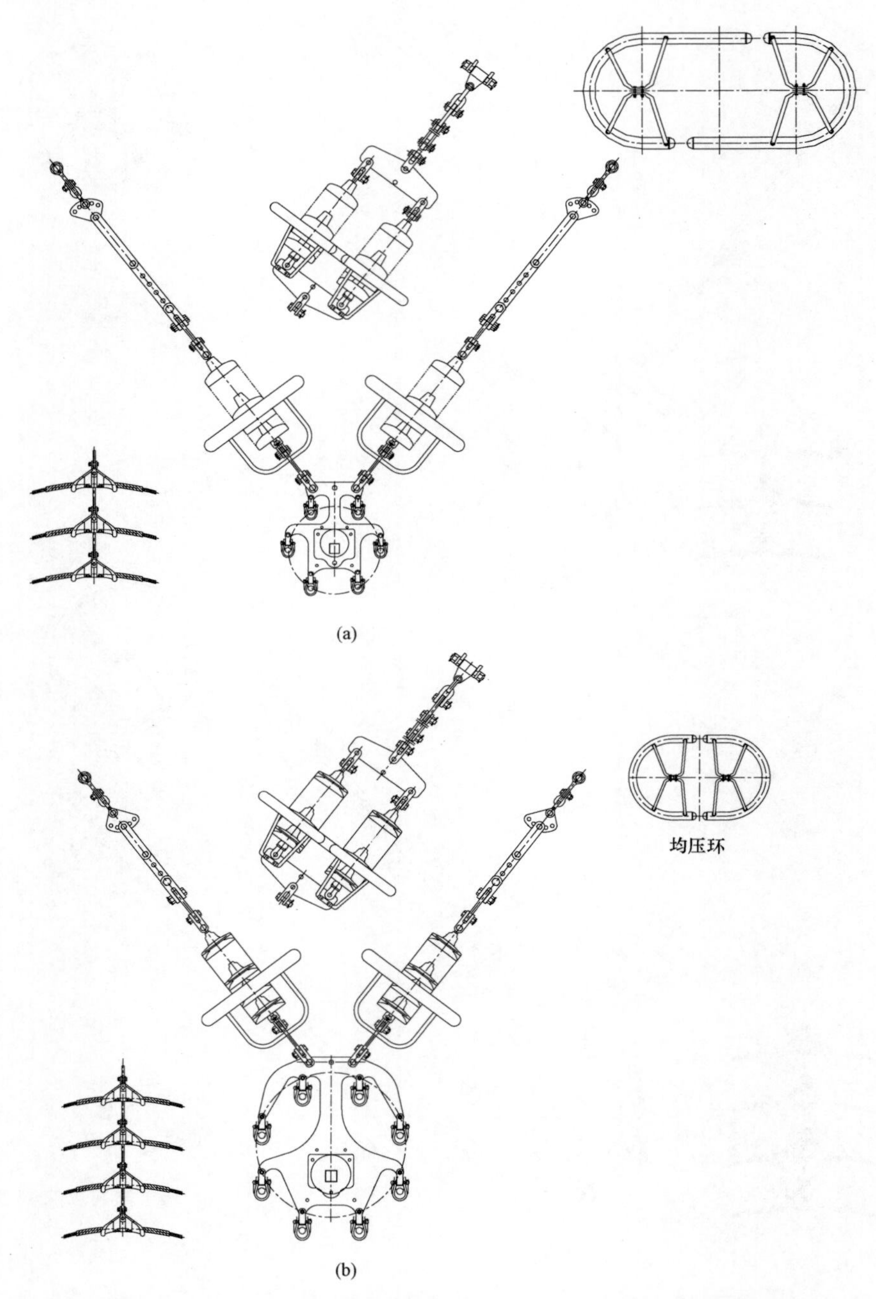

图 4-14 盘型悬式绝缘子双联单挂点 V 型悬垂串布置型式

（a）6 分裂；（b）8 分裂

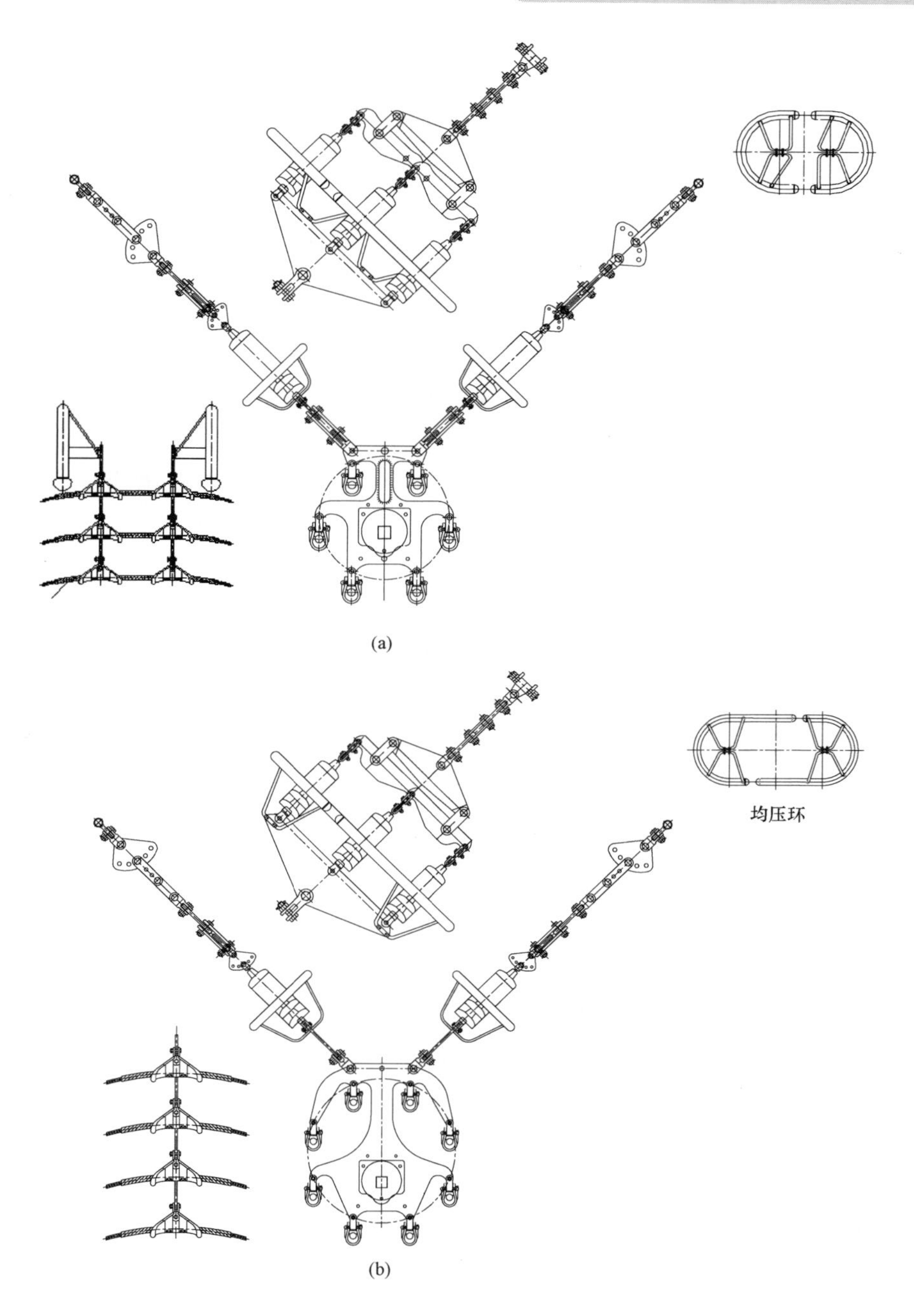

图 4-15　盘型悬式绝缘子三联单挂点 V 型悬垂串布置型式

（a）6 分裂；（b）8 分裂

2. 改变串内金具结构

通过改变串内金具的结构型式来缩短金具串的长度，例如：在双联单线夹悬垂串中采用一字联板代替三角板的连接方式。

3. 改变金具材料

通过改变金具本身的材料，减小金具的结构尺寸，从而缩短金具串的长度。

4. 串型仿真分析

运用三维仿真软件对优化的悬垂串进行三维建模并开展力学分析，验证优化悬垂串是否满足力学需求、受力过程中是否存在干涉现象等。本书以550kN盘型悬式绝缘子三联单挂点双线夹悬垂串为例，对优化前后的串型进行仿真分析，有限元分析模型如图4-16所示。

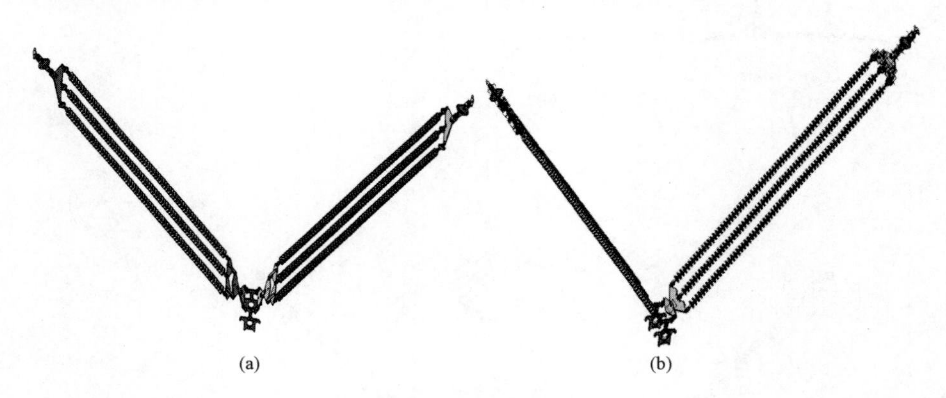

图4-16 有限元分析模型
（a）优化前；（b）优化后

将导线承受的水平、垂直、纵向三个方向上的荷载施加到悬垂联板上，总载荷如表4-5所示，悬垂联板网络划分与荷载施加方向如图4-17所示。

表4-5 仿真施加荷载情况

方　　向	总荷载（kN）	方　　向	总荷载（kN）
竖直	600000	沿线	450000
风侧	180000		

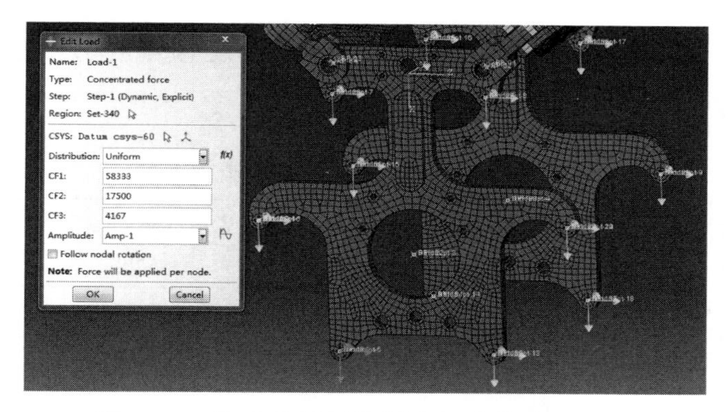

图 4-17　悬垂联板网格划分与荷载施加方向

在表 4-5 所示荷载作用工况下，优化前串型偏转角度为 47.53°，优化后串型偏转角度为 27.93°，均满足±800kV 直流工程串型角偏转度限值要求，串型仿真结果如图 4-18 所示。

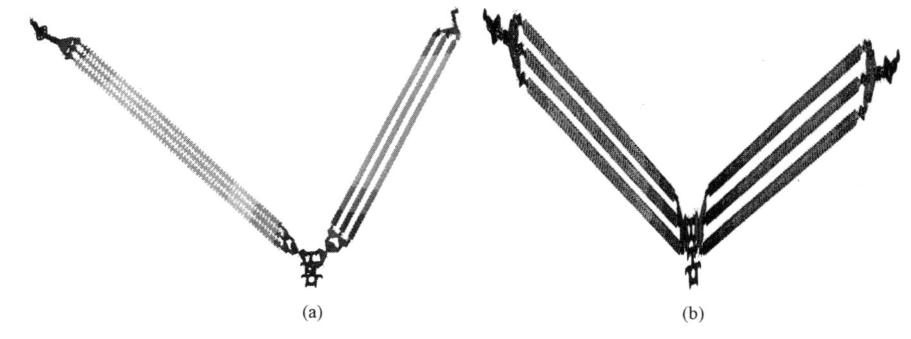

图 4-18　串型仿真结果

（a）优化前；（b）优化后

通过改变串内金具结构型式、连接方式和金具材料，在保证悬垂串电气特性的基础上，实现了对双联、三联复合绝缘子和盘型悬式绝缘子悬垂串缩短串长的目的，同时减轻了金具串的重量，降低了铁塔的高度，降低了金具的采购和施工成本。

另外，单联 V 型复合绝缘子悬垂串配套大均压环设计为带两个平面结构，此改进解决了均压环定位不稳定和易发生旋转的问题。

（三）耐张串

根据导线额定拉断力、导线分裂数、金具机械强度安全系数、绝缘子机械强度安全系数、断联荷载、断线荷载及悬点应力系数等参数，±800kV 输电线路导线耐张串规划如表 4-6 所示。

表 4-6　　±800kV 输电线路导线耐张串列表

<table>
<tr><th rowspan="2">导线型式</th><th colspan="3">耐张串（盘型悬式）</th></tr>
<tr><th>300kN</th><th>550kN</th><th>760kN</th></tr>
<tr><td>6×JL1/G3A-1250/70-76/7
6×JL1/G2A-1250/100-84/19
6×JL1X1/LHA1-800/550-452
6×JL1X1/G3A-1250/70-431
6×JL1X1/G2A-1250/100-437</td><td rowspan="3">双联（门型构架）</td><td>四联</td><td>三联</td></tr>
<tr><td>8×JL1/G3A-1250/70-76/7
8×JL1/G2A-1250/100-84/19
8×JL1X1/LHA1-800/550-452
8×JL1X1/G3A-1250/70-431
8×JL1X1/G2A-1250/100-437
6×JLHA4/G2A-1250/100-84/19</td><td>六联</td><td>四联</td></tr>
<tr><td>6×JLHA1/G2A-1250/100-84/19</td><td>八联</td><td>六联</td></tr>
</table>

四联双挂点耐张串如图 4-19（a）所示，六联三挂点耐张串如图 4-19（b）所示。

（四）跳线串

根据导线、分裂数及线路气象条件等参数，±800kV 输电线路导线跳线串规划如表 4-7 所示。

表 4-7　　±800kV 输电线路导线跳线串列表

<table>
<tr><th rowspan="3">导线型式</th><th colspan="2">跳线串（复合）</th><th>跳线串（盘型悬式）</th></tr>
<tr><th colspan="2">160kN</th><th>210kN</th></tr>
<tr><th>I 型</th><th>V 型</th><th>V 型</th></tr>
<tr><td>6×JL1/G3A-1250/70-76/7</td><td>双联</td><td>双联</td><td>双联</td></tr>
<tr><td>6×JL1/G2A-1250/100-84/19
6×JL1X1/LHA1-800/550-452
6×JL1X1/G3A-1250/70-431
6×JL1X1/G2A-1250/100-437
6×JLHA4/G2A-1250/100-84/19
6×JLHA1/G2A-1250/100-84/19</td><td>双联</td><td>双联</td><td>双联</td></tr>
<tr><td>8×JL1/G3A-1250/70-76/7
8×JL1/G2A-1250/100-84/19
8×JL1X1/LHA1-800/550-452
8×JL1X1/G3A-1250/70-431
8×JL1X1/G2A-1250/100-437</td><td>双联</td><td>双联</td><td>双联</td></tr>
</table>

直跳跳线串屏蔽环采用侧环，安装方便。绕跳跳线串屏蔽环采用套环，可以避免耐张线夹引下线与屏蔽环的干涉。直跳跳线串布置如图 4-20 所示。

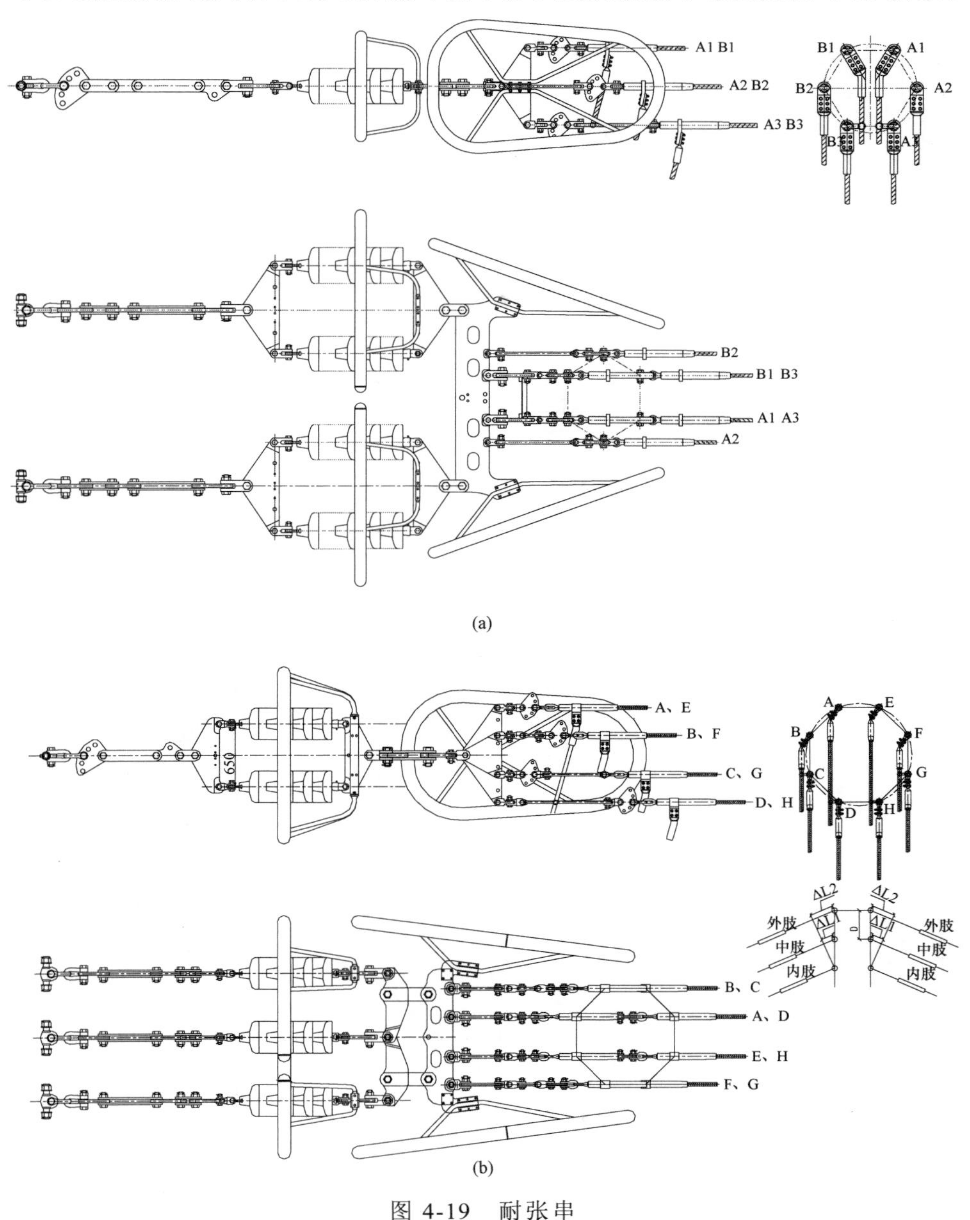

图 4-19　耐张串

（a）四联双挂点耐张串；（b）六联三挂点耐张串

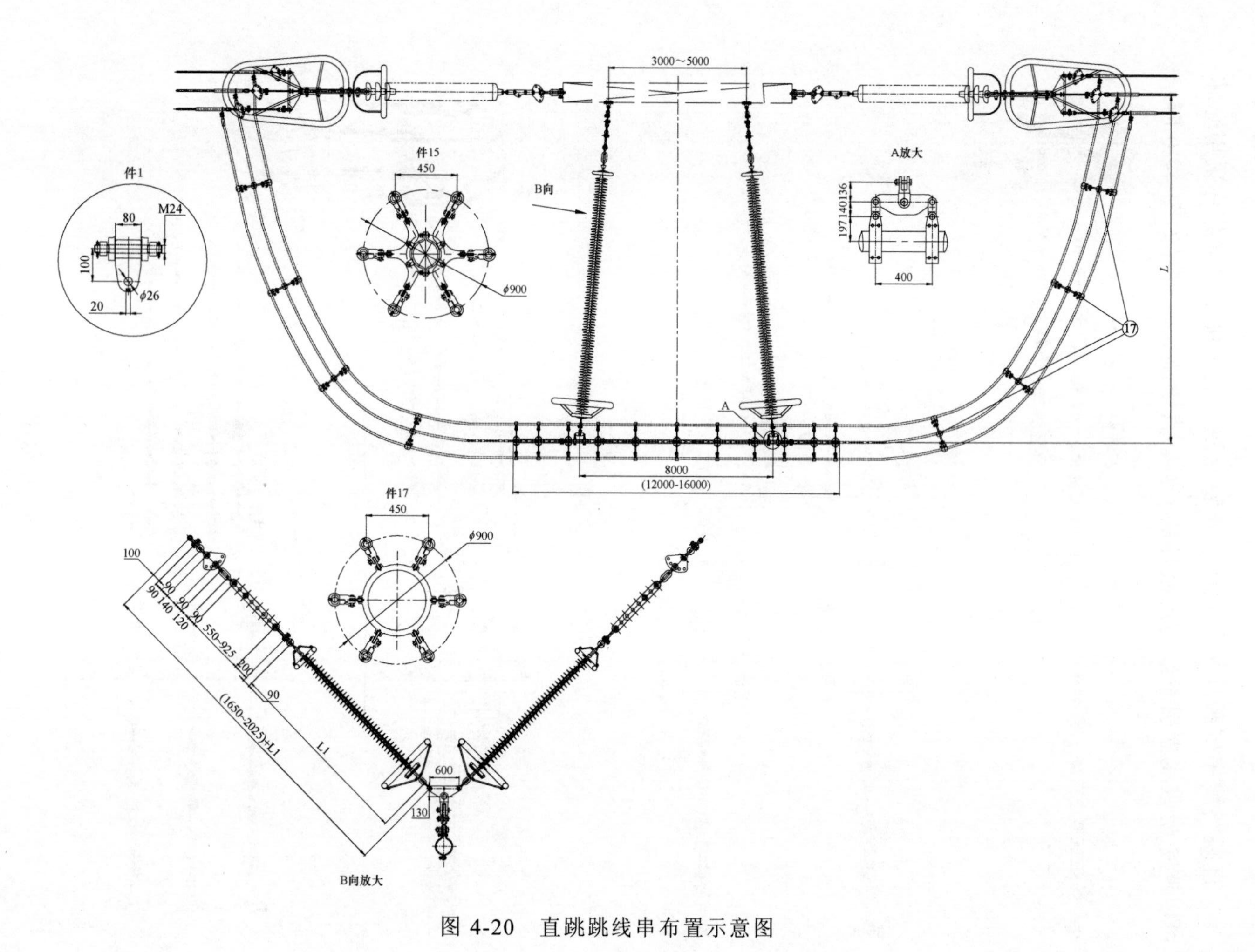

图 4-20 直跳跳线串布置示意图

第三节 耐张线夹和接续管

耐张线夹是将导线连接在耐张绝缘子串上的金具，导线接续管用于导线的接续。耐张线夹及接续管与导线接触并传递力学荷载和电气荷载，是架空输电线路中的重要金具。

一、设计规范及技术条件

耐张线夹、接续管的设计应符合 GB/T 2314《电力金具通用技术条件》及 DL/T 757《耐张线夹》的要求。耐张线夹、接续管应达到的技术条件如下：

（1）压缩型耐张线夹及接续管握力不小于被接续导线额定抗拉力的 95%。

（2）金具的导电接触面应涂导电脂，应提供防止氧化腐蚀的导电脂，填充金具内部的空隙。

（3）耐张线夹、接续管与导线连接处，应避免两种不同金属间产生的双金属腐蚀问题。

（4）应考虑在耐张线夹、接续管安装后的导线与金具原接触面处，不出现导线应力增大现象，以防止微风振动或其他导线振荡的情况下引起导线损坏。

（5）耐张金具和接续管的设计应避免应力集中，出线口内侧应做成圆弧倒角。

（6）耐张线夹尾部应采取防水措施。

二、选型

耐张线夹按照施工方法和结构型式的不同，通常有螺栓式、钳压式、液压式、爆压式、楔式、预绞式等几种类型；接续管按照施工方法和结构型式的不同可分为钳压式、液压式、爆压式、螺栓式及预绞式等几种类型。近年来由于液压工艺和装备的发展，液压型的耐张线夹、接续管得到广泛应用，且具有良好的运行经验。

±800kV 特高压直流工程将使用 JL1/G3A-1250/70-76/7、JL1/G2A-1250/100-84/19、JL1X1/LHA1-800/550-452、JL1X1/G3A-1250/70-431、JL1X1/G2A-1250/100-437、JLHA4/G2A-1250/100-84/19 及 JLHA1/G2A-1250/100-84/19 七种导线，导线总截面积与铝钢比大，耐张线夹和接续管设计难度很大。

普通导线用的液压式耐张线夹的主体为铝挤压管，一端经煨弯、压扁形成引流板，下接引流线夹。这种结构通常称为整体弯结构，便于生产，简单易用，至今仍被大量应用，如图 4-21（a）所示。有一种观点认为这种整体弯结构的弯曲处强度不高，对于较大截面导线铝管外径较大，弯曲工艺受到一定限制。在 1997 年修订的电力金具产品样本中，采用了单板直接焊在铝耐张管上的结构，如图 4-21（b）所示。这种结构在紧凑型线路运行过程中，在运行环境恶劣的风口地区有断裂现象发生。单板直焊结构现在已被平板开圆孔环形焊套焊在主体上的方式所代替，如图 4-21（c）所示。

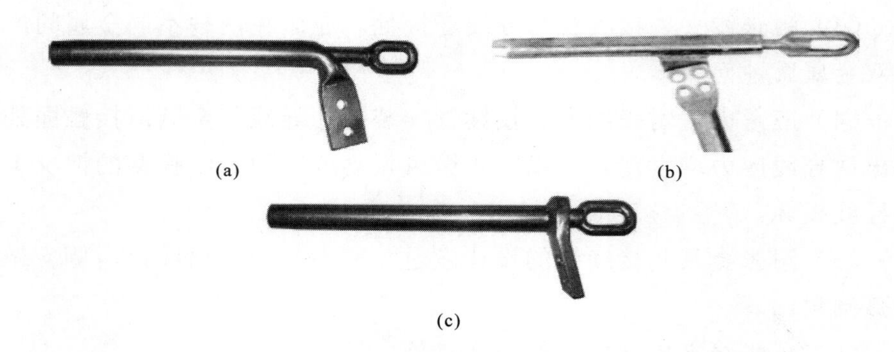

(a) (b) (c)

图 4-21　常见的耐张线夹

（a）整体弯结构耐张线夹；（b）单板焊接结构耐张线夹；（c）环形焊套焊结构耐张线夹

1000kV 和±800kV 特高压线路采用的是双板引流式耐张线夹，其主体为铝管，引流板套焊在铝管中部，既提高了引流板强度又缩短了铝管的长度。引流板部分为双板结构，增大了引流板的强度，提高了接线板载流面积，降低了运行时引流板发热的可能性。在生产时改进了加工工艺，为保证双板的平行度与粗糙度，采用整体挤压成型，焊接时再进行开口处理。与铸造引流板相比，提高了耐张线夹的机电性能。双面接触耐张线夹如图 4-22 所示。

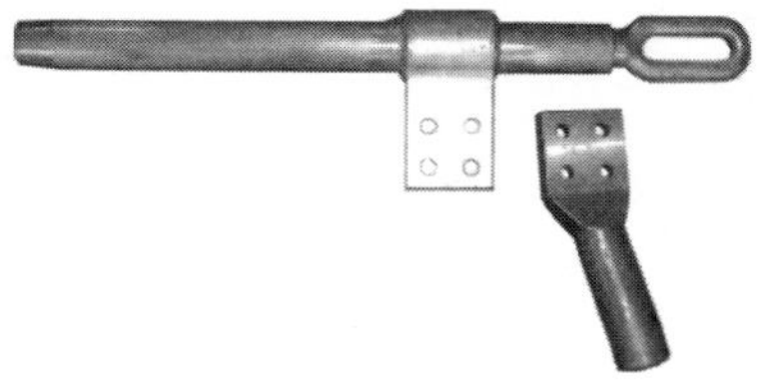

图 4-22 双面接触耐张线夹

液压型接续管有搭接型式和对接型式两种。搭接型式接续管的钢管压接长度短，可节约材料，同时张力放线时易于通过滑轮，并且过滑轮时短的接续管所受的损伤要小于长的接续管。除 JL1X1/LHA1-800/550-452 铝合金芯成型铝绞线接续管采用对接型式外，其他 $1250mm^2$ 导线接续管推荐搭接型式。

三、设计计算

耐张线夹及接续管的设计计算主要包括：

（1）耐张线夹钢锚钢管、铝合金管内径设计计算及接续管钢管、铝合金管内径设计计算。

（2）耐张线夹钢锚钢管、铝合金管外径设计计算及接续管钢管、铝合金管外径设计计算。

（3）耐张线夹钢锚钢管、铝合金管有效压接长度设计计算及接续管钢管、铝合金管有效压接长度设计计算。

（4）耐张线夹及接续管铝管内径设计计算。

（5）耐张线夹及接续管铝管外径设计计算。

（6）耐张线夹及接续管钢铝管有效压接长度设计计算。

（7）钢锚挂孔强度设计计算。

（8）引流板接触电阻的设计计算。

（一）钢管（铝合金管）内径

钢芯搭接式的接续管钢管内径应能将两根钢绞线较容易地插入钢管内为原则，搭接钢管内径取导线直径的 1.70 倍。对接式钢芯钢管内径值取 $1.09d'$（钢芯直径），对接铝合金芯铝管内径值取 $1.12d''$（铝合金芯直径）。

（二）钢管（铝合金管）外径

1. 钢管

钢管承担钢芯摩擦力引起的拉力，其外径按式（4-1）计算

$$\sigma_1\left[\frac{\pi d_1^2}{4}\times K_2-\frac{\pi}{4}(0.9d)^2\right]=\sigma_{\mathrm{m}}(0.9d)^2 \tag{4-1}$$

式中 σ_1——钢管强度；

d_1——外径；

K_2——内接圆的百分系数，取 0.83；

d——导线直径；

σ_{m}——钢芯 1%伸长应力。

利用式（4-1）计算得到钢管外径 d_1，并考虑长期运行的防腐要求和一定的安全裕度，确定钢管外径。

2. 铝合金管

铝合金管承受铝合金芯的拉力，其强度应不低于铝合金芯的强度，铝合金管外径按式（4-2）计算

$$\sigma_1\left[\frac{\pi d_1^2}{4}K_2-\frac{\pi}{4}(0.87d)^2\right]=\sigma_{\mathrm{m}}\frac{\pi}{4}(0.87d)^2 \tag{4-2}$$

式中 σ_1——铝合金管强度，取 135MPa；

K_2——内接圆的百分系数，取 0.83；

σ_{m}——铝合金芯抗拉强度。

钢管（铝合金管）外径的设计推荐值如表 4-8 所示。

表 4-8　　钢管（铝合金管）外径设计推荐值

导线型号	钢芯直径（mm）	对接式钢管（铝合金管）设计推荐值（mm）	搭接式钢管（铝合金管）设计推荐值（mm）
JL1/G3A-1250/70-76/7 JL1X1/G3A-1250/70-431	10.7	30.0	30.0
JL1/G2A-1250/100-84/19 JL1X1/G2A-1250/100-437 JLHA4/G2A-1250/100-84/19 JLHA1/G2A-1250/100-84/19	13.1	36.0	40.0
JL1X1/LHA1-800/550-452	30.45	55	

（三）铝（铝合金）管内径

为了满足耐张线夹及接续管的握力要求，应尽量减小因压接对导线造成的损伤程度。针对四层铝股的钢芯铝（铝合金）绞线及铝合金芯成型铝绞线的特点，经计算及压接试验验证，推荐 1250mm² 圆线导线耐张线夹及接续管铝管的内径标称值取导线直径的 1.07 倍，推荐 1250mm² 型线导线耐张线夹及接续管铝管的内径标称值取导线直径的 1.16 倍。表 4-9 为铝管（铝衬管）内径设计推荐值。

表 4-9　　铝管（铝衬管）内径设计推荐值

导线型号	铝（合金）管内径设计推荐值（mm）	铝衬管内径设计推荐值（mm）
JL1/G3A-1250/70-76/7	50.6	
JL1/G2A-1250/100-84/19 JLHA4/G2A-1250/100-84/19 JLHA1/G2A-1250/100-84/19	51.0	
JL1X1/G3A-1250/70-431	50.0	
JL1X1/G2A-1250/100-437	50.0	
JL1X1/LHA1-800/550-452		49.5

（四）铝（铝合金）管外径

铝（铝合金）管承担铝（铝合金）线的拉力，其强度应不小于铝线的拉断力，外径按式（4-3）计算

$$\sigma_1\left[\frac{\pi d_1^2}{4}\times 0.83-\frac{\pi}{4}(K_u D)^2\right]=\sigma_m\frac{\pi}{4}(K_u D)^2 Q \tag{4-3}$$

式中　σ_1——铝（铝合金）管强度，铝管取 80MPa，铝合金管取 135MPa；

K_u——直径等价系数；

D——导线外径；

σ_m——铝线强度；

Q——铝线截面与导线总截面的比值。

考虑一定的安全裕度和模具设计，确定铝管外径的设计值。铝（铝合金）管外径的设计推荐值如表 4-10 所示。

表 4-10　　铝（铝合金）管外径设计推荐值

导线型号	导线直径（mm）	铝管设计推荐值（mm）
JL1/G3A-1250/70-76/7	47.35	80
JL1/G2A-1250/100-84/19	47.85	80
JLHA4/G2A-1250/100-84/19 JLHA1/G2A-1250/100-84/19	47.85	90
JL1X1/G3A-1250/70-431	43.11	80
JL1X1/G2A-1250/100-437	43.67	80
JL1X1/LHA1-800/550-452	45.15	80

（五）铝管有效压接长度及拔梢长度

SDJ 226《架空送电线路导线及避雷线液压施工工艺规程》中建议有效压接长度不小于 7.0*D*（*D* 为导线外径），根据实践经验，认为此值过于保守，有必要通过试验进行优化。1250mm^2 导线耐张线夹和接续管通过大量握力试验，得到铝管有效压接长度的推荐值，如表 4-11 所示。

表 4-11　　铝管有效压接长度推荐值

导线型号	导线直径（mm）	铝管有效压接长度推荐值（mm）	设计值为导线直径的倍数
JL1/G3A-1250/70-76/7	47.35	260	5.4
JL1/G2A-1250/100-84/19	47.85	260	5.4
JLHA4/G2A-1250/100-84/19 JLHA1/G2A-1250/100-84/19	47.85	290	6
JL1X1/G3A-1250/70-431	43.11	260	6.0
JL1X1/G2A-1250/100-437	43.67	260	6.0
JL1X1/LHA1-800/550-452	45.15	270	6.0

对于 1250mm^2 导线，增加拔梢长度能够减小应力集中现象，拔梢长度推荐为 150mm，约为导线直径的 3 倍。

（六）接触面积校核

根据标准及设计经验，电流在1000A以上时，铝—铝接触面最大电流密度取0.07A/mm²，耐张线夹引流板与引流线夹采用双面接触型式，接触面积为2×125×105=26250mm²，最大允许电流为1837A，大于导线的1700A的额定载流量（环境温度35℃、导线温度80℃时条件），满足载流要求。

（七）注油式耐张线夹

当耐张串的耐张线夹上仰时，雨水会倒灌入耐张线夹的铝管内并结冰。以往工程发生过耐张线夹的铝管结冰胀裂事故，建议耐张线夹上扬时采用注油式耐张线夹，其压接区的导线空腔内填满油脂，可避免雨水倒灌入铝管内。

四、材料及工艺

（一）铝（铝合金）管及引流板

对于JL1/G3A-1250/70-76/7、JL1/G2A-1250/100-84/19、JL1X1/LHA1-800/550-452、JL1X1/G3A-1250/70-431、JL1X1/G2A-1250/100-437五种导线，其外层为电工硬铝线。电工硬铝线配套压接管一般采用1050A热挤压成型铝管，布氏硬度HB<25，是一种比较理想的压接材料，因此1250mm²导线耐张线夹和接续管的本体、耐张线夹引流板和引流线夹选用铝纯度不低于99.5%的1050A热挤压成型铝管，布氏硬度HB应小于25，超过25时必须进行退火处理，抗拉强度不低于80MPa，延伸率不低于12%。

对于JL1X1/LHA1-800/550-452导线，其加强芯为铝合金线，配套的加强芯压接管一般选用铝合金管。对于JLHA4/G2A-1250/100-84/19、JLHA1/G2A-1250/100-84/19导线，其外层为铝合金线。铝合金线配套压接管一般也选用铝合金管，在铝合金牌号选择的研究中，通过分析计算，适用于制造铝合金芯及导线接续管的铝合金为5A02、6063（延伸率有特殊要求）和3A21，性能指标列于表4-12中。

表 4-12 铝合金材料物理参数表

牌号	热处理状态	导电率	屈服强度（MPa）	抗拉强度（MPa）	延伸率	布氏硬度HB	说明
5A02	O	47%IACS	80	190	23%	45	用于飞机油箱与导管、焊丝、铆钉、船舶机构件。金具厂家不易采购
6063	T5	55%IACS	145	186	16%	60	建筑型材，灌溉管材以及供车辆、台架、家具、栅栏等用的挤压材料。金具厂家易于采购
3A21	F	35%IACS	85	135	20%	30	主要用于要求高可塑性和良好焊接性的在液体或气体介质中工作的低载荷零件，如油箱，汽油或润滑油导管，各种液体容器和其他用深拉制作的小负荷零件，金具厂家易于采购

注 O—退火状态；F—加工自由状态；T5—固溶处理加不完全人工时效。固溶处理后进行不完全人工时效，时效是在较低的温度和较短的时间下进行，进一步提高铝合金的强度和硬度。

3A21铝合金管的硬度和延伸率与常用的1050A铝管接近，强度高且易于制造和采购，1250mm^{2}导线铝合金导体配套铝合金管选用3A21。

（二）钢锚及钢管

耐张线夹钢锚和接续管的钢管采用GB/T 699的规定的10号钢，或采用GB/T 700的规定Q235，含碳量不超过0.22%，成品硬度HB不大于156，抗拉强度不低于330MPa，延伸率不低于8%。

钢锚采用整体锻造工艺加工，要求非加工表面钢印深度不大于1mm，宽度不大于3mm，不允许有裂纹、剥层及氧化皮存在。接续管钢管采用无缝钢管，钢锚及钢管采用热镀锌防腐。

JL1X1/LHA1-800/550导线接续管和耐张线夹样品如图4-23所示。

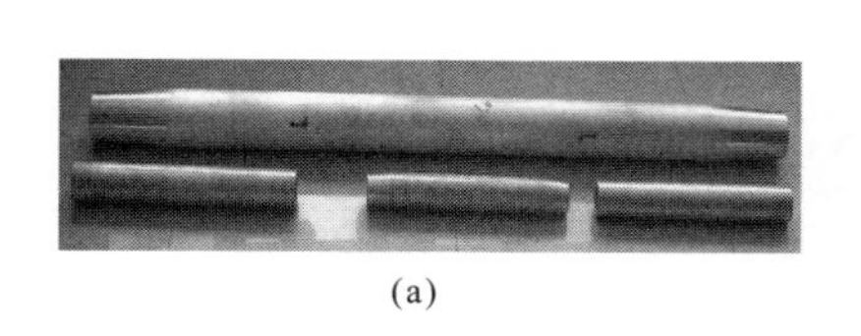

(a)

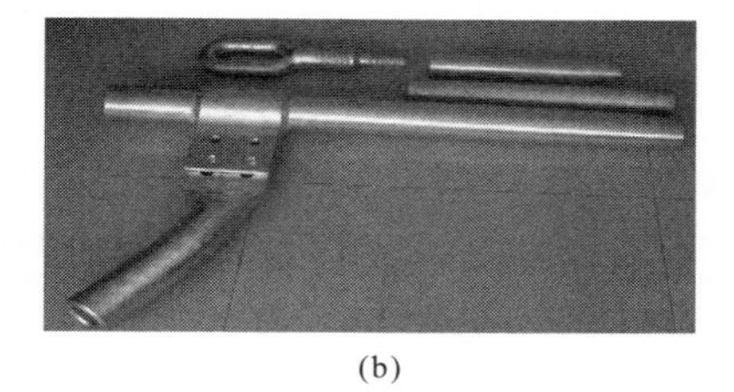

(b)

图 4-23　接续管和耐张线夹样品

（a）接续管 JY-JL1X1/LHA1-800/550；（b）耐张线夹 NY-JL1X1/LHA1-800/550

五、握力试验

依据 GB/T 2317.1—2008《电力金具试验方法 第 1 部分：机械试验》进行握力试验，握力均满足线路施工验收规范要求。不同制造单位耐张线夹和接续管的握力试验数据比较如图 4-24～图 4-30 所示。

六、压接工艺

在 1250mm^2 导线耐张线夹、接续管大量握力试验及 JL1X1/LHA1-800/550-452 和 JL1X1/G3A-1250/70-431 导线现场展放试验基础上，研究确定耐张线夹铝管的压接顺序采用“倒压”方式，接续管铝管的压接顺序采用“顺压”方式。还规范了压接设备与模具的选择原则、穿管和压接方法、质量检查方法与判据。

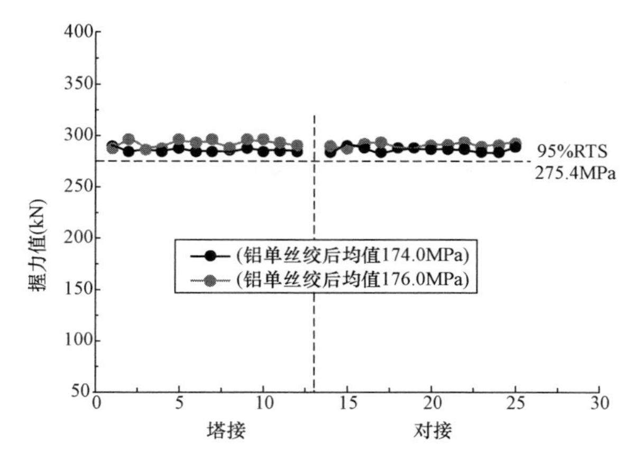

图 4-24　JL1/G3A-1250/70 导线握力曲线

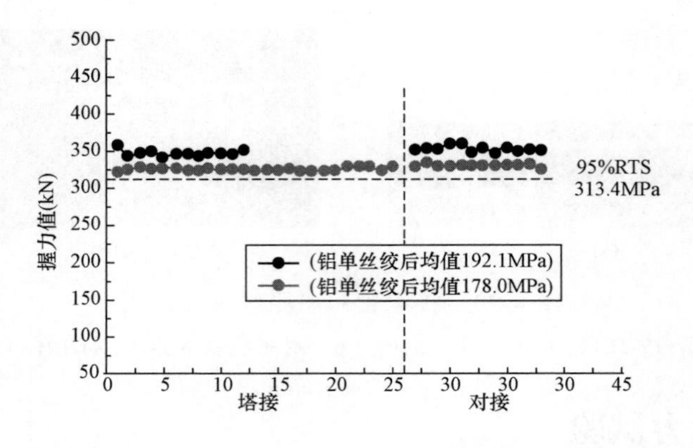

图 4-25　JL1/G2A-1250/100 导线握力曲线

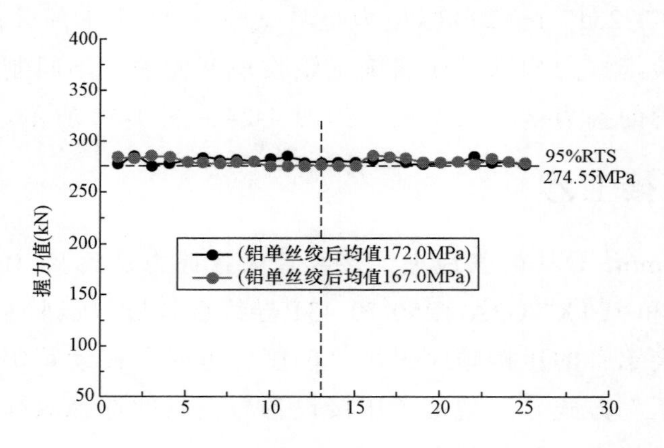

图 4-26　JL1X1/LHA1-800/550 导线握力曲线

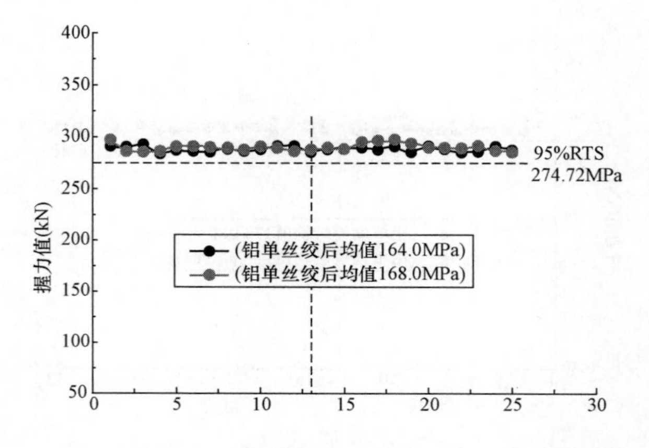

图 4-27　JL1X1/G3A-1250/70 导线握力曲线

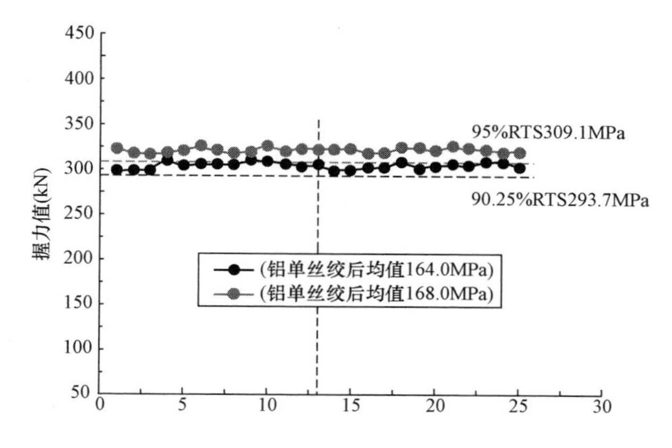

图 4-28 JL1X1/G2A-1250/100 导线握力曲线

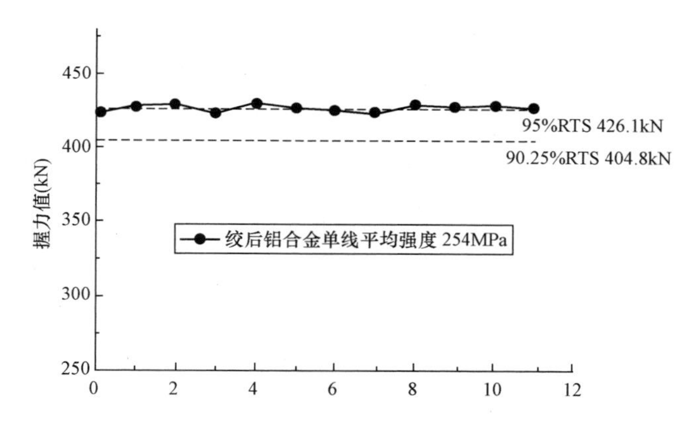

图 4-29 JLHA4/G2A-1250/100-84/19 导线握力曲线

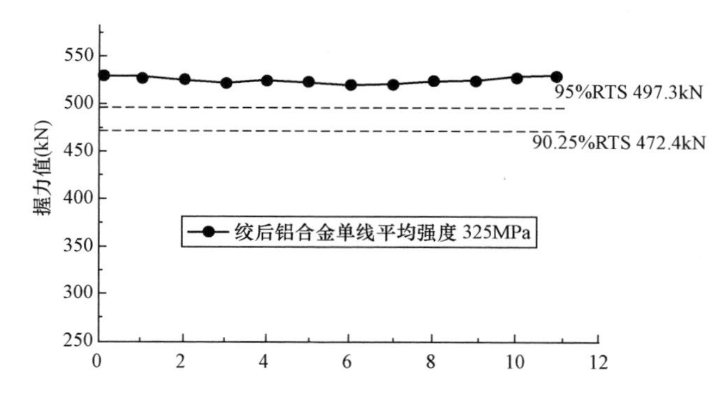

图 4-30 JLHA1/G2A-1250/100-84/19 导线握力曲线

第四节　间　隔　棒

间隔棒是输电线路上必不可少的关键防护金具之一，运行时承受着非常复杂的各种荷载。除此之外，它还受到各种气象条件、自然条件的考验，甚至是非常恶劣大风等气象条件，因此分裂导线间隔棒的研发是整个线路金具研发工作的重点之一。

一、分裂间距

从防次档距振荡角度考虑，在其他外部条件相同时（风、导线参数及间隔棒布置方案等），*S/D* 值越大，即分裂间距越大，越有利于防止或减少子导线间碰撞和鞭击现象的发生。常规设计中，这一比值通常选在10～20，对特高压线路国际大电网 CIGRE 曾推荐分裂导线 *S/D* 值应不小于 15。从现有运行经验来看，*S/D* 如果小于 10，则可能产生严重的振荡。

分裂间距为 450mm 时，采用 6×JL1/G3A-1250/70 和 8×JL1/G3A-1250/70 导线，*S/D*＝9.51<10；分裂间距为 500mm 时，*S/D*＝10.56>10。当 *S/D* 的值小于 10 时，分裂导线会发生严重的次档距振荡情况，给线路的安全稳定运行造成巨大的威胁，主要表现在以下几个方面。

（1）*S/D*<10 时，持续风激励作用下，导线会发生多种形式的次档距振荡现象，治理难度相对较大。

当 *S/D*<10 时，分裂导线极易发生 A、B 及 C 型的次档距振荡现象；而当 S/D>10 时，分裂导线次档距振荡发生的可能性明显降低。

（2）*S/D*<10 时，分裂导线次档距振荡现象会带来严重的线路事故，造成子导线的互撞和鞭击，导线线股磨损，间隔棒松动甚至损坏，导线断股、短路等灾害。美国邦纳维尔（BPA）电力局在其 MORO 特高压试验线段上试验表明，在 8 分裂导线（导线外径 41mm，分裂间距 400mm）安装非阻尼间隔棒的情况下，次档距振荡非常严重。

（3）如考虑分裂间距取 450mm，将次档距振荡幅值控制在分裂间距为 500mm 时的水平；每千米线路大约需要增加 4 个间隔棒，过多地使用子导线间隔棒除了增大投资、经济性下降外，还会给线路造成抗覆冰扭转能力下降、抗导线覆冰舞动能力下降等不良的影响。

（4）相同的外部激励下发生次档距振荡时，1250mm^{2}导线分裂间距取为500mm时的振动幅值比分裂间距取为550mm时大5%。

（5）分裂间距相同时，8×1250mm^{2}导线的上、下风向导线气动阻力系数比值均大于6×1250mm^{2}导线的上、下风向导线气动阻力系数比值。这表明8×1250mm^{2}导线的尾流屏蔽效应更大，所受的气动载荷更复杂，更容易发生次档距振荡。

综合考虑基于线路防次档距振荡的要求和经济性，建议6×1250mm^{2}导线采用500mm分裂间距、8×1250mm^{2}导线采用550mm分裂间距，然后通过调整导线分裂间距和选择合适的间隔棒来控制次挡距振荡水平。

二、设计原则

多分裂间隔棒是输电线路关键的防护金具之一，其机械性能的优劣对输电线路的安全稳定运行有重要的影响，在线路中主要承担以下功能：

（1）固定子导线空间相对位置，满足电气要求。

（2）抑制次档距振荡，保护导线免受损害。

（3）降低微风振动的强度，延长导线及其部件的使用寿命。

（4）防止产生短路电流时引起的子导线鞭击。

基于间隔棒承担的功能，确定了间隔棒设计原则：

（1）良好的力学性能。6×1250mm^2、8×1250mm^{2}导线由于其输送容量大，要求间隔棒能足够承受由于短路电流引起的向心力，在发生最大短路电流时，能够支撑子导线间的间距，防止互相碰击。除此之外，还要求线夹有足够的强度，并对导线有足够的握着力。

（2）良好的防电晕要求。特高压直流线路在实际运行时金具表面场强高，对金具的防电晕要求更加严格。间隔棒必须进行防电晕设计，尤其是对暴露在导线分裂圆外的线夹部分，更容易发生电晕，对金具的防晕要求更加严格，间隔棒必须进行防晕设计。

（3）良好的阻尼性能。阻尼间隔棒在保持分裂导线几何尺寸的同时，其关节处应具有充分的活动性。利用关节处的橡胶元件的弹性来获得所需的阻尼性能，阻尼性能（利用橡胶在交变应力下的耗能以抑制微风振动）是研究设计阻尼间隔棒的关键参数，与橡胶元件材料的阻尼系数有关，但消振效果更与间隔棒的结构、使用状态有着密切关系，要求在设计时应充分考虑。

（4）良好的耐疲劳性能。这是一项非常重要的技术性能。在线路长时间运行后，如果间隔棒不能耐受疲劳振动，会引起阻尼性能失效，可能会造成间隔棒脱落，或者在振动过程中损伤导线，对线路安全运行造成危害。

三、技术参数

依据±800kV特高压直流工程确定的间隔棒技术参数如表4-13所示。

表4-13　　间隔棒技术参数

线路最高运行电压（kV）	±816	
子导线分裂数	6	8
子导线分裂间距（mm）	500	550
最大短路电流（kA）	50	

（一）短路电流向心力

耐受短路电流向心力是对间隔棒性能考核的主要指标，是其技术条件中起决定作用的一个方面。目前对间隔棒短路电流向心力计算仍然采用马努佐（C.Manuzio）公式，表示如下：

$$P_{\max} = 5\times10^{-3}\times\frac{2}{n}\sqrt{n-1}I_{\mathrm{cc}}\sqrt{\frac{H}{10}\lg\frac{S}{d'}} \tag{4-4}$$

其中

$$d' = \frac{D}{\sin(180^\circ/n)}$$

式中　$P_{\max}$——一根子导线短路电流向心力，N；

I_{cc}——短路电流，kA；

n——子导线分裂数；

H——子导线张力，N，通常为25%UCTS；

S——子导线分裂圆直径，mm；

D——子导线直径，mm；

d'——等价子导线直径，mm。

我国DL/T 1098—2009《间隔棒技术条件和试验方法》中推荐的公式如下：

$$P = 1.566\frac{2}{n}\sqrt{n-1}I_{cc}\sqrt{H\lg\frac{S}{D}} \tag{4-5}$$

对于20mm以上重冰区，除短路电流外，还考虑抗脱冰能力，预绞式间隔棒短路向心力取计算短路电流向心力值的1.2倍。

（二）其他性能参数

在DL/T 1098—2009中，除了对间隔棒耐短路电流向心力进行了规定外，对间隔棒其他性能参数也提出了要求。除这些要求外，还考虑到1250mm² 导线为国内首次研制，对间隔棒线夹间的拉、压力也提高到标准要求值的1.2倍，即抗拉、压力值不小于7.2kN。表4-14为1250mm² 间隔棒的技术条件。

表4-14　1250mm² 间隔棒的技术条件

项　目		标准及设计要求
机械性能	线夹间拉、压力（kN）	7.2
	线夹扭握力（N·m）	40
	线夹顺线握力（kN）	2.5
	线夹关节活动范围（°）	切线方向±15
疲劳性能	垂直振动疲劳性能	振幅：±1mm；振动次数：3×10^7 次 垂直振动频率：25Hz～50Hz
	扭转振动疲劳性能	扭转角度：±10°～15°；扭转次数：1×10^6 次； 扭转振动频率：2Hz～5Hz
	水平振动疲劳性能	水平振动频率：2Hz～5Hz；拉、压力：300N； 振动次数：7×10^6 次
	橡胶疲劳性能	疲劳试验后，不损伤导线，橡胶不应有明显磨损，线夹握力无明显变化。线夹处导线动弯应变值：不大于允许值（100με～120με）

四、结构选型与设计

（一）结构选型

1. 间隔棒的类型

间隔棒分为刚性间隔棒、柔性间隔棒和阻尼间隔棒三类。阻尼间隔棒在关节处嵌入橡胶垫，消耗振动能量，对抑制微风振动和次档距振荡效果明显，并且在线夹处也有橡胶垫，对导线进行了保护，从运行状况来看，效果较好。

2. 框架选型

多分裂导线间隔棒的本体框架设计分为矩形框架式、圆环框架式、十字形等，线夹布置型式分上下型、左右型和放射型等。每种型式均有各自不同特点，从功能上都能够满足使用要求，型式选择取决于设计习惯和模具制造、产品加工的难易等方面。我国从500kV线路开始，越来越多的选用多边形框架式，这种型式结构简单明晰、强度可靠，750kV六分裂输电线路使用了正六边形、单板框架式间隔棒。

间隔棒本体框架型式设计，可以采用单板或双板式。相比较而言，单板式缺点是一旦关节出现故障，容易造成脱落，从而造成间隔棒失效。相比之下双板式的受力更稳定，其不足之处是顺线方向上线夹的可运动量偏小，在设计和制造时应引起重视。

此外双板式间隔棒的框架厚度比较薄，易于采用压铸工艺生产，近几年在特高压交直流工程中广泛应用。哈密南—郑州和溪洛渡—浙西±800kV特高压直流工程的间隔棒改进为双板式工字型结构框架，提高了框架的机械强度。1250mm^{2}导线间隔棒框架也采用双板式、工字型框架。

3. 线夹选型

线夹分为铰链式线夹和预绞式线夹两种，因线夹的不同将间隔棒又分为铰链式间隔棒和预绞式间隔棒两种类型，铰链式间隔棒一般用于线路的轻、中冰区，预绞式间隔棒一般用于线路的重冰区。

铰链式线夹配合穿销对导线的握紧的设计安装方便、握力可靠，如图 4-31 所示。

图 4-31 6 分裂铰链式间隔棒

“预绞式线夹”配合“预绞丝”实现对导线的握紧，挂钩型如图 4-32（a）所示，Y 型如图 4-32（b）所示。

挂钩型线夹较 Y 型线夹易于安装，但当导线发生次档距振荡、微风振动或短路向心力时，Y 型的防护性能要远好于挂钩型。因此预绞式间隔棒采用了 Y 型线夹，同时提出了一种专用安装工具来解决 Y 型预绞式线夹不易安装问题。“预绞丝”有铝包钢丝和铝合金丝两种，铝包钢丝尺寸短于铝合金丝，安装方便，其抗疲劳性能也好于铝合金丝，但铝包钢丝端头需进行防腐处理，综合考虑“预绞丝”采用了铝包钢丝。

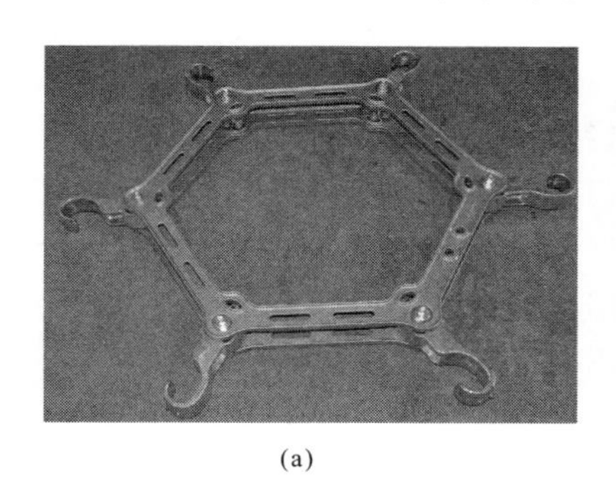

(a)

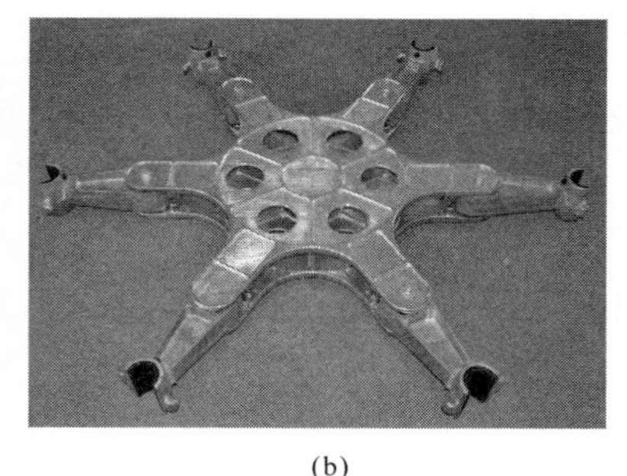

(b)

图 4-32 6 分裂预绞式间隔棒

（a）挂钩型预绞式；（b）Y 型预绞式

（二）防电晕设计

金具上产生电晕的原因主要是由于其表面电位梯度超过了临界值，空气产生电离所致。由此可知，防电晕就是要设法降低金具表面电位梯度，使之低于临界值。间隔棒在运行期间，大部分包含在导线的分裂圆中，分裂导线自然起到了屏蔽的作用，而线夹头部暴露在分裂圆外，是最容易产生电晕的部位。采用以下方法解决：

（1）在外形设计上尽可能优化，适当加大线夹表面的曲率半径。

（2）对线夹表面进行光滑处理，提高表面质量，杜绝加工中产生的棱角和毛刺，以降低电位梯度值，从而减小起晕机会。

基于以上两个方法结合试验及工程应用经验，线夹和线夹本体顶部曲率半径为R20，圆角为R15。

五、材料及工艺

（一）铝合金材料

间隔棒选用铝合金材料制造，表4-15是常用铝合金材料性能特点。

表4-15　常用铝合金材料性能对比

材料	优　点	缺　点
ZL101	（1）强度中等； （2）铸造性能好； （3）质量稳定	（1）热处理工艺复杂； （2）价格偏高
ZL101A	（1）杂质含量低； （2）制造工艺成熟； （3）铸件强度高	（1）工艺（热处理）复杂； （2）产品稳定性差一些； （3）对于尺寸较大和形状比较复杂的部件，铸造工艺质量有分散
ZL102	（1）铸造性能好； （2）工艺简便； （3）产品质量稳定； （4）价格低	（1）强度偏低； （2）在关键部件和受力较大或者较为复杂的地方应用不多
ZL104	（1）强度中等； （2）铸造性能好	（1）热处理工艺复杂； （2）价格偏高； （3）对大件产品，质量容易分散

综合考虑了生产成本、工艺过程控制、产品使用条件、工程可靠性等多方面因素，选用ZL104作为间隔棒的主材（本体、线夹、压盖等）。

（二）阻尼元件

间隔棒的阻尼性能取决于其阻尼元件——橡胶的性能和活动关节的结构形式。对整体而言，其橡胶分为两部分：线夹夹持部分衬垫和关节处橡胶。线夹夹持部分衬垫的橡胶主要起到保护导线的作用，对间隔棒的阻尼作用基本没有影响，关键是在活动关节处的橡胶。借鉴以往特高压间隔棒的设计经验，设计采用了并用橡胶 A、B2 号材料。并用橡胶 A、B2 号材料除了具备良好的阻尼性能，还应具有一定的导电特性，即间隔棒和导线之间的电位差应小于 300V，这样在间隔棒和导线之间及关节内外不会产生放电现象。除了上述关键的性能指标，橡胶还应有一定强度、耐老化。并用橡胶 A、B2 号还应满足表 4-16 的相关技术指标。

表 4-16　　间隔棒用橡胶的相关技术指标

序号	项　目	指　标
1	300%定伸强度（MPa）	≥9.8
2	拉伸强度（MPa）	≥16.1
3	扯断伸长率	350%
4	硬度	67～73 邵尔 A
5	压缩永久变形	≤3.5%
6	耐寒系数	≥0.2
7	示波弹性	58%～82%
8	体积电阻率（Ω·cm）	（1.1～9.5）×10^3
9	耐臭氧老化性能（25℃，72h）	不龟裂
10	阻尼系数（−40℃～+40℃，25Hz）	0.4～0.1

关节处的螺栓是非常重要的受力元件，选用不锈钢螺栓作为连接件，以保证间隔棒的整体强度。螺母采用开口销锁紧螺母，防止螺栓在长时间的振动情况下产生松脱。绞合处的销轴也应该有较好的强度。此外，螺栓和销轴采用不锈钢材料，具有较好的防腐性能。

（三）制造工艺

间隔棒的零部件基本上采用铸造工艺加工，早期的间隔棒铝合金部件采用重力浇铸方式制造，生产效率低，铸件厚重，表面质量差，成品率低，不能满足精品工程要求。间隔棒框架及线夹部分采用高压铸造。

高压铸造是将液态或半液态金属，在高压作用下，以高的速度填充压铸模的型腔，并在压力下快速凝固而获得铸件的一种方法。压力铸造和传统的重力铸造相比，生产效率高，可实现机械化和自动化生产；尺寸精度高，外观质量好，表面光洁。尤其是薄壁复杂件更能体现压铸工艺的特点和优点。20世纪80年代末，我国导线间隔棒的制造开始采用压铸工艺。

随着铸件壁厚的增加，内部气孔和缩松现象随之增加，同时铸件密度下降，从而降低铸件的机械性能。为了获得更加稳定的机械性能，应选择合适的压铸机，控制压射速度、压射温度和充填时间；采用合理的浇道方向，制定合适的压铸工艺及相关的铝合金热处理工艺；合理设计压铸件形状等方法来减少铸件内部气孔、气泡等缺陷，提高铸件质量。

按照要求去除飞边和毛刺，并进行喷丸处理，除去零件表面毛刺、划痕以及油污，增加表面的均压性，改善铸件的表面抗腐蚀能力。

间隔棒样品如图4-33所示。

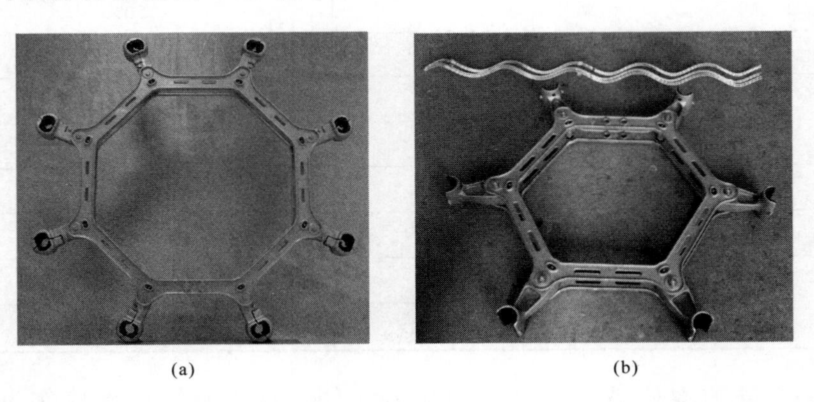

(a)　　(b)

图4-33　间隔棒样品

（a）铰链式；（b）预绞式

间隔棒试验依据标准DL/T 1098—2009和GB/T 2317.2—2008《电力金具试验方法　第2部分：电晕和无线电干扰试验》，机械性能和电气性能均满足标准要求。

第五节　导线防振锤

架空输电线路的传输介质为圆形或近圆形的导线。当风吹过导线后，导线的背风侧将产生漩涡，漩涡上下交替产生，使导线产生振动。因为导致导线振动的风速一般较小，所以这种振动被称为微风振动。当导线在档端被固定后，固定端的导线将承受由微风振动引起的交变荷载的作用，易发生疲劳断股。

GB 50545—2010《110kV～750kV 架空输电线路设计规范》规定：4 分裂导线采用阻尼间隔棒时，档距在 500m 及以下可不再采取其他防振措施；500m 以上的档距一般需加装防振装置。GB 50790—2013《±800kV 直流架空输电线路设计规范》中也采取了类似的措施，利用阻尼间隔棒或阻尼间隔棒和防振锤进行防振。

一、技术要求

JL1/G3A-1250/70-76/7、JL1/G2A-1250/100-84/19、JL1X1/LHA1-800/550-452、JL1X1/G3A-1250/70-431 和 JL1X1/G2A-1250/100-437 五种导线工程应用需要采取防振措施，目前没有配套的防振锤，因而有必要开发适用于这五种导线的防振锤。

防振锤的设计应能满足以下要求：

（1）抑制微风振动。

（2）能够承受安装、维修和运行等条件下的机械荷载。

（3）在运行条件下，不应对导/地线产生损伤。

（4）便于在导/地线上拆除或重新安装且不得损害导/地线，便于带电安装和拆除。

（5）电晕、无线电干扰和可听噪音应在要求的限度内。

（6）安装方便、安全。

（7）在运行中任何部件不应松动。

（8）在运行寿命内应保持其使用功能。

（9）防止积水。

在防振锤的研制过程中，应着重考虑以下问题：

（1）防振锤有良好的减振能力。设计的防振锤谐振频率与导线微风振动的频率相匹配。

（2）防振锤具有良好的机械性能和耐疲劳性能。在运行中防振锤线夹不滑移、锤头不脱落、各部件不松动等；经过疲劳试验后其各项性能仍能满足标准要求。

二、结构型式

早期的防振锤结构型式多种多样，耗能元件也各不相同。目前使用的防振锤多属于 Stockbridge 型防振锤或为其改进型。

1926 年 Stockbridge 发明了 Stockbridge 型防振锤，如图 4-34（a）所示。Monroe 和 Templion 对 Stockbridge 型防振锤进行了改进，如图 4-34（b）所示。

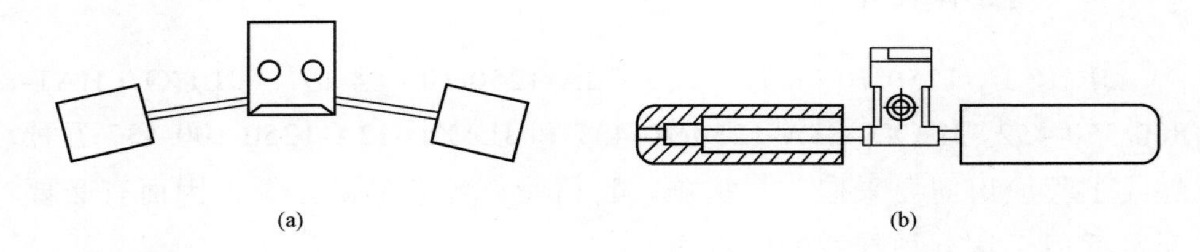

图 4-34　初期及改进型防振锤

（a）最初的 Stockbridge 型防振锤；（b）改进型 Stockbridge 防振锤

1976 年 DULMISON 公司开发了一种三自由度的防振锤（见图 4-35），它除了采用了 Stockbridge 防振锤两种传统的运动模式外，通过使防振锤在垂直面内的偏移增加了一种扭转模式。

Milano 大学的 Diana 和 Falco 以及 Savil 公司的 Claren 发明了一种 4R 型防振锤（见图 4-36），该型防振锤锤头成音叉状，使用平面六角的线夹，因而可在一定范围夹持在不同外径的导线上。

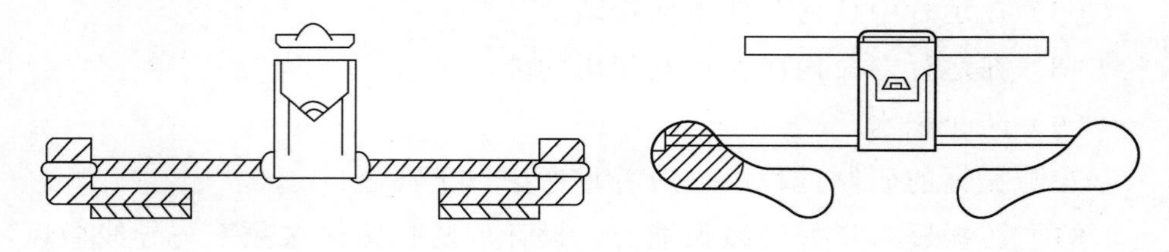

图 4-35　狗骨头型防振锤

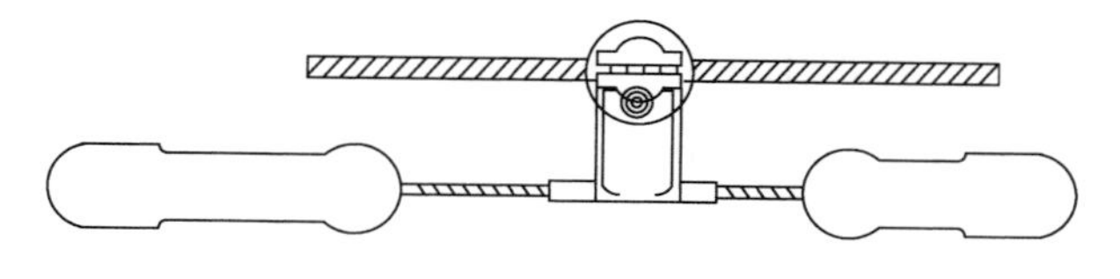

图 4-36 Salvi 防振锤

目前国内外大量使用的防振锤结构型式有 FR 型防振锤、对称型防振锤和扭矩防振锤。各种防振锤代表型式如图 4-37 所示。

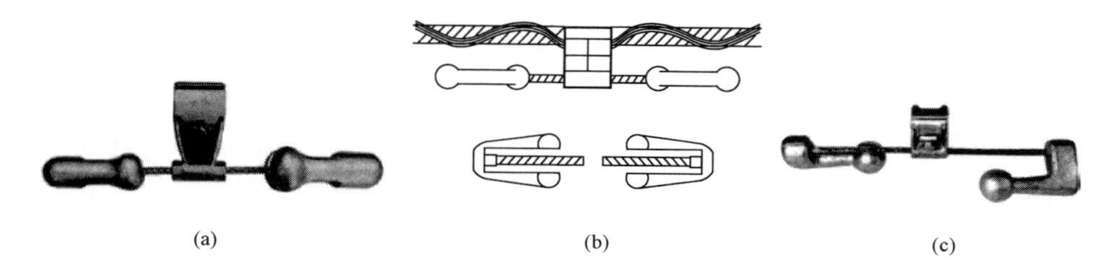

(a) (b) (c)

图 4-37 国内外目前主要使用的各种防振锤

（a）FR 型防振锤；（b）对称型防振锤；（c）扭矩防振锤

上述三种防振锤都广泛应用于架空输电线路上，在各种架空光缆上也有应用。三种防振锤各有优缺点，如表 4-17 所示。

表 4-17 各种防振锤的优缺点

防振锤类型	优点	缺点
FR 型	四个谐振频率，防护的频率范围较宽	两边的偏转力矩不同，在导线处产生了附加的动弯应力，消耗的能量较对称型为小
对称型	防振锤线夹两侧的钢绞线可同时消耗振动能量，耗能较好；线夹两侧的动态应力较均匀	只有两个谐振频率，防护范围较窄
扭矩型	五个谐振频率，防护频率范围较宽，且锤头还有扭转作用，耗能较好	线夹两侧存在偏转力矩和扭转力矩，线夹处的导线受到较大的附加动弯应力作用

对于大截面导线，根据 Strouhal 公式，其振动频率较低，因而配套用的防振锤主要针对微风振动中的中低频振动。不对称布置的防振锤谐振频率个数较多，覆盖的频率范围较宽，但线夹两端质量或钢绞线长度

不同，防振锤给导线施加了偏转力矩，导线受到一个动态弯曲应力的作用，故没有必要采用 FR 型防振锤或扭矩防振锤。对称布置的防振锤虽然只有两个谐振频率，但只要经过良好的设计和精良的制造，完全能够满足防振要求，因此对于 $1250mm^2$ 导线推荐使用锤头对称布置的防振锤。

三、保护频率

防振锤的保护频率可以从两方面来确定，一是通过 Strouhal 公式确定保护频率，一是通过导线自阻尼试验确定保护频率。

（一）Strouhal 公式确定的频率

微风振动是由于风吹向导线产生的卡门涡街周期性脱离而产生的，导线的类型与外径、安装地点的风速范围决定着导线受到微风激振时的振动频率。Strouhal 总结出了在流体中圆柱形物体的旋涡频率的经验公式。对导线而言，其振动频率与风速成正比、与导线的直径成反比，即

$$f = S_{\mathrm{t}} \frac{V}{D} \tag{4-6}$$

式中 S_{t}——Strouhal 系数，取 185～200；

V——风速，m/s；

D——导线直径，mm。

当风速 V 为 1～5.1m/s，JL1/G2A-1250/100-84/19 的直径为 47.85mm 时，则振动频率为 3.9Hz～21.3Hz。若考虑到±800kV 线路的塔高于 500kV 线路的塔，导线悬挂高度增加，阻碍物影响小，将提高振动风速的上限。若将风速定为 10m/s 时，最大频率为 41.8Hz。

（二）导线自阻尼确定的保护频率

JL1/G3A-1250/70-76/7、JL1/G2A-1250/100-84/19、JL1X1/G3A-1250/70-431、JL1X1/G2A-1250/100-437 和 JL1X1/LHA1-800/550-452 五种导线的自阻尼特性可通过试验确定。按照能量平衡原理，对于未安装防振器的导线，输入的风能和导线自阻尼将在某一频率某一振幅处达到平衡，根据平衡时的频率和振幅，即可算出导线出口处的动弯应变。国内一般取 150με 为导线动弯应变的上限，通过比较动弯应变计算值和允许值即

可得出需要防护的频率，图 4-38 给出了导线动弯应变计算值。

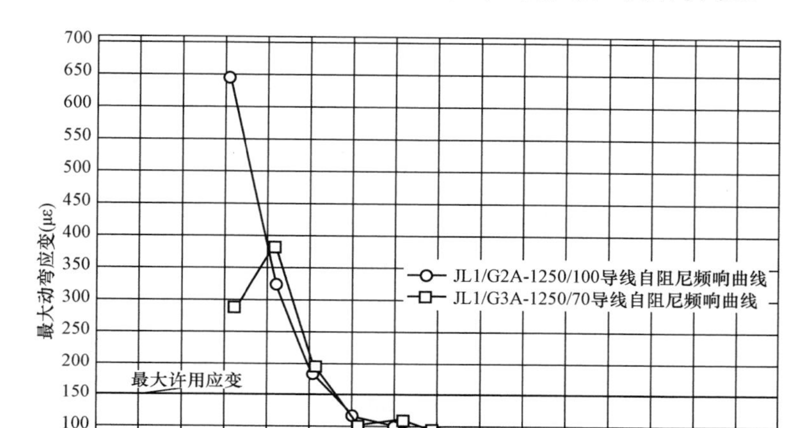

图 4-38　JL1/G2A-1250/100-84/19 和 JL1/G3A-1250/70-76/7 导线自阻尼频率响应曲线

（三）综合分析

由于五种 $1250mm^2$ 导线的力学性能接近，因而可考虑采用同一型式的防振锤。

综合计算结果及导线自阻尼试验的数据，$1250mm^2$ 导线需要保护的频率范围为 4Hz～45Hz，据此设计防振锤，使其谐振频率在此范围内对导线起到保护作用。

四、设计

（一）结构选型

防振锤由锤头、钢绞线和线夹三部分组成，锤头提供质量，钢绞线提供刚度和阻尼，线夹握住导线。其中，锤头和钢绞线无疑是重要的，因为它们确定了防振锤的耗能，线夹不能提供耗能，但良好的线夹能够握紧导线，且用于超特高压线路时还需进行防晕设计。

防振锤锤头的技术参数需与钢绞线密切配合，否则未必能得到满意的防振效果。

音叉式锤头可以保证防振锤在振动过程中镀锌钢绞线与锤头不发生碰撞，还可以防积水腐蚀，所以 1250mm² 导线选用音叉式锤头。

（二）防晕设计

大量试验表明，线夹本体顶部和防振锤锤头的两端容易产生电晕，参考±800kV 特高压直流工程的防振锤试验及工程应用经验，综合考虑质量和防电晕的要求，1250mm² 导线防振锤（FDY-9D）的锤头半径取为 40mm，线夹顶部圆角取为 16mm，音叉两端的圆角尺寸为 18mm。

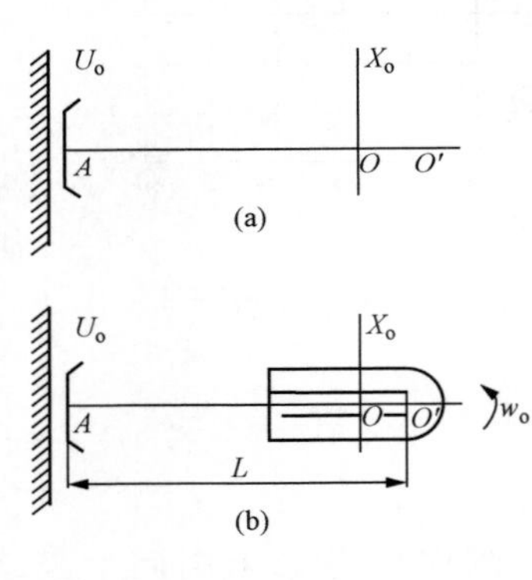

图 4-39 谐振示意图

（a）一频振动图；（b）二频振动图

（三）谐振频率计算

防振锤重心在锤头固定点的内侧，如图 4-39 所示。图中 O 为重心，O'为锤头固定点，A 为线夹对镀锌钢绞线的固定点，U_o 为防振锤线夹的垂直位移，X_o 为锤头重心 O 的垂直位移，w_o 为锤头绕重心 O 而旋转的角位移。由此可以获得 2 个谐振频率：一个较低的频率，重锤以 A 点为中心上下移动；一个较高的频率，重锤本身绕重心 O 而旋转。防振锤的 2 个频率 f_1 与 f_2 之比值一般为 3～5，防振锤的谐振运动形式为 2 个自由度的运动。为了简化起见，在分析中把这 2 个运动分别考虑（分为一频振动和二频振动），成为 2 个单自由度的运动。

一频振动的自然频率公式为

$$f_1 = \frac{1}{2\pi}\sqrt{\frac{98}{M}} \tag{4-7}$$

式中 f_1——第一频率，Hz；

M——1 个锤头的质量，kg。

在一般的挠曲范围内，也可以利用经验公式来计算，表示如下

$$K = \frac{3E_m J_m}{L^3} \tag{4-8}$$

式中　E_m——镀锌钢绞线的弹性模数，一般为 2×10^7N/cm²；

L——图 4-39 中镀锌钢绞线的长度，cm；

J_m——镀锌钢绞线断面对中性线的惯性矩，cm⁴。

若假定线股间有部分摩擦，采用系数 1.4，则

$$J_m = \frac{1.4^2 n\pi d^4}{64} \tag{4-9}$$

式中　n——镀锌钢绞线的股数；

d——单股直径，cm。

二频振动的自然频率公式见式（4-10）～式（4-12）。

$$f_2 = \frac{1}{2\pi}\sqrt{\frac{gK_{\varphi\varphi}}{J_o}} \tag{4-10}$$

$$K_{\varphi\varphi} = \frac{4KL^4}{3} \tag{4-11}$$

$$J_o = 10\sum l^2 m \tag{4-12}$$

式中　f_2——第二频率，Hz；

g——980cm/s²；

$K_{\varphi\varphi}$——旋转 1rad 所需力矩，N·cm；

J_o——锤头内质量对质心 o 惯性矩，N·cm²；

m——锤头内的各质点质量，kg；

l——质点与 O 点的距离，cm。

（四）锤头设计及计算结果

防振锤总重量计算公式如式（4-13）所示

$$W = m\times 3/4\lambda \tag{4-13}$$

式中　W——防振锤总重量；

m——导线单位重量；

λ——波长。

防振锤设计参数为：M=5.1kg，镀锌钢绞线直径 16mm、长度 240mm、

n=19、d=3.2cm，J_o=1501.2N·cm^2。

（五）线夹结构

1250mm^2 导线防振锤线夹设计有铰链式和预绞式两种结构型式，根据±800kV 特高压直流工程的需要，平丘地段采用铰链式防振锤，33m/s 及以上风区和大高差地段采用预绞式防振锤。

五、材料与工艺

（一）材料

锤头材料选用铸钢，锤头表面更为光滑，棱角和金属毛刺较少，锤头质量分布比较均匀。绞链式防振锤和预绞式防振锤的夹头采用铝合金，预绞式防振锤预绞丝采用铝包钢。

（二）制造工艺

在防振锤的各部件中，钢绞线占有重要地位。我国目前生产的钢绞线性能不是很稳定，其动态刚度的分散性比较大，这对防振锤谐振频率的设计非常不利。试制时应选择绞制紧密、节距小的钢绞线（钢绞线节径比应小于 11）。

在生产过程中必须注意钢绞线的切割。切割钢绞线时，先将钢绞线调直，然后进行切割。切割操作应避免钢绞线散股，以保证钢绞线的动态刚度稳定。

钢绞线和锤头连接如下：将钢绞线两端套上圆套管，压紧成六边形，将端部插入锤头内腔用锚固的方法固定。钢绞线和锤头锚固完后，如果钢绞线和锤头结合处锌层受到破坏，应采取适当防腐措施。锤头头部应填充锡进行修补，使头部成光滑球面。

钢绞线和线夹连接如下：将钢绞线插入线夹下端孔中，用压接方法固定，压接位置在线夹两侧，压接长度约为 15mm。与铸造连接相比，压接避免了钢绞线受高温退火处理而导致钢绞线软化，保证了钢绞线力学性能的稳定。

FDY-9D 铰链式防振锤样品如图 4-40 所示，FDYJ-9D 预绞式防振锤样品如图 4-41 所示。

图 4-40 FDY-9D 铰链式防振锤

图 4-41 FDYJ-9D 预绞式防振锤

（三）分散性

通过防振锤制造及功率特性试验研究，锤头质量在±0.1kg 范围内，钢绞线长度在±1mm 范围内，两侧锤头及钢绞线的对称度在 0.1mm 范围内，且还要保证锤头与线夹的垂直性，就能有效控制防振锤功率特性的分散性。

防振锤试验主要包括功率特性试验、疲劳试验、机械性能试验、电气性能试验等，功率特性、线夹对导线握力及电气性能试验情况如下。

（1）功率特性。功率特性曲线如图 4-42 所示。

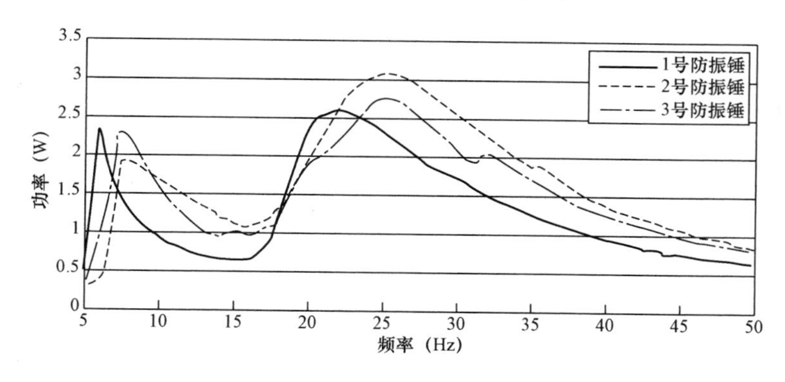

图 4-42 功率特性比较曲线

根据数据可知一频、二频分布均合理，峰谷比不超标，且耗能较大。

（2）握力。握力试验依据 DL/T 1099—2009《防振锤技术条件和试验方法》，FDY-9 铰链式防振锤线夹对导线握力均值为 8.30kN（要求握力值 2.5kN，3.32 倍）、FDYJ-9 预绞式防振锤预绞丝线夹对导线握力均值为 4.50kN（要求握力值 2.5kN，1.80 倍），试验握力满足标准要求。

（3）电气性能试验。防振锤电气性能试验依据 GB/T 2317.2—2008，电气性能均满足标准要求。

第六节 导线悬垂线夹

悬垂线夹主要由船体、压块、回转轴及挂架等四个部件组成。它用在架空输电线路上悬挂导地线，经悬垂绝缘子串与杆塔的横担相连。悬垂线夹对于导线来说是个支点，要承受由导线上传递过来的全部负荷，容易造成损伤。1250mm^2 导线截面积大，使得悬垂线夹的负荷更高，其选型和设计难度更大。

一、技术要求

悬垂线夹的设计应参照导线技术参数及对应的破坏载荷进行设计，满足 GB 2314—2008《电力金具通用技术条件》、GB/T 2315—2008《电力金具 标称破坏载荷系列及连接型式尺寸》、DL/T 756—2009《悬垂线夹》相关技术条件，按照 DL/T 683—2010《电力金具产品型号命名方法》等标准进行命名等。

悬垂线夹应达到的技术条件如下：

（1）悬垂线夹考虑防晕性能。

（2）悬垂线夹应考虑减少微风振动对导线产生的影响，线夹应具有良好的动态特性，其船体能自由、灵活地转动，相对于回转轴的转动惯量宜尽量减小。

（3）悬垂线夹设计除应考虑正常的张拉应力外，在线夹出口（包括线夹内）处还应考虑弯曲应力和挤压应力。

（4）悬垂线夹的连接装置应有足够的耐磨性，不应在长时间运行后因磨损而破坏。

（5）悬垂线夹的线槽及压条等与导线接触的表面应平整光滑，不允许存在毛刺、凸出物及可能磨损导线的缺陷。

（6）提包式悬垂线夹船体线槽的曲率半径应不小于导线直径的 8 倍。

（7）悬垂线夹的结构型式应便于带电作业，可采用带电作业工具进行线夹的安装或拆卸，并使线夹的组成部件数最少。

二、设计依据

根据±800kV 特高压直流线路 1250mm^2 导线的串型规划，设计了五种破坏荷载的悬垂线夹，标称载荷为分别为 100kN、150kN、210kN、250kN、280kN，其中 280kN 为国内首次研制，线槽直径为 56mm（适用于导线缠铝包带）和 70mm（适用于导线缠护线条）。

三、结构选型

悬垂线夹按照结构形式有中心回转式、提包式、上扛式及预绞式等（见图 4-43），其制造材料有可锻铸铁、碳素钢及铝合金等。

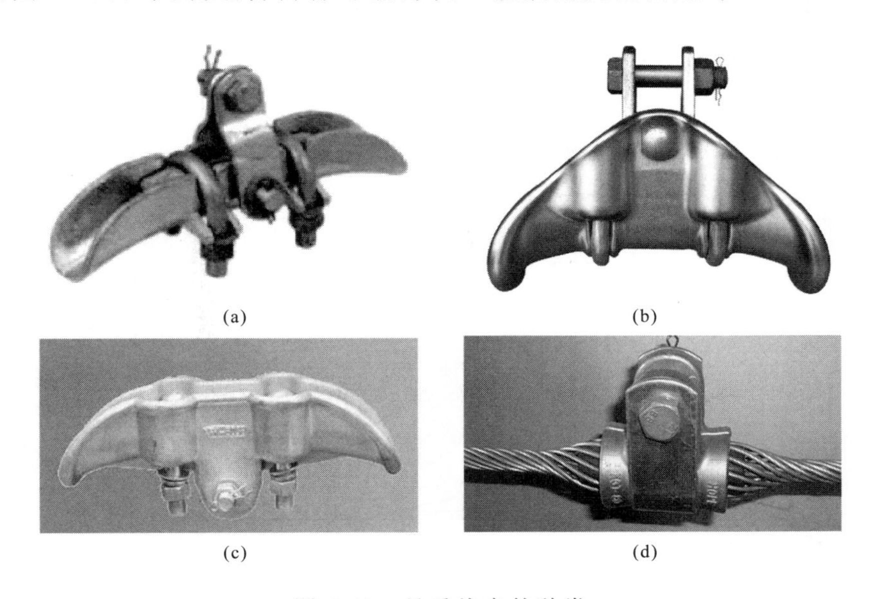

(a) (b) (c) (d)

图 4-43 悬垂线夹的种类

（a）中心回转式；（b）提包式；（c）上扛式；（d）预绞式

铝合金材料的提包式悬垂线夹具有强度高、重量轻等特点，广泛运用于我国架空输电线路。因此，对于 1250mm^2 导线也推荐使用铝合金材料的提包式悬垂线夹。

四、防晕设计

提包式悬垂线夹要防止产生电晕，必须在外形设计和工艺上严格控制。一般对导线直径的选择，总是力求不使其产生电晕。悬垂线夹包在导线的外面，其直径比导线大，如果也是圆筒形，其表面电位梯度将比导线小得多。只要把处在导线束外部的线夹本体设计为几个连续圆弧段组成大致为圆形的轮廓，且没有突出的棱角，即可以控制线夹的起晕电压。

依据上述思路设计的1250mm^{2}导线配套悬垂线夹，考虑到电压等级对防电晕的要求，对产品结构尺寸及外形进行了有针对性的改进。提包式悬垂线夹外形采用流线型结构，线夹出口设计成大R唇部。悬垂线夹唇角为R15，翻边圆角R7.5～R10过渡，具有较高的光洁度。压条位于本体内部，可以有效防止电晕。同时，由于悬垂线夹采用非磁材料制造，可以较少磁滞损失，起到节能效果。

悬垂线夹设计如图4-44所示。

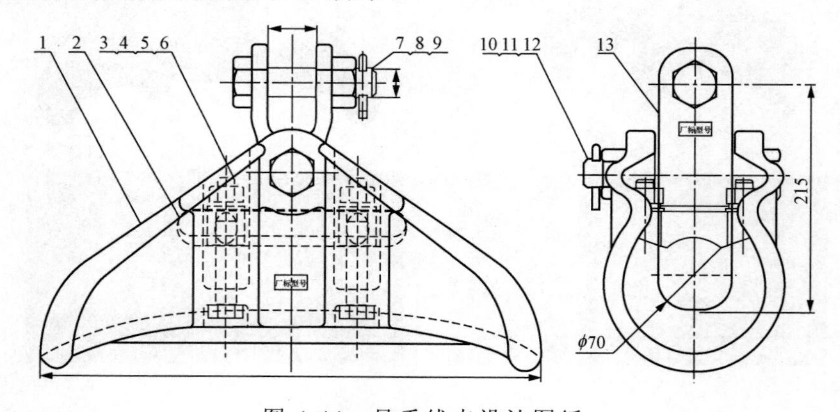

图4-44　悬垂线夹设计图纸

五、材料与工艺

（一）材料

随着电力线路负荷的增加和电压等级的升高，对金具的性能和节能的要求不断提高，因此选用铝合金作为制造悬垂线夹的主要材料。提包式悬垂线夹本体可采用重力铸造、低压铸造或锻造进行加工，通常使用的铸造铝合金有ZL101A、ZL102、ZL104。三者的强度与优缺点如表4-18所示。锻造材料采用6082铝合金，材料及工艺详见本章第九节。

表4-18　铝合金性能表

合金代号	强度（MPa）	优　点	缺　点
ZL101A	T6状态下 271	（1）铸造性能良好，流动性高、无热裂倾向、气密性良好、线收缩小； （2）经热处理强化，有自然失效能力，因而有较高的强度和塑性； （3）耐蚀性能好，与ZL102相近； （4）适用于铸造高强度铝合金铸件	耐热性不高
ZL102	F状态下 143	（1）铸造性能与ZL101A一样好； （2）耐蚀性高； （3）适用于铸造形状复杂、薄壁、耐腐蚀和承受较低静载荷和气密性高的铸件	（1）不能热处理强化，力学性能不高，但随铸件尺寸的增加，强度降低的程度小； （2）可切削性差
ZL104	T6状态下 222	（1）流动性高、无热裂倾向、气密性良好、线收缩小； （2）经热处理强化，室温力学性能良好； （3）耐蚀性能好； （4）适用于铸造形状复杂、薄壁、耐腐蚀和承受较高静载荷和冲击载荷的铸件	（1）吸气倾向大，易于形成针孔； （2）耐蚀性类似于ZL102，但较ZL102低

由表4-18中可以看出，ZL101A强度较高、性能较好，ZL104强度适中，而ZL102强度较低。因此，采用铸造工艺时，导线悬垂线夹的本体和压条选用铝合金ZL101A及以上高强铝合金。

悬垂线夹U型挂板材料为35号钢，采用整体锻造工艺。

（二）铝合金铸造

铝合金悬垂线夹的铸造方式主要有重力铸造和低压铸造。低压铸造是介于压力铸造和重力铸造之间的一种方法，充型速度可根据铸件的不同结构和不同材料进行控制。因此充型时可避免金属产生冲击和飞溅，减少氧化夹渣，提高铸件质量。铸件在压力下结晶凝固，故铸件组织致密，力学性能提高。此方法已被广泛用于铝合金悬垂线夹的铸造生产。低压铸造悬垂线夹如图 4-45 所示。

（三）铝合金锻造

悬垂线夹锻造是利用锻压设备对铝合金坯料施加锻压力，使坯料成型的加工方法。锻造可以提高产品的机械性能。锻造制造的悬垂线夹如图 4-46 所示。

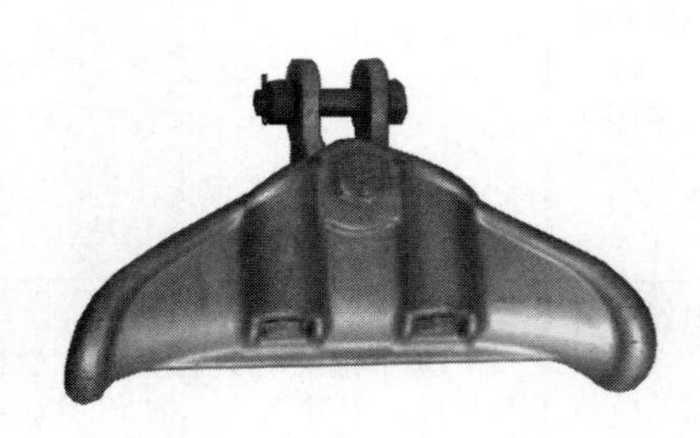

图 4-45　低压铸造悬垂线夹

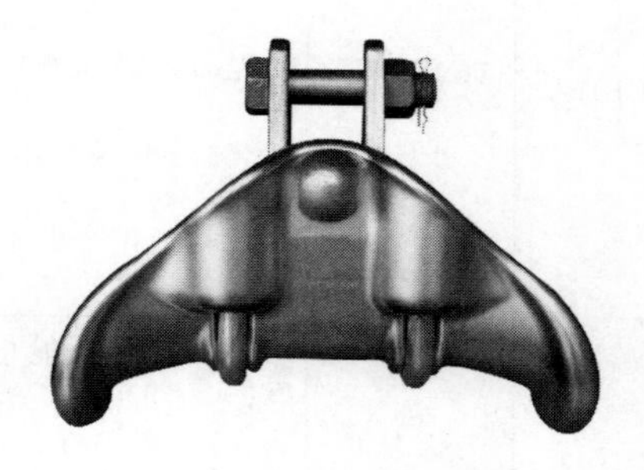

图 4-46　锻造悬垂线夹

悬垂线夹机械性能试验依据 GB/T 2317.1—2008《电力金具试验方法　第 1 部分：机械试验》，图 4-47 为 XGD-28/70D 悬垂线夹破坏载荷情

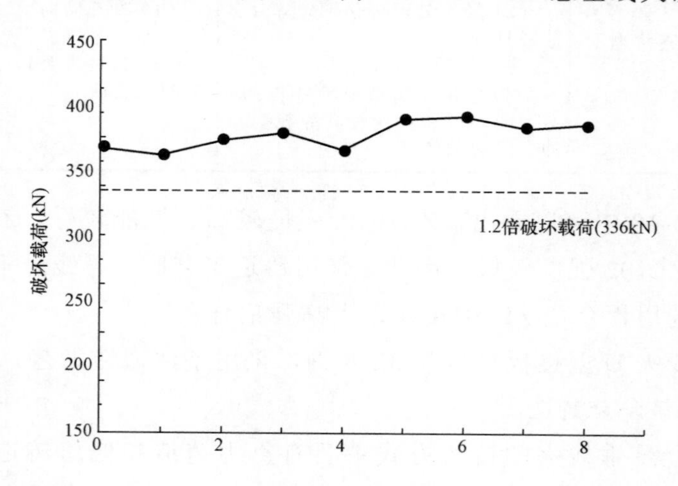

图 4-47　XGD-28/70D 悬垂线夹破坏载荷曲线

况，破坏载荷均大于标称载荷的 1.2 倍。

悬垂线夹电气性能试验依据 GB/T 2317.2—2008《电力金具试验方法　第 2 部分：电晕和无线电干扰试验》，电气性能均满足标准要求。

第七节　悬垂联板与耐张联板

悬垂联板和耐张联板是输电线路上重要的连接金具，承受着分裂导线的全部载荷，其性能是否可靠将直接影响输电线路的运行安全。

一、技术要求

悬垂联板和耐张联板的设计应保证满足以下条件：

（1）强度等级与绝缘子的强度匹配。

（2）分裂导线的电气间隙不得改变。

（3）载荷通过联板均匀一致地分配到每联绝缘子。

（4）考虑线路运行时绝缘子串风偏影响。

（5）连接在联板上的金具在转动时不得与板相碰。

（6）悬垂线夹可在垂直导线的平面内自由摆动±40°。

二、结构选型

悬垂联板和耐张联板均有整体式和分体式两种结构形式，6 分裂悬垂联板如图 4-48 所示。

以 6 分裂悬垂联板为例，分体式悬垂联板由联板和直角挂板组成，整体式联板为一整块联板。分体式悬垂联板成本要比整体式悬垂联板高 30%，整体式悬垂联板的抗弯扭能力比分体式悬垂联板好，推荐 6 分裂和 8 分裂悬垂联板采用整体式。

整体式耐张联板由各联板组件焊接而成，特高压线路主体受力结构金具不允许焊接，分体式耐张联板灵活性好且易于安装，推荐耐张联板采用分体式。

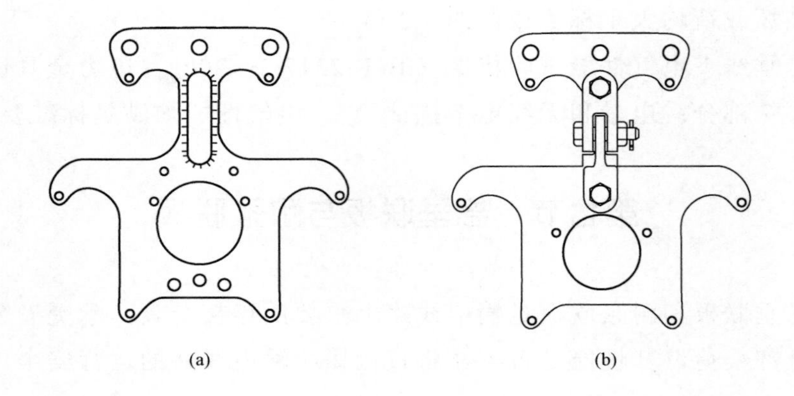

图 4-48　6 分裂悬垂联板

（a）整体式悬垂联板；（b）分体式悬垂联板

三、设计计算

悬垂联板用于悬垂线夹和连接金具之间的连接，耐张联板用于绝缘子和耐张线夹之间的连接，它们的机械强度按标称破坏载荷系列划分载荷等级。

金具的安全系数，线路正常工况一般不小于 2.5，线路事故工况一般不小于 1.5。

在设计时，为了简化金具载荷等级，扩大金具的互换性，金具的机械强度按绝缘子的机电破坏载荷来确定，每一种形式或相同载荷的绝缘子与相同载荷等级的金具配套，符合 GB/T 2315—2008《电力金具 标称破坏载荷系列及连接形式尺寸》及 GB/T 4056—2008《绝缘子串元件的球窝连接尺寸》的规定。

四、建模仿真

±800kV 特高压直流线路工程的悬垂串配置的悬垂联板最大强度等级为 1680kN，对最严酷工况下 1680kN 悬垂联板的受力情况进行了仿真验证计算，计算模型如图 4-49 所示。

（一）水平载荷计算

水平档距以±800kV 特高压直流线路工程典型水平档距520m 计算，风速取 33m/s，覆冰厚度为 20mm，导线离地 30m，导线外径为 47.85mm。

（二）垂直载荷计算

垂直档距以±800kV 特高压直流线路工程典型垂直档距650m 计算，覆冰厚度为 20mm，导线离地 30m，导线外径为47.85mm。

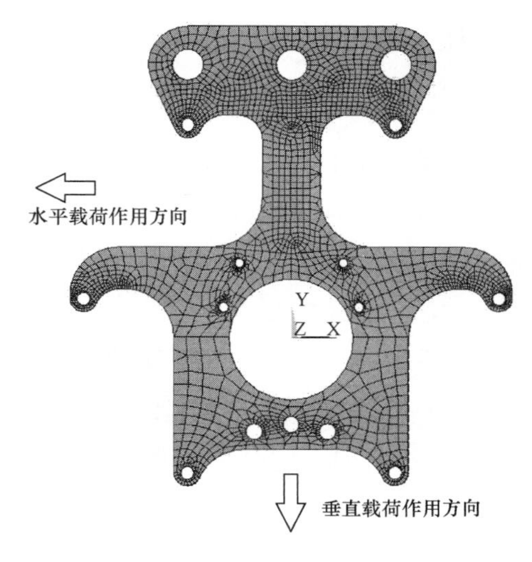

图 4-49 1680kN 悬垂联板有限元分析模型

（三）仿真结果

20mm 覆冰、风速 33m/s 条件下，垂直载荷为 51.52kN，水平荷载为35.58kN，综合应力的最大值为 489MPa。仿真结果如图 4-50 所示。

悬垂联板在 20mm 覆冰、33m/s 风速载荷下，联板最大应力小于材料的破坏应力。

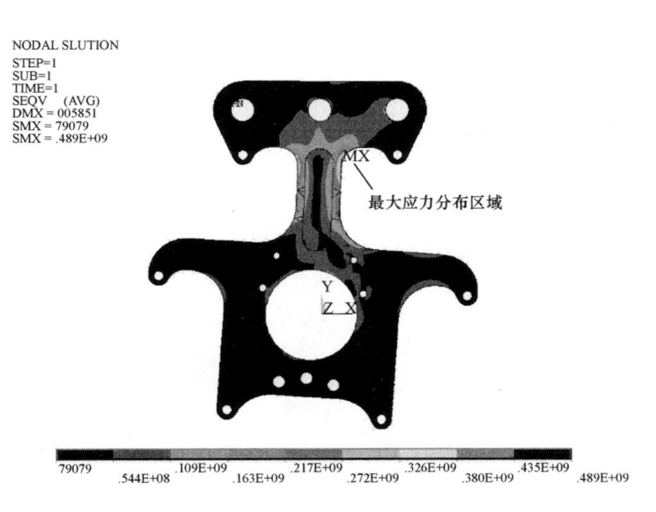

图 4-50 仿真结果

五、材料与工艺

（一）材料选择

在保证金具符合标准要求及工程设计要求的前提下，悬垂联板和耐张联板材料选用兼顾采购、工艺成熟性等因素，推荐采用 GB 713—2008《锅炉和压力容器用钢板》标准中规定的 Q345R 材料。

（二）制造工艺

悬垂联板和耐张联板采用仿形切割或数控切割制造工艺，生产效率高。整体式悬垂、调平联板如图 4-51 所示，悬垂联板悬垂串如图 4-52 所示，四联 550kN 耐张串装配图如图 4-53 所示。

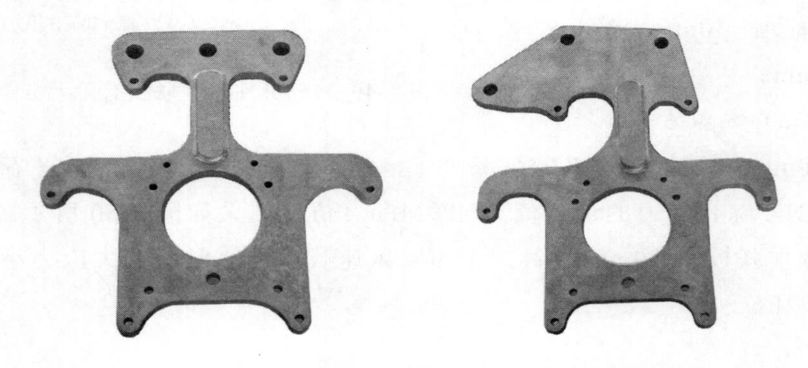

图 4-51　整体式悬垂、调平联板

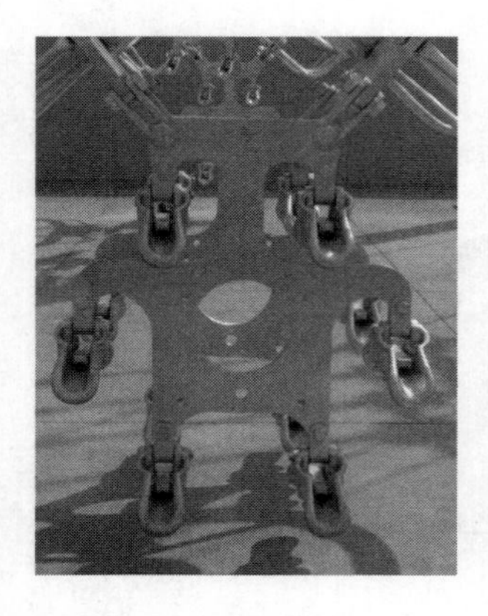

图 4-52　悬垂联板悬垂串

图 4-53　四联 550kN 耐张串装配图

第八节　跳　　线

跳线是将耐张塔两侧的导线连接起来，形成电流通道。跳线有软跳线和刚性跳线两种，刚性跳线又有铝管式刚性跳线和笼式刚性跳线两种，两种型式刚性跳线在我国特高压线路上均有采用。

一、跳线选型

（一）铝管式刚性跳线

铝管式刚性跳线由三部分组成，即铝管及铝管两侧的软导线。铝管部分主要由两根水平排列的铝管、刚性间隔棒、屏蔽环以及悬吊金具组成。软导线部分由软导线及跳线间隔棒组成。铝管既导流又起支撑作用。

铝管式刚性跳线可以不考虑耐张塔两侧分裂导线的数量是否相同，日本在其1000kV交流特高压线路上采用了铝管式刚性跳线，我国向家坝—上海和锦屏—苏南等±800kV特高压直流工程也采用了铝管式刚性跳线。

（二）笼式刚性跳线

笼式刚性跳线的导流部分为多分裂的软导线，软导线中间通过钢管、抱箍式间隔棒和跳线间隔棒支撑。

苏联1150kV输电线路部分采用了笼式刚性跳线，并在我国浙北—福州1000kV特高压交流，哈密南—郑州±800kV、溪洛渡—浙西±800kV等特高压直流工程中得到广泛应用。

（三）比较分析

铝管式刚性跳线和笼式刚性跳线使用的场合略有不同，特点各异，针对两种跳线结构进行了比较，如表4-19所示。

表4-19　　两种跳线型式比较

项目	笼式刚性跳线	铝管式刚性跳线
适用的场合	4分裂及以上输电线路	4分裂及以上输电线路及大跨越线路

续表

项目	笼式刚性跳线	铝管式刚性跳线
弧垂	跳线整体刚度增加，弧垂减小	跳线整体刚度增加，弧垂减小；铝管式跳线的弧垂与笼式跳线相当
横担长度	减小	减小
可靠性	强度较稳定，电晕性能依赖于软线的形状	强度稳定，电晕性能依赖于软线的形状；比其他两种跳线多了数个电气接触面
两端子导线	线路使用的子导线相同	线路使用的子导线可不同，分裂数也可不同
开发金具	支撑间隔棒、钢管骨架、跳线间隔棒	铝管间隔棒、跳线间隔棒、跳线线夹、均压环、引流板
加工难度	金具种类少容易加工	金具种类较多，加工难度大
施工难度	施工方便	较为复杂
外观	成型效果好，外形美观	成型效果好，外形美观
综合效益	降低塔高、减小地面开方	降低塔高、减小地面开方

考虑笼式刚性跳线的钢管、跳线间隔棒和钢管骨架便于加工，施工方便、造型美观，推荐采用笼式刚性跳线作为1250mm²导线用跳线结构型式。

二、无级可调钢管转弯碗头

笼式刚性跳线在以往特高压工程的F塔跳线和绕跳跳线出现了死弯，如图4-54所示。

为了解决跳线的死弯，研制了两自由度无级可调跳线钢管转弯弯头，该装置是通过改变齿条的啮合位置实现任意角度。样品照片如图4-55所示。

无级可调跳线钢管转弯弯头调整角度范围灵活，其性能满足工程使用要求。

三、铸钢法兰

推荐铸钢法兰采用铸造工艺，铸钢法兰如图4-56所示。与以往法兰采用焊接工艺制造相比，铸钢法兰减少了加工工作量，提高了加工效率和法兰质量。

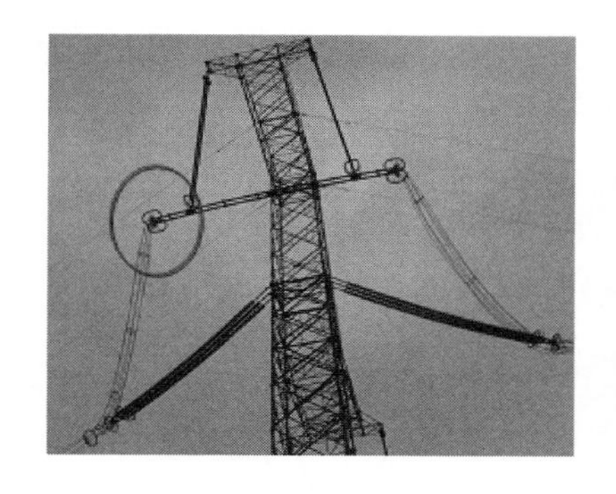

图 4-54 F 塔跳线死弯

图 4-55 无级可调跳线钢管转弯弯头照片

图 4-56 铸钢法兰照片

四、跳线间隔棒

（一）结构选型

跳线间隔棒线夹关节一般采用顺线铰接结构，线夹握着部位采用橡胶垫。从以往特高压工程运行状况来看，效果较好。抱箍式跳线间隔棒和软导线跳线间隔棒采用上述结构。

（二）防晕设计

线夹头部暴露在分裂圆外，是最容易产生电晕的部位。方法解决同子导线间隔棒。线夹和线夹本体顶部曲率半径为R20，圆角为R15。

（三）材料选择

（1）线夹及框架材料。间隔棒线夹选用铝合金材料制造，综合考虑了生产成本、工艺过程控制、产品使用条件、工程可靠性等多方面因素，线夹选用ZL102，框架采用Q235。

（2）阻尼元件。阻尼元件设计采用橡胶A、B2号材料，并用橡胶A、B2号材料性能指标同子导线间隔棒。跳线间隔棒如图4-57所示。

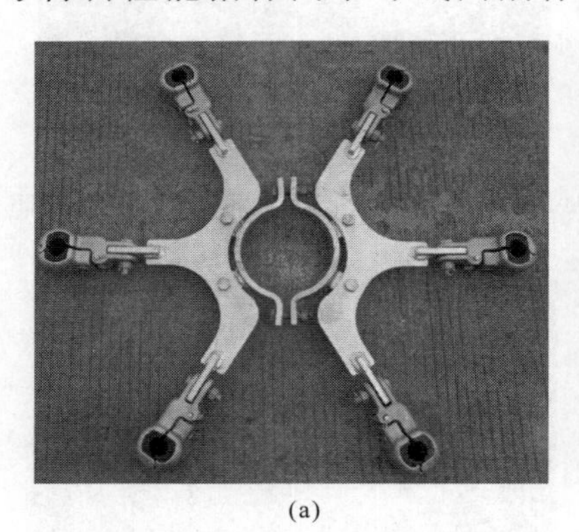

(a)

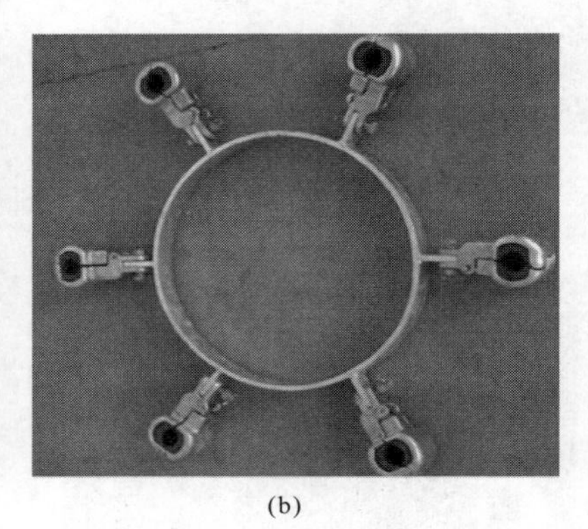

(b)

图4-57　跳线间隔棒

（a）钢管支撑间隔棒；（b）软导线间隔棒

1250mm^{2}导线的跳线间隔棒机械性能、电气性能均满足工程使用要求。

第九节　新材料与工艺

金具产品种类多，所采用的材料也较多，主要有碳素钢、合金钢、球磨铸铁、纯铝、铝合金等材料。其中间隔棒主要采用ZL102、ZL104铸铝合金材料，悬垂线夹主要采用ZL102、ZL101A铸铝合金材料。耐张线夹、接续管、均压屏蔽环主要采用1050A挤压铝管。连接金具主要采用35号、40Cr、Q345R等钢材。

为保障高寒、大风沙等严酷环境条件下输电线路的安全运行，±800kV

直流工程应用了35CrMo合金钢锻造金具和6082铝合金固态模锻悬垂线夹。下面介绍基于35CrMo合金钢锻造和6082铝合金固态模锻的关键工艺参数，供参考。

一、35CrMo合金钢

35CrMo合金钢的化学成分如表4-20所示，基于35CrMo合金钢的锻造工艺参数如表4-21所示。

表4-20　　35CrMo合金钢的化学成分（wt,%）

牌号	C	Si	Mn	Cr	Mo
35CrMo	0.32～0.40	0.17～0.37	0.40～0.70	0.80～1.10	0.15～0.25
牌号	Ni	S	P	Cu	
35CrMo	≤0.035	≤0.035	≤0.035	≤0.03	

表4-21　　35CrMo合金钢的锻造工艺参数

参数 材料	锻模预热温度（℃）	始锻温度（℃）	终锻温度（℃）	热处理类型	淬火加热温度（℃）
6082	300～400	1100～1200	≥850	调质	860～890
参数 材料	淬火保温时间（h）	冷却介质	回火加热温度（h）	回火保温时间（h）	
6082	≥1	油	560～580	≥1	

适用于35CrMo合金钢的热处理工艺有正火和调质两种，正火是将钢加热至A_{c3}（亚共析钢）和A_{ccm}（过共析钢）以上30℃～50℃，经保温一定时间后，在空气或强制流动的空气中冷却到室温的热处理工艺。对于35CrMo合金钢，应将钢件加热到规定温度（860±5）℃后保温80min，待保温结束后将钢件置于空气中自然冷却。35CrMo钢件的正火工艺曲线如图4-58所示。

调质处理是将淬火与高温回火相结合的热处理工艺，淬火是将钢加热到临界温度以上，保温后以大于临界冷却速度的方式冷却，使奥氏体

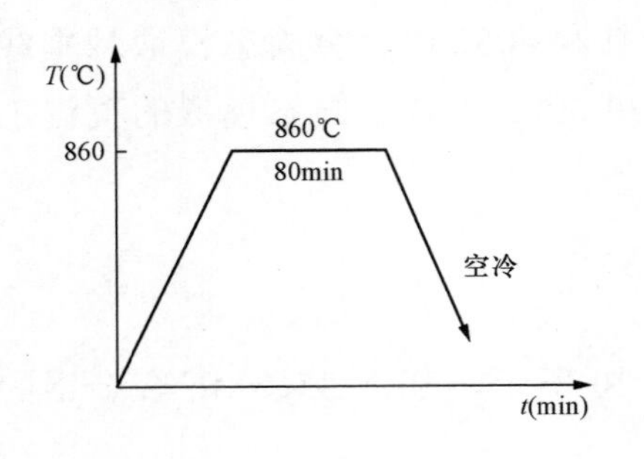

图 4-58　35CrMo 钢件的正火工艺曲线

转变为马氏体的热处理工艺。高温回火是将钢在 500℃～650℃之间进行回火的热处理工艺。对于 35CrMo 合金钢，应将钢件加热到规定温度（840±5）℃后保温 80min，待保温结束后将钢件置于油槽中 15min～20min 后取出冷却至室温。而后再将钢件加热到规定温度（560±5）℃后保温 140min，待保温结束后将钢件置于水中冷却。35CrMo 钢件的淬火和回火工艺曲线分别如图 4-59 和图 4-60 所示。

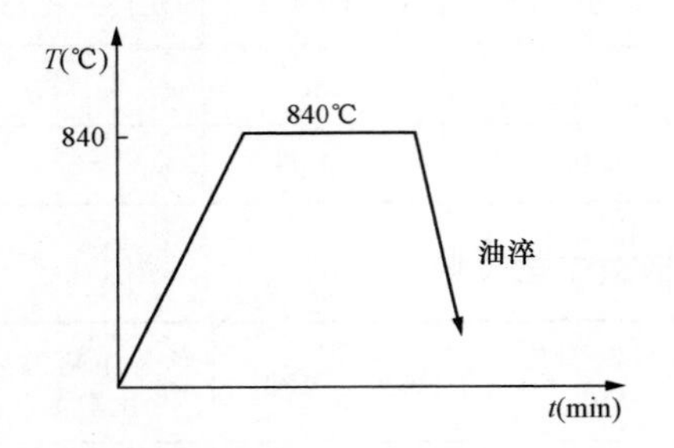

图 4-59　35CrMo 钢件的淬火工艺曲线

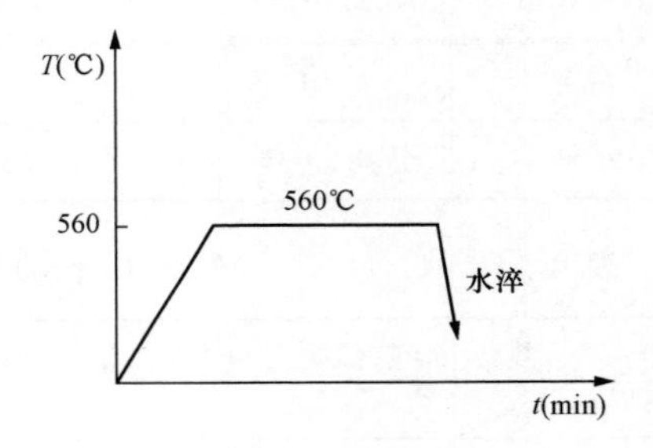

图 4-60　35CrMo 钢件的回火工艺曲线

材料的屈服强度、抗拉强度和冲击韧性是衡量材料使用性能的重要指标，图 4-61～图 4-63 分别是 35 号钢和 35CrMo 钢经室温拉伸后获得的应力—应变曲线。

从曲线中可以看到，正火状态 35 号钢的屈服强度为 405MPa，抗拉强度为 590MPa，延伸率为 26%，而正火状态和调质状态 35CrMo 合金钢的屈服强度为 800MPa，抗拉强度为 1100MPa，延伸率为 17%。由此可见，35CrMo 合金钢的屈服强度和抗拉强度显著高于 35 号钢，延伸率略低于 35 号钢，因此 35CrMo 合金钢的综合力学性能优于 35 号钢。

图 4-64 是 35 号钢和 35CrMo 合金钢经低温冲击后获得的冲击吸收功曲线。

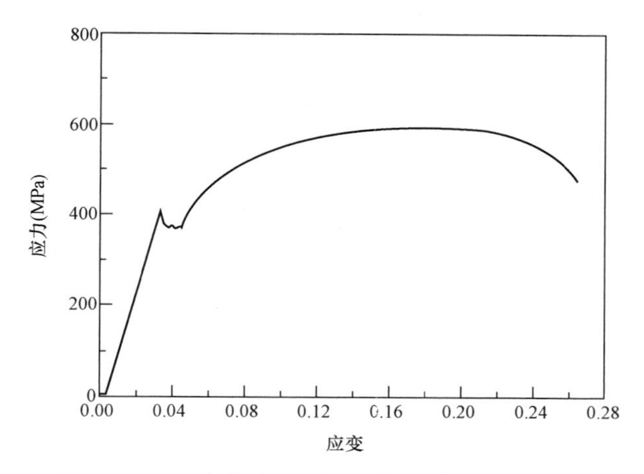

图 4-61 正火状态 35 号钢的应力—应变曲线

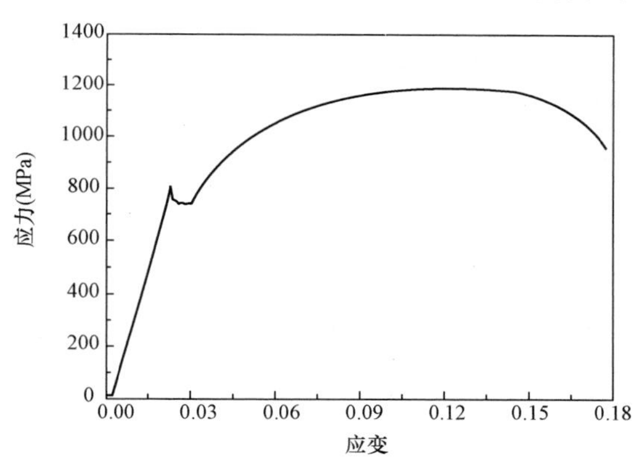

图 4-62 正火状态 35CrMo 钢的应力—应变曲线

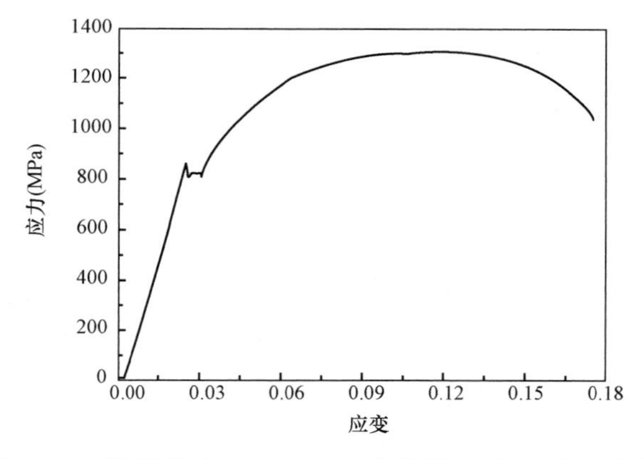

图 4-63 调质状态 35CrMo 合金钢的应力—应变曲线

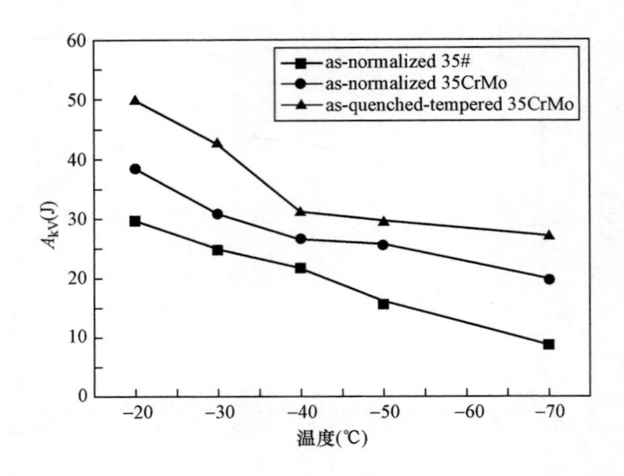

图 4-64　35 号钢和 35CrMo 合金钢的低温冲击吸收功曲线

从曲线中可以看到，不同温度时正火状态、调质状态 35CrMo 合金钢的冲击吸收功均好于正火状态 35 号钢。以−70℃为例，正火状态 35 号钢的冲击吸收功最低为 8.5J，正火状态 35CrMo 合金钢的冲击吸收功最低为 19J，调质状态 35CrMo 合金钢的冲击吸收功最低为 30J。

综上所述，35CrMo 合金钢的屈服强度、抗拉强度、冲击韧性和耐低温性能均优于 35 号钢，因此 35CrMo 合金钢用于锻造连接金具可显著提高使用寿命。调质工艺比正火工艺复杂，成本较高，但冲击性能好于正火工艺。35CrMo 合金钢正火状态的力学性能与调质状态相差不大。建议−35℃及以下温度运行条件采用调质状态 35CrMo 合金钢。对于其他环境条件，可使用正火状态 35CrMo 合金钢。

二、6082 铝合金

由于 6000 系列铝合金兼具强度高、成型性好、耐腐蚀性强、耐高温性好等优点，因此固态模锻铝合金悬垂线夹宜选用 6000 系列铝合金材料，主要牌号有 6061、6063、6082。目前，这三种铝合金材料已广泛用于模锻件生产，三者延伸率相当。由于 6082 铝合金的抗拉强度高于 6061 和 6063 铝合金，固态模锻悬垂线夹一般选用 6082 铝合金材料。

6082 铝合金的化学成分如表 4-22 所示。6082 铝合金的固态模锻工艺参数如表 4-23 所示。

表 4-22　　6082 铝合金的化学成分（重量，%）

牌号	Si	Mn	Mg	Fe
6082	0.70～1.30	0.40～1.00	0.60～1.20	0.50
牌号	Cu	Cr	Zn	Ti
6082	0.10	0.25	0.20	0.10

表 4-23　　6082 铝合金的固态模锻工艺参数

参数 材料	锻模预热温度（℃）	坯料加热温度（℃）	始锻温度（℃）	终锻温度（℃）
6082	180～220	470～490	440～480	410～430
参数 材料	热处理类型	淬火保温时间（h）	退火保温时间（h）	
6082	T6	≥8	≥10	

6082 铝合金件经锻造成形后，同样需进行适当的热处理，以获得所需的使用性能。适用于 6082 铝合金的热处理工艺是固溶处理和人工时效。固溶处理是将合金加热到高温单相区恒温保持，使过剩相充分溶解到固溶体中后快速冷却，以得到过饱和固溶体的热处理工艺。对于 6082 铝合金，应将铝合金件加热到规定温度（530±5）℃后保温 240min，待保温结束后将铝合金件置于水中冷却。6082 铝合金的固溶处理工艺曲线如图 4-65 所示。

人工时效是将工件加热到一定温度，长时间保温后随炉冷却或在空气中冷却，以消除或减小工件内残余应力的热处理工艺。对于 6082 铝合金，应将铝合金件加热到规定温度（180±5）℃后保温 480min，待保温结束后将铝合金件置于空气中自然冷却。6082 铝合金的人工时效工艺曲线如图 4-66 所示。

材料的抗拉强度和延伸率是衡量材料使用性能的重要指标，图 4-67 和图 4-68 分别是 ZL101A 和 6082 铝合金经室温拉伸后获得的抗拉强度曲线和延伸率曲线，其中 T6 是指固溶处理和人工时效后的状态。

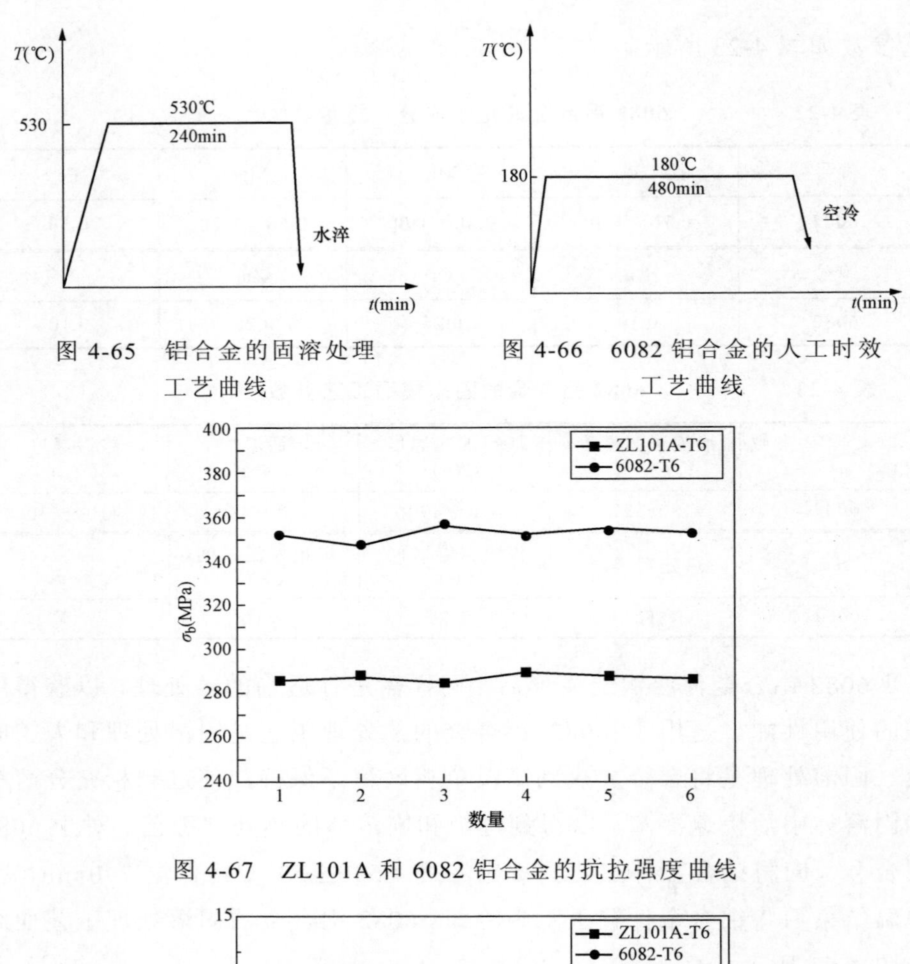

图 4-65　铝合金的固溶处理工艺曲线

图 4-66　6082 铝合金的人工时效工艺曲线

图 4-67　ZL101A 和 6082 铝合金的抗拉强度曲线

图 4-68　ZL101A 和 6082 铝合金的延伸率曲线

从曲线中可以看到，T6 状态 ZL101A 铝合金的平均抗拉强度为280MPa，平均延伸率为 4.0%；而 T6 状态 6082 铝合金的平均抗拉强度为 353MPa，平均延伸率为 9.8%，抗拉强度较 ZL101A 提高了 26.1%。综合考虑制造工艺等因素的影响，同强度等级固态模锻悬垂线夹与铸造悬垂线夹相比重量可减轻近 30%。

第十节 试验与检验

金具的试验包括型式试验、例行试验和抽样试验。各项试验应按GB/T 2317—2008《电力金具试验方法》等标准的要求进行。

一、验收规则及试验方法

全部型式试验应在第三方试验机构进行，全部例行试验应在制造厂的车间进行，全部抽样试验应在第三方试验机构进行。

金具的验收检验除按 GB/T 2317.4—2008《电力金具试验方法 第 4 部分：验收规则》标准执行外，必要时将采取出厂前检验、到合同交货地后抽检、到工地现场后检验三个环节结合的方式进行。

二、型式试验

金具必须进行型式试验以检验金具的性能是否满足设计要求，其中球头类金具和碗头类金具的破坏载荷不应小于其标称破坏载荷的 1.2 倍。金具型式试验的试验项目及方法按照 GB/T 2317—2008 执行。

金具的型式试验报告是生产商参与产品报价的不可或缺的重要资质文件。在投标时，生产商必须提供所有已经完成的型式试验报告。在产品供货前，生产商必须提供所供产品的型式试验报告。

（一）机械性能试验

（1）连接金具。连接金具的试验项目为破坏载荷试验，其种类如表 4-24 所示。

表 4-24　　主要连接金具种类

序　号	金具种类	序　号	金具种类
1	连塔金具	7	联板
2	U 型挂环	8	悬垂联板
3	调整板	9	平行挂板
4	球头挂环	10	牵引板
5	碗头挂板	11	延长拉杆
6	直角挂板		

（2）悬垂线夹。悬垂线夹的试验项目如表 4-25 所示。

表 4-25　　悬垂线夹试验项目

产　品　名　称	试　验　项　目
悬垂线夹	破坏载荷
	握力

（3）耐张线夹、接续管。耐张线夹和接续管试验项目如表 4-26 所示。

表 4-26　　耐张线夹和接续管试验项目

产　品　名　称	试　验　项　目
耐张线夹、接续管	握力

（4）间隔棒。间隔棒的试验项目如表 4-27 所示。

表 4-27　　间隔棒试验项目

产　品　名　称	试　验　项　目
间隔棒	机械强度
	垂直振动疲劳
	扭转振动疲劳
	水平振动疲劳
	系统振动对数衰减

（5）防振锤。防振锤的试验项目如表 4-28 所示。

表 4-28 防振锤试验项目

产品名称	试验项目
防振锤	机械性能试验
	功率特性试验
	振动疲劳试验
	防振效果评估试验

（二）电气性能试验

（1）电晕和无线电干扰试验。需进行电晕和无线电干扰试验的产品如表 4-29 所示。

表 4-29 电晕和无线电干扰试验的产品

试验项目	产品名称
电晕、无线电干扰试验	悬垂线夹
	间隔棒（包括跳线间隔棒）
	导线防振锤
	悬垂串
	耐张串
	笼式刚性跳线串

（2）低压电气试验。需进行电压电气试验的产品如表 4-30 所示。

表 4-30 低压电气试验的产品

试验项目	产品名称
接续电阻试验	耐张线夹接续管
热循环试验	
温升试验	

三、例行试验

例行试验的目的是检验金具是否符合专项技术要求。例行试验需要对金具逐一检验以淘汰质量达不到要求的产品，例行试验按照 GB/T

2317.4—2008的相关规定进行。

四、抽样试验

为保证工程质量，对线路金具在出厂前进行第三方抽检，抽样方法和试验项目按照GB/T 2317—2008的相关规定进行。表4-31为金具抽样试验项目的抽样数量。

表4-31　金具抽样数量一览表

序号	金具类别	抽样数量
1	防振锤	每种型号6件
2	间隔棒	每种型号6件
3	悬垂线夹	每种型号6件
4	耐张线夹	每种型号6件
	接续管	每种型号3件
5	连接金具*	每种型号3件

* 当某型号产品供货数量达到100件则抽样，一组3件，对于不足100件的型号应保证每类连接金具的抽样数量不少于3件（选取批量相对较多或较大吨位的型号抽样）。但平行挂板、联板、调整板只抽取最大规格，一组3件。

第五章　1250mm² 导线施工技术及机具

1250mm² 导线的张力架线施工应在不损伤导线的条件下提高施工安全性及效率，降低施工成本。相比 900mm² 和 1000mm² 导线，1250mm² 导线的截面尺寸有了较大增加，同时线型、构造等方面也有了较大变化，本章对其展放特性及张力架线施工方案进行了研究，并研制了配套的展放施工机具。

第一节　施工技术简述

参照现有张力架线施工工艺及工程经验，结合 1250mm² 导线参数及特高压直流工程需要，进行 1250mm² 导线张力架线施工技术的理论与实践研究，制定出合理的张力架线施工技术方案和工艺导则，为特高压直流工程建设提供了技术支撑。

一、展放方式

张力放线的展放方式有一次展放、同步展放、分次展放及装配式架线。

一次展放是指同极子导线同时展放到达牵引场的放线方式。对于 6 分裂导线，主要有“一牵 6”、“二牵 6”等方式。

同步展放指用两套或两套以上牵张设备组合展放同极子导线，同步到达牵引场的放线方式。对于 6 分裂导线，主要有 3×（一牵 2）、2×（一牵 3）等方式。目前 1000mm² 及以下导线张力架线的同步展放施工技术和相关施工机具均较为成熟，便于保证施工效率和施工质量，是特高压线路工程施工中采用的主要架线方式。

分次展放是指同极子导线分组单独展放，先后到达牵引场的放线方式。由于导线塑性伸长和蠕变伸长的影响规律与时间密切相关，而施工过程中存在许多不确定因素，分次展放难以控制不确定因素对各子导线长度微小变化的影响，在解决导线蠕变对导线弧垂的影响后，也可采用分次展放同极多分裂子导线的展放方式。

综合分析各种导线展放方案，结合 1250mm^2 导线特性及配套施工机具情况，经研究确定 1250mm^2 导线的展放采用同步展放的张力架线施工方式。特殊地形条件下及跨越施工时，同步牵张放线的场地无法满足施工要求情况下，可以考虑分次展放或装配式架线，分次展放及装配式架线均需编制完整的施工方案及作业指导书。

对于同步展放张力架线施工，导线的额定抗拉力是最重要的施工技术参数，将决定主牵引机额定牵引力及主张力机额定制动张力。1250mm^2 导线最大额定抗拉力为 329.85kN，单根导线展放所需牵引力为 66kN～99kN，所需张力约 40kN～60kN。目前国内送变电施工企业拥有的大型牵引机最大牵引力可达 380kN，持续牵引力为 350kN；大型张力机额定张力可达 2×80kN。

1250mm^2 导线应用于特高压直流输电线路工程，同极多分裂导线的分裂数为 6 分裂或 8 分裂。基于目前国内施工企业施工装备及工器具现状，尽量减少大型牵引机及大规格多轮滑车的研制及配备，6 分裂导线宜采用 3×（一牵 2）方式同步展放，八分裂导线宜采用 4×（一牵 2）方式同步展放。

二、张力架线施工工艺导则

为规范 1250mm^2 导线张力架线施工工艺，保证张力架线施工安全与质量，在总结我国架空输电线路施工技术和施工经验基础上，结合 1250mm^2 导线施工技术研究、施工装备研制、工程展放试验及施工工艺关键参数场内试验研究成果，并参照 Q/GDW 260—2009《±800kV 架空送电线路导线张力架线施工工艺导则》及有关现行行业、企业标准编制了 1250mm^2 导线张力架线施工工艺导则，规定了 1250mm^2 导线张力架线施工准备、张力放线、紧线、附件安装、施工质量及安全措施等内容，适用于 1250mm² 导线的张力架线施工。

1250mm² 导线张力架线施工工艺导则主要特点：

1. 一般规定

（1）导引绳展放：特高压直流输电线路工程为保护环境，提高施工技术水平，推荐初级导引绳全部采用空中展放方式进行，删除了原来地面铺放方法的条文及规定。

（2）放线段长度宜控制在 6km～8km，且不宜超过 20 个放线滑车。当超过时，应采取相应的质量保证措施。

（3）耐张塔单侧紧挂线时，应按设计要求安装临时拉线平衡对侧导线的水平张力。如在灵州—绍兴±800kV 特高压直流输电线路耐张塔安装工况按临时拉线平衡极导线水平张力标准值 160kN。

2. 施工准备

（1）1250mm² 导线施工用机具要求应符合《1250mm² 导线张力放线主要施工机具技术条件》的规定。主牵张设备选取时，可按照导则相关条款进行初步选取，对于地形变化复杂的放线段，需要对每个放线段进行详细计算，求出牵张力最大值，对初步选取的数值进行校核，取两者中的较大值。

（2）随着导线截面及自重增加，根据实际，将导线轴架的尾部张力从 1kN～2kN 提高至 1kN～3kN。小张力机的额定制动张力系数提高至 0.1。

3. 张力架线

（1）增加了钢丝绳卷车与牵引机的距离和方位的规定。导线线轴中心与张力机导向轮进线口的距离不得小于 15m，方位应符合机械说明书要求，且必须使尾绳、尾线不磨线轴或牵引绳卷筒。

（2）因 1250mm² 导线接续管及保护装置尺寸较大，过滑车后对接续管及保护装置两端导线损伤较大，故在布线时，应尽量降低接续管及保护装置过滑车次数。

（3）山区及大跨越施工时推荐使用牵引管。单头网套连接器用于导线换盘时，两个单头网套连接器采用抗弯旋转连接器连接。

（4）为保持放线过程中导线驰度，停止牵引作业时应慢速停止牵引机，防止因急停导致的导线弛度突然增大带来的安全隐患。

4．紧线

删除了反向临锚打法及耐张转角塔画印等不适用的工艺，并对内容进行了调整。

5．施工质量及安全措施

针对 1250mm^2 导线截面大、铝钢比大的特点，增加了导线防磨的有关规定。

第二节　施工机具概述

在输电线路架线施工中，利用牵引设备展放架空导线，使架空导线带有一定张力，始终保持和地面以及跨越物一定高度，并以配套的方法进行紧线、挂线和附件安装的全过程，称为张力架线。一般张力架线所用机具包括牵引机、张力机、放线滑车、卡线器、牵引板、网套连接器、牵引管、接续管保护装置、压接机、绞磨等。施工机具应与所展放导线的型式和架线施工工艺相配套，随着 1250mm^2 导线的研制应用，对上述施工机械与工器具的性能提出了更高要求。

一、牵张设备

±800kV 直流输电线路工程极导线采用 6 分裂或 8 分裂 1250mm^2 导线，1250mm^2 导线主要技术参数如表 5-1 所示。为了保证施工质量和施工安全，针对 5 种 1250mm^2 导线技术参数，结合国内现有施工设备能力，可选择的放线方式为“一牵 2”。

表 5-1　　1250mm^2 导线主要技术参数

规格	型　　号	直径（mm）	额定抗拉力（kN）	单位长度质量（kg/km）	名　　称
1250mm^2	JL1X1/LHA1-800/550-452	45.15	289.00	3737.6	铝合金芯成型铝绞线

续表

规格	型号	直径（mm）	额定抗拉力（kN）	单位长度质量（kg/km）	名称
$1250mm^2$	JL1/G2A-1250/100-84/19	47.85	329.85	4252.3	钢芯铝绞线
	JL1/G3A-1250/70-76/7	47.35	294.23	4011.1	钢芯铝绞线
	JL1X1/G2A-1250/100-437	43.67	324.59	4290.1	钢芯成型铝绞线
	JL1X1/G3A-1250/70-431	43.11	289.18	4055.1	钢芯成型铝绞线

经过对目前国内现有牵张设备的调研与分析，结合现场施工单位反馈意见，$1250mm^2$ 导线张力放线采用 3×“一牵 2”及 4×“一牵 2”放线方式，国内现有牵引机最大牵引力为 380kN，如图 5-1 所示。牵引机能够满足 $6×1250mm^2$ 及 $8×1250mm^2$ 导线展放要求，故本章不再针对 $1250mm^2$ 导线展放中使用的牵引机进行专门论述。

图 5-1 QT380 型牵引机

二、施工工器具

日本是国际上较早在输电线路中采用大截面导线的国家，导线截面为 $810mm^2$～$1520mm^2$，其 1000kV 特高压输电线路中使用了 $810mm^2$ 导线，并开发了相应的施工工器具，较为典型的有楔式牵引管、接续管保护装置、行走式 3000kN 压接机、小吨位的塔上液压绞磨等。美国的输电线路中也有少量 $1050mm^2$ 导线的应用。

我国与国外在导线展放施工工艺上有所不同，因此对施工工器具的种类和性能要求也存在差异。如日本 $810mm^2$ 导线展放采用了装配式架线施工工艺，用耐张线夹代替了牵引管；接续管保护装置采用了橡胶头（意大利、德国、加拿大等国家也有采用）和环形钢夹两种形式，$810mm^2$ 接续管保护装置张力小于 40kN，外径为 82mm；$810mm^2$～$910mm^2$ 单头导线网套连接器额定载荷为 70kN；美国在 765kV 输电线路施工中所用的接续管采用铝合金材料，不需要保护管。此外，国外施工工器具的价格较高。

经过对国内现有施工机具的调研和分析，目前国内已投入运行的输电线路所用导线最大截面为1000mm^2，其展放所用机具如张力机、放线滑车、卡线器、网套连接器、接续管保护装置、压接机等均不能满足1250mm^{2}导线施工工艺要求，需要重新研制。

第三节 张 力 机

输电线路张力架线用张力机（以下简称张力机）是在输电线路张力架线施工中通过双卷筒提供阻力矩，使导线在保持一定张力下通过双卷筒被展放的机械设备。张力机主要由张力产生和控制装置、传动系统、放线卷筒、机架、辅助装置和配套设备等部分组成，其中，张力产生和控制装置是张力机最关键的部分，张力机主要通过该装置产生平衡牵引力的阻力矩。张力架线施工用张力机包括展放导线用主张力机和展放牵引绳用小张力机，本节介绍的张力机为展放导线用主张力机。

一、张力机基本性能要求

导线张力机必须满足以下性能要求：

（1）足够的散热能力及连续稳定运转性能；张力机应能保证在−30℃～40℃之间能持续工作，且连续不间断工作时间应不小于2h。

（2）张力能够根据放线要求在最小值与最大值之间设置，且能无级控制放线张力。

（3）张力机应能够实现恒张力放线，不应因牵引速度变化而出现明显张力波动现象，张力波动值不得超过设定值的10%。

（4）放线张力低于设定值时，能实现自行制动及停止牵引。

二、张力机主要技术参数确定

张力机大体由张力产生和控制装置、导线展放机构、机械传动总成、制动器和机架及辅助装置等组成，根据 DL/T 1109—2009《输电线路张力架线用张力机通用技术条件》的要求，张力机主要技术参数有额定张力、最大张力、张力机卷筒槽底直径和最大放线速度等。

单根导线额定放线张力的计算见式（5-1）

$$T = K_T T_P \tag{5-1}$$

式中 K_T——额定制动张力系数，一般取值 0.12～0.18，综合考虑取大值 0.18；

T_P——导线额定抗拉力。

已确定的 5 种 $1250mm^2$ 导线额定抗拉力及额定放线张力如表 5-2 所示。

表 5-2 导线额定抗拉力及额定放线张力

规　　格	导　线　型　号	额定抗拉力（kN）	额定放线张力（kN）
$1250mm^2$	JL1X1/LHA1-800/550-452	289.00	52.02
	JL1/G2A-1250/100-84/19	329.85	59.37
	JL1/G3A-1250/70-76/7	294.23	52.96
	JL1X1/G2A-1250/100-437	324.59	58.46
	JL1X1/G3A-1250/70-431	289.18	52.05

从表 5-2 中可以看出，JL1/G2A-1250/100-84/19 的单根导线放线张力最大为 59.37kN，为保证施工安全可靠性，并考虑到重冰区 $1250mm^2$ 导线的展放要求，推荐张力机额定张力为 2×80kN，最大张力不低于 1.1 倍的额定张力，推荐张力机最大张力为 2×90kN。

张力机主卷筒槽底直径的计算公式见式（5-2）

$$D \geqslant 40d - 100 \tag{5-2}$$

式中 D——卷筒槽底直径，mm；

d——导线直径，mm。

根据 5 种 $1250mm^2$ 导线技术参数，张力机主卷筒最小槽底直径如表 5-3 所示。

表 5-3　　张力机主卷筒最小槽底直径

规格	导线型号	导线直径（mm）	主卷筒最小槽底直径（mm）
$1250mm^2$	JL1X1/LHA1-800/550-452	45.15	1706.00
	JL1/G2A-1250/100-84/19	47.85	1814.00
	JL1/G3A-1250/70-76/7	47.35	1794.00
	JL1X1/G2A-1250/100-437	43.67	1646.80
	JL1X1/G3A-1250/70-431	43.11	1624.40

从表 5-3 中可以看出，JL1/G2A-1250/100-84/19 导线适用张力机主卷筒最小槽底直径为 1814.00mm，推荐张力机主卷筒最小槽底直径为 1850mm。

三、张力机试验

张力机试验主要包括厂内试验和现场张力放线试验。

（一）厂内试验

厂内试验的主要项目包括样机主要参数、外观检验和载荷试验，说明如下：

（1）样机主要参数主要是对张力机最大持续张力、最大持续张力相应速度、最大持续放线速度等进行试验测试。

（2）外观检验主要对发动机、联轴器、液压系统、减速器、齿轮传动、双摩擦卷筒等设计图纸与张力机样品进行试验。

图 5-2　张力机厂内试验图（一）

（3）载荷试验主要包括张力试验、额定载荷运行试验、制动性能试验和张力放线速度试验，根据设计要求，观察张力机实测参数是否满足设计要求。

张力机厂内试验如图 5-2 和图 5-3 所示。

（二）现场张力放线试验

现场张力放线试验如图 5-4 所示，张力机运转正常、各项性能良好，完全能够满足 1250mm^2 导线张力放线要求。

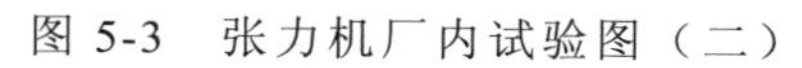

图 5-3　张力机厂内试验图（二）

图 5-4　现场张力机放线试验

四、张力机技术条件

1250mm^2 导线张力放线用主张力机技术参数如表 5-4 所示。

表 5-4　　主张力机主要技术参数表

<table>
<tr><td colspan="2">型　　号</td><td>SA-ZY-2×80</td></tr>
<tr><td colspan="2">卷筒槽底直径（mm）</td><td>≥1850</td></tr>
<tr><td colspan="2">额定张力（kN）</td><td>≥2×80（1×160）</td></tr>
<tr><td colspan="2">最大张力（kN）</td><td>≥2×90（1×180）</td></tr>
<tr><td colspan="2">最大反牵力（kN）</td><td>≥2×60（1×120）</td></tr>
<tr><td colspan="2">额定张力对应持续放线速度（km/h）</td><td>≥2.5</td></tr>
<tr><td colspan="2">持续张力对应最大放线速度（km/h）</td><td>5</td></tr>
<tr><td colspan="2">最大放线速度对应持续张力（kN）</td><td>≥2×40（1×80）</td></tr>
<tr><td colspan="2">轮槽数</td><td>6</td></tr>
<tr><td colspan="2">槽宽/槽深（mm）</td><td>≥65/17</td></tr>
<tr><td colspan="2">整机尺寸/长×宽×高（mm×mm×mm）</td><td>≤6000×2350×2950</td></tr>
<tr><td rowspan="2">与导线接触的衬块</td><td>材料</td><td>MC 尼龙</td></tr>
<tr><td>硬度/邵尔 D</td><td>≥75</td></tr>
</table>

续表

型　　号		SA-ZY-2×80
导线尾车	轴架中心高（mm）	≥1500
	轴总长（mm）	≥2780
	导线盘部分轴长（mm）	≥2500
	轴直径（mm）	≥100
	额定载荷（kN）	≥150
	尾车张力（N）	0～3000 内连续可调
	液压油管长度（m）	≥20

注　1．前后支腿采用液压升降。

2．前支腿上预留线绳临时锚固点，满足最大拉力 2×90kN 的强度要求。

3．张力机应具有出线导向装置。

4．张力机应具备多台联动控制装置。

5．张力机应具有 4 个机体锚固点。

1250mm^2 导线适用张力机如图 5-5 所示。

图 5-5　张力机

第四节　放　线　滑　车

放线滑车是架空输电线路导线展放的必备机具，其一般悬挂在绝缘子串或铁塔横担下方，为导线（包括导引绳、牵引绳）提供支撑和展放通道，对完成导线架设、保护导线、提高放线施工效率等都具有非常重要的作用。

一、放线滑车基本性能要求

导线放线滑车必须满足以下性能要求：

（1）对导线的损伤小。在放线和紧线过程中，导线需要多次通过放线滑车，会产生一定损伤，保证导线损伤在允许范围之内且最小是放线滑车设计的首要任务。

（2）保证牵引板、各种连接器和接续管保护装置的良好通过性。牵引板、各种连接器和接续管保护装置需要通过放线区段内的全部或部分放线滑车，保证放线滑车对以上放线器具的良好通过性是实现导线顺利展放的关键之一。

（3）满足所需的力学性能要求。放线滑车的滑轮、心轴和侧架等必须具有足够的强度和刚度，确保施工安全。根据 DL/T 875—2004《输电线路施工机具设计、试验基本要求》的规定：放线滑车的安全系数应不小于 3。

（4）摩阻系数小。导线（包括导引绳和牵引绳）在通过放线滑车的过程中需要克服放线滑车对其产生的阻力，将导线在放线滑车出线端的牵引力与进线端的张力的比值定义为摩阻系数，该值大于 1。摩阻系数表征了放线过程中牵引力相对张力的增量，其值越大，在保证放线张力的前提下所需牵引力也越大。当放线区段内滑车数量较多时，牵引力的增量将是相当可观的。此外，摩阻系数大将导致导线所受的摩擦力也大。因此，必须尽可能地减小放线滑车的摩阻系数，以降低牵引机功率，同时方便弛度调整、减少导线磨损。根据 DL/T 371—2010《架空输电线路放线滑车》标准，滑轮的摩阻系数不得大于 1.015。

（5）体积小、重量轻。放线施工现场较为分散，很多区段处于山岭地区，交通不便。体积小、重量轻的放线滑车不仅方便了运输、安装和拆除，降低了人员劳动强度，有效提高施工效率；而且，放线滑车体积小、重量轻也可降低加工制造成本，具有明显的经济效益。

二、放线滑车主要技术参数确定

放线滑车的主要作用是保护导线并为导线展放提供支撑，因此放线滑车的主要技术参数有两项，即放线滑车所用导线滑轮的槽底直径和放线滑车的额定载荷。

放线滑轮的槽底直径越大，导线在其上的弯折就越小，对导线的损伤也就越小，根据DL/T 371—2010《架空输电线路放线滑车》标准中对导线滑轮槽底直径 D 与导线直径 d 之比的规定，钢芯铝绞线的规格与滑轮槽底直径的对应数据如表5-5所示。

表5-5　导线的截面、直径及与滑轮槽底直径比值

截面面积（mm^2）	最大直径（mm）	滑轮槽底直径（mm）	滑轮槽底直径与导线直径的比值
315	24.9	560	22.49
400	27.6	560	20.29
500	30.9	710	22.98
630	34.7	710	20.46
710	36.8	800	21.74
800	39.1	800	20.46
900	40.6	800	19.70
1000	42.1	900	21.38
1250	47.85	1000	20.90

从表5-5可见，除900mm² 导线滑轮槽底直径与导线直径比值为19.70外，其他规格型号导线滑轮槽底直径与导线直径的比值均大于20。1250mm² 导线中导线最大直径为 ϕ47.85mm，如果按照DL/T 371—2010标准要求，其展放所用滑轮的槽底直径应不小于 ϕ957mm，考虑多方面因素并经论证后确定，导线放线滑车的滑轮槽底直径取 ϕ1000mm。

依据张力架线施工工艺导则，导线滑轮额定载荷按照1000m长的1250mm² 导线的重量计算，确定导线轮额定载荷。

导线轮额定载荷按式（5-3）计算

$$P = \frac{l}{\sin 75^\circ} \times 9.8 \times \gamma \tag{5-3}$$

式中 l——档距，通用系列取 1000m；

γ——导线单位长度质量，kg/km。

1250mm² 导线中 JL1X1/G2A-1250/100-437 单位长度重量最大，为 4290.1kg/km，放线滑车导线轮计算额定载荷为 43.5kN，为了提高放线滑车安全系数，最终确定导线轮额定载荷为 60kN。

三、放线滑车设计

为保证施工安全，对放线滑车的滑轮、侧架、连板等受力结构件进行力学分析，确保放线滑车的整体安全性，同时依据计算结果进行优化设计。

（一）滑车结构设计

导线放线滑车主体结构如图 5-6 所示，主要由连板、侧架、钢丝绳轮和导线轮、固定在侧架上的心轴及配套轴承等零部件组成。其中钢丝绳轮位于放线滑车中部，用以通过导引绳和牵引绳；若干个导线轮布置在钢丝绳轮两侧，用以通过导线。钢丝绳轮和导线轮通过轴承安装于心轴上，可绕心轴自由转动，心轴两端则固定在两侧侧架上，其与侧架无相对转动。在钢丝绳轮和导线轮正上方安装连板，其两端通过销轴与侧架连接，可以方便地安装和拆卸。在连板上设有悬挂孔，可以将放线滑车悬挂于输电杆塔上或直接悬挂于绝缘子串上。为减轻放线滑车整体重量，滑轮心轴选用高强度合金钢制造；钢丝绳轮受到较大的径向力和侧向力，其支撑轴承选用推力轴承。

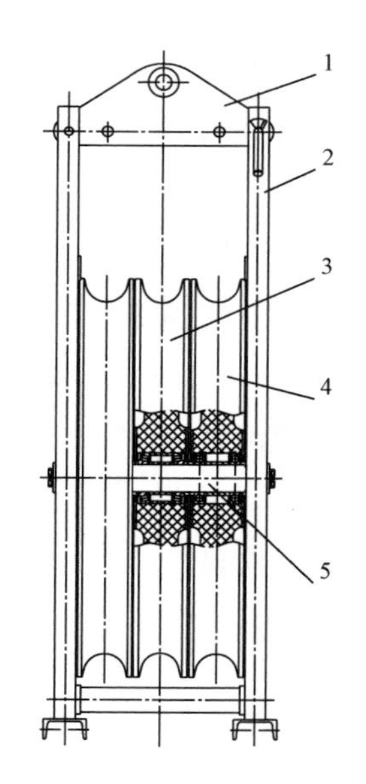

图 5-6 导线放线滑车主体结构

1—连板；2—侧架；3—钢丝绳轮；4—导线轮；5—心轴

（二）滑轮槽形设计

目前导线施工广泛使用的放线滑车中的导线轮均为双 R 槽形滑轮，由于 1250mm^2 导线接续管保护装置的半径远大于导线的半径，为使两者都能顺利通过导线轮，增大导线与轮槽表面的单位支承压力，减小滑轮对导线的磨损。1250mm^2 导线放线滑车滑轮同样采用双 R 槽形。

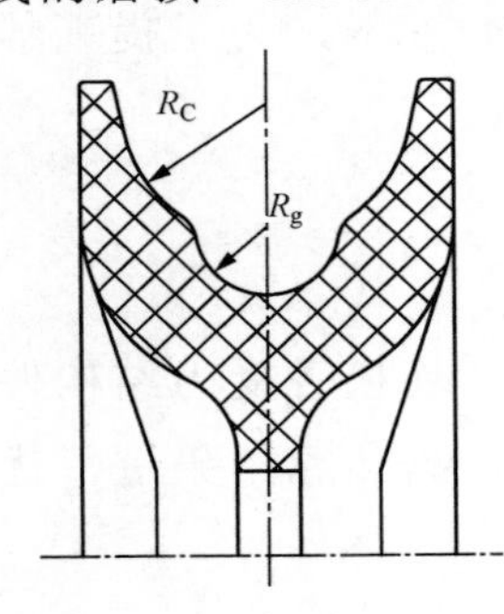

图 5-7　双 R 槽形滑轮轮槽截面

双 R 槽形滑轮的轮槽截面如图 5-7 所示，由两种不同半径的圆弧 R_C 和圆弧 R_g 组成，大圆弧 R_C 用于通过接续管保护装置；在大圆弧槽的底部设置一较小半径的圆弧 R_g，用于通过导线；大、小圆弧的圆心上下对正，其连接处进行圆滑过渡，以免损伤导线；滑轮本体使用铸型尼龙材料制作，轮槽内表面设有挂胶层。由于大圆弧的半径 R_C（含挂胶层）与接续管保护装置的半径相匹配、小圆弧的半径 R_g（含挂胶层）与导线的半径相匹配，从而增大了导线和接续管保护装置通过时与导线轮轮槽的接触面积，可减小单位面积的压力，进而减小导线的磨损。同时底部小圆弧 R_g 有足够槽深，可避免放线过程中导线脱出滑轮轮槽。

（1）R_C 的选择。R_C 为与各种连接器、接续管保护装置等与滑轮接触位置处的滑轮槽圆弧半径。为增加各种连接器、接续管保护装置等通过滑轮时与滑轮槽之间的接触面积，减小侧壁单位压力，同时考虑到各种连接器、接续管保护装置等的良好通过性，取 R_C=（0.55～0.60）d_C（d_C 为各种连接器和接续管保护装置中外径较大者），并使滑轮轮槽深度不小于 $\frac{2}{3}d_C$。

（2）R_g 的选择。为减轻导线磨损，设计中应尽量使 R_g 接近导线直径，同时考虑到不同导线型号和两者的加工误差，R_g 可取（0.51～0.55）d。

（三）滑轮本体材料选择及加工

1. MC 尼龙及其特点

MC 尼龙放线滑轮是为输电线路架线施工研制的可代替钢和铝合金

滑轮的专用施工机具，该项成果系国内首创、达到国际先进水平。由于MC尼龙放线滑轮的突出优点，1250mm² 导线放线滑轮的钢丝绳轮和导线轮均采用MC尼龙滑轮。

MC尼龙是一种性能优良的工程塑料，它可通过简单的离心浇铸、回旋成型等工艺制作各种大型实心或中空制品，性能较一般尼龙优良。MC尼龙滑轮是根据输电线路施工要求及实际使用工况，在MC尼龙原料中加入增韧剂、催化剂、除水活性料等多功能添加剂处理后，采用分次浇铸的复合离心浇铸、固化成型工艺加工而成，具有以下优点：

（1）机械性能好。MC尼龙滑轮具有较好的抗冲击性，在保证良好韧性的同时还具有一定的弹性，同时还有较高的抗压弯强度。

（2）耐磨性能好。MC尼龙的耐磨性要高于钢材和铝合金。

（3）低温性能好、耐摔碰。在−40℃左右，仍能满足野外作业使用要求，且耐摔碰，不易发生开裂和变形现象。

（4）重量轻。MC尼龙材料的密度为1.15g/cm³，故MC尼龙滑轮重量比铝合金滑轮和钢质滑轮重量有很大减轻。搬运、安装、拆除方便，有效减轻劳动强度。

（5）耐腐蚀，化学稳定性好。

2. 滑轮成型工艺及热处理

MC尼龙适于动态浇铸，放线滑轮采用离心浇铸工艺。其反应时间、聚合温度及保温时间的控制会直接影响产品的性能。放线滑轮直径大、用料多、浇铸时间长和整体复层结构增加了成型工艺的难度。因此，对放线滑轮的成型工艺的每一个环节都必须严格控制。为满足规范规定的轮间距要求，滑轮内孔及轮缘端面的加工必须有专用工装保证。

为保证滑轮的使用性能，采用一次性成型模具。除轴承安装孔和轮缘外表面加工外，其余不加工。其优点是精度高、节省原材料。尼龙材料成形后采用热脱膜。鉴于放线滑轮直径大且薄，易变形，轮间距要求均匀一致、不能有轴向摆动的情况，必须严格控制热脱膜温度和方法。

成型后MC尼龙滑轮需热处理，强制其吸水，以改善滑轮的韧性，提高耐磨性，确保滑轮轮槽侧壁受力后不脆裂。考虑到滑轮在野外使用，环境恶劣，温度变化大，紫外线照射等因素，在材料中添加抗老化剂，以提高抗老化性能。

3. 轴承孔与轴承配合公差的选择

鉴于尼龙线膨胀系数较大，应根据使用及加工时的环境温度确定其轮毂与轴承的配合公差，保证滑轮在−40℃～60℃的温度范围内，轮毂不因温度降低而脆裂，也不因温度升高而与轴承脱离，产生相对运动。轮毂轴承孔与轴承的配合一般使用稍紧的过度配合或稍松的过盈配合，在冬季或温度偏低的北方使用，公差值应取大一些；在夏季或南方使用，公差值应取小一些。

4. 轮槽内部挂胶层设计

为了减轻导线磨损，在导线放线滑车的导线轮轮槽内表面铺挂橡胶层。挂胶层铺满轮槽并延伸至轮缘外侧，在轮缘外侧设置沿轮缘周向的挂胶层固定小槽，使得挂胶层的边缘通过热压工艺压入该固定小槽中固定（图 5-8 所示）；挂胶层与轮槽内表面之间可以设有胶粘剂层，使得挂胶层粘接在轮槽内壁上，以此增大挂胶层与滑轮轮槽的附着力。由于放线施工现场使用条件恶劣，尤其是在高山大岭等没有运输通道的情况下搬运时，导线滑轮难免与其他硬质物质发生挤压碰撞，上述结构方式使挂胶层不易开胶、脱落，延长了滑轮的使用寿命。

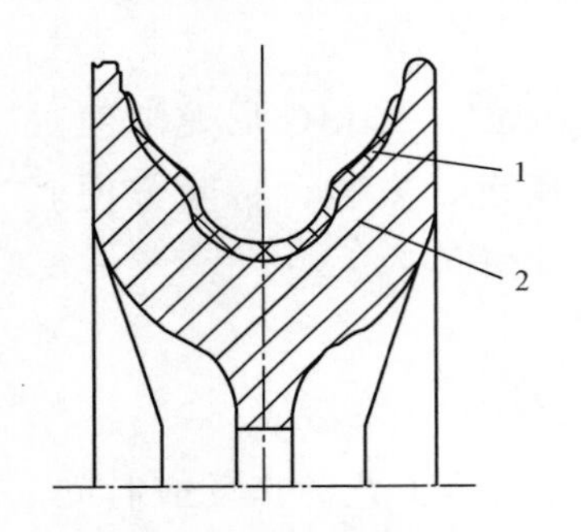

图 5-8　导线轮轮槽挂胶

1—挂胶层；2—轮片本体

四、放线滑车试验

导线放线滑车试验包括实验室性能试验和现场展放试验。实验室性能试验的主要试验项目包括：无载荷试验、滑轮径向载荷试验和滑轮侧壁受力试验，说明如下：

（1）无载荷试验是在无载荷状态下用手转动滑轮，观察并感觉滑轮活动是否灵活，有无卡阻现象。

（2）滑轮径向载荷试验是通过对放线滑车按工况分别施加 100%、

125%、300%额定载荷后，观察滑轮转动是否灵活、轮体有无塑性变形、破坏现象以及变形量是否在允许范围内。此项目分为导线轮、钢丝绳轮和滑车整体三个单项进行。

（3）滑轮侧壁受力试验是通过对被试验导线滑轮模拟过接续管保护装置和钢丝绳轮模拟过旋转连接器，分别施加100%、125%、300%额定载荷，对相应滑轮轮槽侧壁产生挤压，观察滑轮侧壁弹性变形情况以及破坏现象。

导线放线滑车的实验室试验如图5-9和图5-10所示，试验结果表明，导线放线滑车满足设计要求。

图5-9 放线滑车试验图（一）

图5-10 放线滑车试验图（二）

现场展放试验如图5-11所示，在整个展放过程中放线滑车运转正常，性能良好。

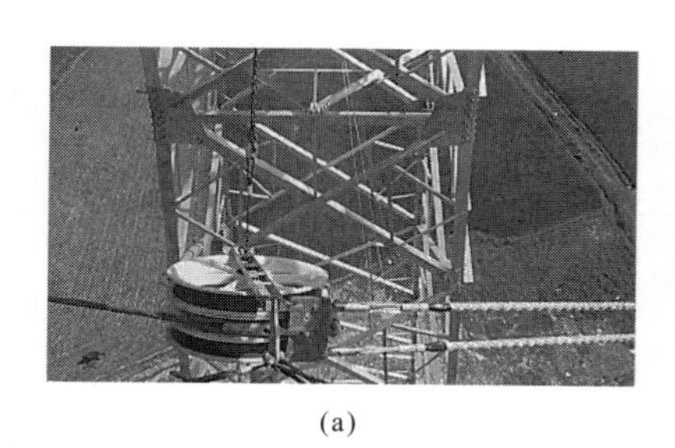

(a)

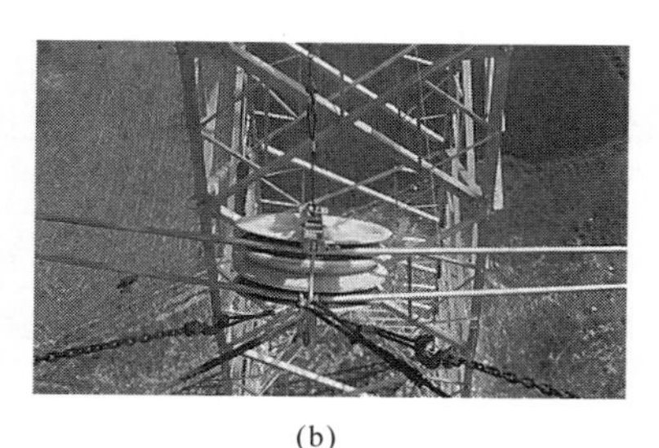

(b)

图5-11 放线滑车现场展放试验（一）

（a）牵引板过滑车；（b）导线过滑车

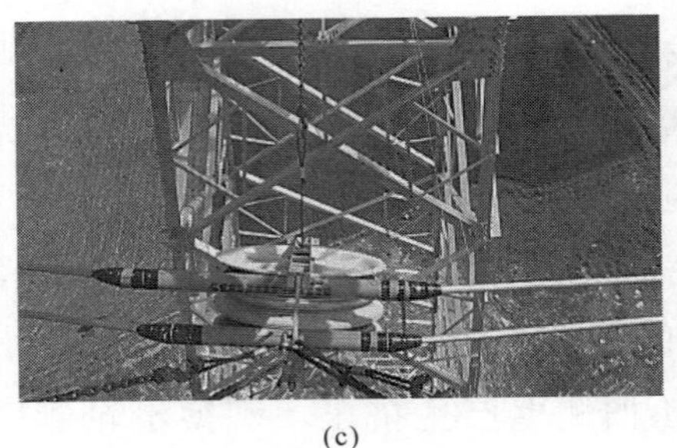

(c)

图 5-11 放线滑车现场展放试验（二）

（c）接续管保护装量过滑车

五、放线滑车技术条件

根据放线施工工艺需要，1250mm^2 导线放线滑车为三轮放线滑车。三轮放线滑车的基本设计参数如表 5-6 所示。

表 5-6 三轮放线滑车基本设计参数

产品型号规格			SHD-3NJ-1000/120	
放线滑车结构技术参数	额定载荷		kN	≥120
	轴	材质	/	40Cr
		屈服强度	MPa	≥540
		直径	mm	80
	两侧槽钢材质	材质	/	Q345
		规格	/	12 号槽钢（加强型为 16 号槽钢）
	底部槽钢规格	规格	/	6.3 号槽钢
	底部连杆	规格	/	5 号槽钢
	顶部挂板	材质	/	Q345
		高度	mm	250
		厚度	mm	20
		顶部悬挂孔直径	mm	45
		提线孔直径	mm	30

续表

放线滑车结构技术参数	顶部挂板	两侧插销孔直径	mm	26
		插销材质	/	40Cr
		两侧插销孔中心距	mm	500 （加强型为 550）
		可调开门销孔直径	mm	17
		可调开门销孔与插销孔中心距	mm	80
	挂板底边到滑轮顶距离		mm	≥280
	滑轮间及与架体距离		mm	6_{-1}^{0}
导线轮技术参数	额定载荷		kN	≥60
	槽底直径		mm	1000_{0}^{+2}
	轮片宽度		mm	$150_{0}^{+0.6}$
	双 *R* 槽形	大 *R* 半径	mm	62_{-1}^{+1}
		小 *R* 半径	mm	26_{-1}^{+1}
	槽底深度		mm	80_{-1}^{+1}
	轴承型号		/	6216/P6
	重量		kg	≤45
	包胶要求	胶体底部厚度	mm	6～8
		胶体材料（颜色）	/	聚氨酯橡胶（原色）
		扯断强度	MPa	≥22
		撕裂强度	kN/m	≥70
		扯断延伸率	%	≥200
		阿克隆磨损量	cm^3/1.61km	≤0.1
		硬度	邵尔 A	75±5
	摩阻系数		/	≤1.015
钢丝绳轮技术参数	额定载荷		kN	≥180
	槽底直径		mm	1000_{0}^{+2}
	轮片宽度		mm	$130_{0}^{+0.6}$
	单 *R* 槽形半径		mm	50_{-1}^{+1}

续表

钢丝绳轮技术参数	槽底深	mm	80^{+1}_{-1}
	轴承型号	/	32216/P6
	重量	kg	≤55

注 1. 滑车按照便于拆装的原则进行设计，两侧槽钢内设置便于打开的螺栓收纳盒。
2. 滑轮材料可采用 MC 铸造尼龙等。
3. 轮片采用双面防尘轴承，轴承之间采用双卡簧，卡簧内设置大小钢隔套各一个。
4. 导引绳入口采用可调开门，插销具有防脱落装置。
5. 滑车两侧均应设置上下 2 个可旋转脚蹬。
6. 双滑车连接螺孔直径不小于 30mm，连接螺栓不小于 6.8 级。
7. 滑车防跳线挡块应采用 MC 尼龙或橡胶等复合材料，不得采用金属材料。

装配式、轻型化是滑车研究的重点及方向，为了降低放线滑车的单件重量，提高现场拆装的便利性，在以往相关科研成果的基础上，开展了多轮装配式放线滑车的理论分析和结构设计。多轮装配式放线滑车采用多个滑轮以一定的包络角替代一个大滑轮，可装配性强，同时也降低了滑车整体重量。根据现阶段已开展的研究及试验，多轮装配式放线滑车的摩阻以及线索（钢丝绳及导线）与滑轮间的压强均大于常规滑车。对于 1250mm^2 圆线导线，多轮装配式放线滑车对圆线导线的损伤以压痕为主且较单轮滑车大，而国内尚无对导线通过滑车后压痕深度的标准要求，故需对多轮滑车进一步优化完善。

第五节 卡 线 器

在架设导线的各类临锚和紧线施工过程中，导线与锚固受力系统均要通过卡线器的夹持来完成力的传递。施工中，将卡线器及锚线绳（牵引绳）与导线相连接，使导线的张力传递给锚绳，进行收放导线，完成调整导线弧垂、导线连接、附件安装及更换连接金具等工作。

一、卡线器基本性能要求

卡线器的主要技术参数有额定工作载荷、钳口长度、最大开口尺寸及整体质量。对于 1250mm^2 导线卡线器设计，参照 DL/T 875—2004 标准，主要有以下要求：

（1）在额定载荷作用下导线应无压痕、无变形、无相对滑移。

（2）在 1.25 倍额定载荷作用下，导线应无压痕、无变形（无压扁，表面无滑痕和鸟巢状变形）。

（3）在 2 倍额定载荷作用下，卡线器夹嘴与线体在纵横方向均无明显相对滑移，卸载后卡线器应装、拆自如。

（4）安全系数应不小于 3。

（5）操作方便，使用安全，便于高空作业。

二、卡线器主要技术参数确定

卡线器主要技术参数有额定工作载荷、钳口长度、最大开口尺寸及整体质量。额定工作载荷取决于架设导线施工过程中的最大使用张力。根据 1250mm^2 导线的选型结果，通常导线紧线力大于放线张力，一般紧线力不小于 25%导线额定抗拉力。综合考虑施工环境及温度等不确定因素后，卡线器额定工作载荷按照 30%导线额定抗拉力计算。

结合 1250mm^2 导线额定抗拉力参数，卡线器额定工作载荷计算结果如表 5-7 所示。

表 5-7　卡线器额定工作载荷计算结果

规格	型　号	额定抗拉力（kN）	额定工作载荷（kN）
1250mm^2	JL1X1/LHA1-800/550-452	289.00	86.70
	JL1/G2A-1250/100-84/19	329.85	98.96
	JL1/G3A-1250/70-76/7	294.23	88.27
	JL1X1/G2A-1250/100-437	324.59	97.38
	JL1X1/G3A-1250/70-431	289.18	86.75

根据 DL/T 875—2004 规定，导线卡线器的夹嘴要有足够的长度，导线卡线器夹嘴长度按式（5-4）计算

$$L \geqslant 6.5d - 20 \tag{5-4}$$

式中　L——卡线器夹嘴长度，mm；

d——导线直径，mm。

结合 1250mm² 导线直径参数，卡线器夹嘴长度计算结果如表 5-8 所示。

表 5-8　　卡线器夹嘴长度计算结果

规格	型　号	直径（mm）	最小夹嘴长度（mm）
1250mm²	JL1X1/LHA1-800/550-452	45.15	273.48
	JL1/G2A-1250/100-84/19	47.85	291.03
	JL1/G3A-1250/70-76/7	47.35	287.78
	JL1X1/G2A-1250/100-437	43.67	263.86
	JL1X1/G3A-1250/70-431	43.11	260.22

由表 5-7 和表 5-8 所示，型线适用卡线器最大工作载荷为 97.38kN，最小夹嘴长度为 273.48mm，圆线适用卡线器最大工作载荷为 98.96kN，最小夹嘴长度为 291.03mm，为保证卡线器的最大通用性，减少卡线器系列种类，便于卡线器标准制定及工器具管理，将 JL1X1/LHA1-800/550-452、JL1X1/G2A-1250/100-437 和 JL1X1/G3A-1250/70-431 三种型线设计共用一种卡线器系列 SKLX100，将 JL1/G2A-1250/100-84/19 和 JL1/G3A-1250/70-76/7 两种圆线设计共用一种卡线器系列 SKL100。

三、结构设计方案及卡线器设计

1250mm² 导线为四层结构绞线，相对三层结构导线受力后更易松股，截面更易变形，为解决卡线器在四层铝单线结构导线承受较大工作载荷（即夹持力）情况下，不滑移且不损伤导线，对卡线器结构平衡力系、钳口形状、钳口长度、钳口最大开度和钳口两端的坡口等方面开展研究和试验，通过结构的优化，使卡线器达到较理想的受力工作状态，在保证卡线器握力的同时对导线的滑移及损伤均能满足相关标准要求。

（一）结构型式设计

根据导线卡线器的特定工作条件及要求，目前国内外导线卡线器的结构大致分两类，一类是钳口型导线卡线器，我国采用较普遍；另一类是楔型导线卡线器，有圆锥楔型和平楔型。在收集国内外相关资料及广泛征求国内施工单位意见的基础上，经研究对比认为，钳口型结构导线卡线器更适用于 $1250mm^2$ 导线张力放线施工。

钳口型卡线器由拉环、动压板、定压板、上夹板、销轴等连接件组成。SKLX100 型卡线器结构如图 5-12 所示。

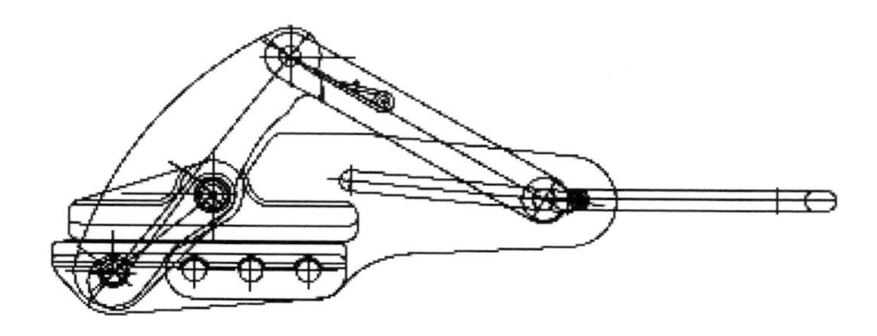

图 5-12　SKLX100 型卡线器结构图

SKL100 型卡线器结构见图 5-13 所示。

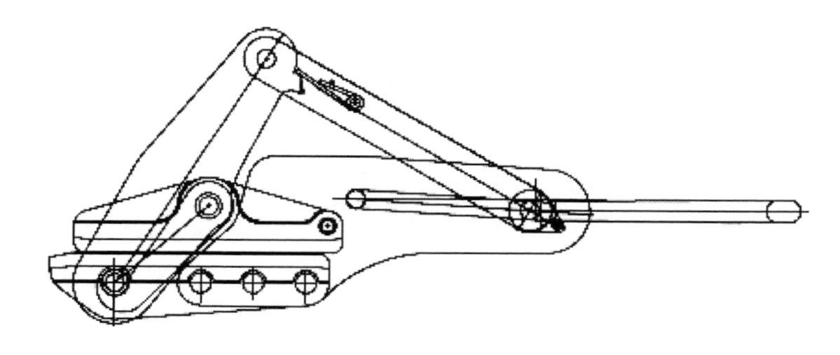

图 5-13　SKL100 型卡线器结构图

（二）钳口形状的确定

（1）钳口圆弧包角。上夹板与定压板的钳口形状均采用和导线外形面相贴合的圆弧面，这样当两板夹紧导线时所形成的圆形才能和导线啮合在一起。圆形面还可增加包容面，减少正压力挤压导线引起导线变形，钳口形状见图 5-14。

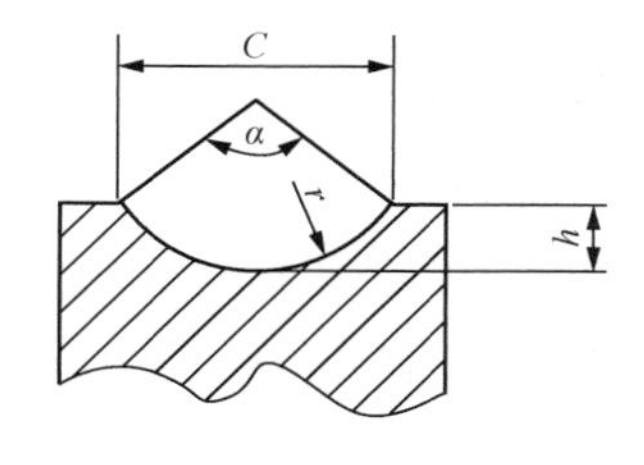

图 5-14　钳口形状图

参数可参照下列计算方法并结合试验确定。

$$C = 2\sqrt{h(2r-h)} \tag{5-5}$$

式中 C——圆弧槽的弦长，mm；

r——导线半径，mm；

h——圆弧槽深度，mm。

$$l = \sqrt{C + (16/3)h^2} \tag{5-6}$$

式中 l——圆弧槽的弧长，mm。

$$\alpha = 57.296\frac{l}{r} \tag{5-7}$$

式中 α——钳口圆弧面包角，（°）。

（2）钳体最大开口。卡线器上夹板与定压板之间最大开口是根据导线的外径决定的。一般要求卡线器应满足导线直接放入卡线槽或直接从卡线槽中取出，留有一定的间隙，1250mm^2 导线中 JL1/G2A-1250/100-84/19 型导线外径为 47.85mm，所以，SKL100 型导线卡线器的最大开口定为 51mm。1250mm^2 导线中 JL1X1/LHA1-800/550-452 型导线外径为 45.15mm，所以，SKLX100 型导线卡线器的最大开口定为 48mm。

（3）钳口两端的坡口。卡线器在工作状态下，上夹板与定压板弧槽轴线与外力 P 作用线有一定的夹角，易造成导线的局部受力，截面变形，甚至松股，因此，设计时，在上夹板与定压板两端应有足够大的坡口，且所有边缘应有光滑的圆弧过渡。

（三）材料选择

卡线器材料选择的主要原则是：在保证卡线器强度足够，保证卡线器工作安全的前提下，尽可能地减轻卡线器的整体重量。

目前施工中使用的普通导线卡线器大都为铝合金材料，由于导线施工中最大放线张力的加大，卡线器的主要构件全部采用高强度铝合金材料制造，且应进行合理的热处理。采用高强度铝合金有如下优点：

（1）铝合金材料（LC4）的比重为 2.85，与钢的比重 7.85 相比较，重量减轻约 2/3，对于高空作业来说意义更大；

（2）铝制卡线器比钢制卡线器对导线的摩擦系数大，铝对铝的摩擦系数可达到 0.3，而钢对铝的摩擦系数约为 0.17，因而工作时铝制卡线器比钢制卡线器对导线的相对滑移量小，工作时更为安全可靠；

（3）铝合金材料的表面硬度与钢芯铝绞线的表面硬度相近，铝制卡线器工作时不易损伤导线表面。

四、结构调整、试制与载荷试验

1250mm^2 导线卡线器为新研发产品，卡线器的研制从技术到生产没有成熟的经验，所以，需要通过多次试验，找出钳口形状和夹持长度的合理值，确定结构受力的合理性。

（一）钳口结构形状的调整

为防止导线接触面出现明显的压痕和局部变形，卡线器钳口形状通过采用加大槽深的方法，增大受力面积，减小钳口的表面接触应力，使导线尽可能受力均匀，使卡线器满足导线施工质量要求。

（二）载荷试验性能要求

依据 DL/T 875—2004 要求，进行卡线器性能试验：

（1）100%额定载荷试验：要求钳体无相对滑移、导线无明显压痕。

（2）125%额定载荷试验：要求卡线器夹嘴与线体在纵横方向均无相对滑移，且线体的表面压痕及毛刺不超过规定的打光处理标准，线体与夹嘴无偏移，直径无压扁，表面无滑痕和鸟巢状变形，钳体正常。

（3）200%额定载荷试验：要求卡线器夹嘴与线体在纵横方向均无相对滑移，卸载后卡线器的开口和拉环等应装拆自如。

（4）300%额定载荷破坏性试验：要求卡线器结构不破坏。

（三）试验数据及结果

通过性能试验后定型的卡线器对被夹持过程中导线表面损伤、变形以及导线抗拉力降低等问题均得到解决，试验数据如表 5-9 所示。

表 5-9　　卡线器试验数据及结果

试验项目	试验名称	载荷系数	试验负载（kN）	保持时间（min）	被夹持导线表面质量	相对滑移/偏移	被夹持导线直径	卡线器装、拆灵活	破坏现象
额定	100%额定载荷	1.00	92	20	无压痕	无相对滑移	无压扁	灵活	无
过载	125%额定载荷	1.25	113	10	无拉痕和鸟巢状变形	无相对滑移	无压扁	灵活	无
	200%额定载荷	2.00	183	10	/	无相对滑移	/	灵活	无
破坏	300%额定载荷	3.00	272	/	/	/	/	/	无

五、卡线器技术条件

经综合分析，JL1X1/LHA1-800/550-452、JL1X1/G3A-1250/ 70-431 和 JL1X1/G2A-1250/100-437 三种 1250mm² 型线导线张力放线用 SKLX100 型卡线器技术参数如表 5-10 所示。

表 5-10　　SKLX100 型卡线器主要技术参数表

适用导线	JL1X1/LHA1-800/550-452	JL1X1/G3A-1250/70-431	JL1X1/G2A-1250/100-437
额定载荷（kN）	90	90	100
夹嘴长度（mm）	275≤L≤320		
开口尺寸（mm）	≥48		
整体质量（kg）	≤18		
破坏载荷（kN）	≥300		

注　卡线器推荐采用整体锻造铝合金。

JL1X1/LHA1-800/550-452、JL1X1/G3A-1250/70-431 和 JL1X1/G2A-

1250/100-437 三种 1250mm^2 型线导线张力放线用 SKLX100 型卡线器如图 5-15 所示。

JL1/G3A-1250/70-76/7 和 JL1/G2A-1250/100-84/19 两种 1250mm^2 圆线导线张力放线用 SKL100 型卡线器技术条件如表 5-11 所示。

表 5-11　SKL100 型卡线器主要技术参数表

适用导线	JL1/G3A-1250/70-76/7	JL1/G2A-1250/100-84/19
额定载荷（kN）	90	100
夹嘴长度（mm）	300≤L≤355	
开口尺寸（mm）	≥51	
整体质量（kg）	≤23	
破坏载荷（kN）	≥300	

注　卡线器推荐采用整体锻造铝合金。

JL1/G3A-1250/70-76/7 和 JL1/G2A-1250/100-84/19 两种 1250mm^2 圆线导线张力放线用 SKL100 型卡线器如图 5-16 所示。

图 5-15　SKLX100 型卡线器

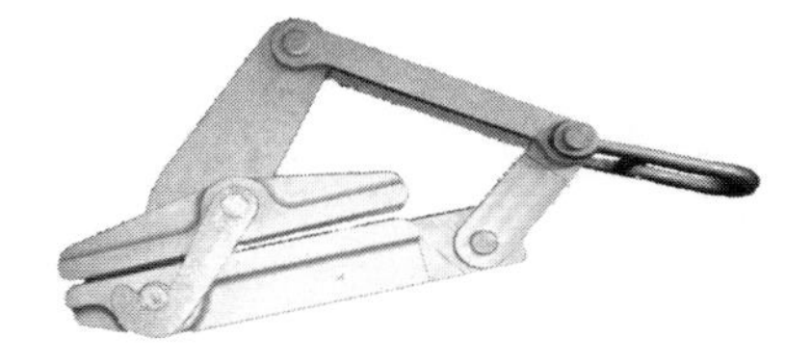

图 5-16　SKL100 型卡线器

第六节　网套连接器

网套连接器是张力放线中牵引、连接导线最常用的工器具，网套连接器一般由钢丝绳拉环、压接管、小套管、编织网体组成，如图 5-17 所示。网套连接器主要的技术参数有额定载荷和夹持长度。图 5-18 为走板防捻器与导线分别通过牵引管和网套连接器两种连接方式。

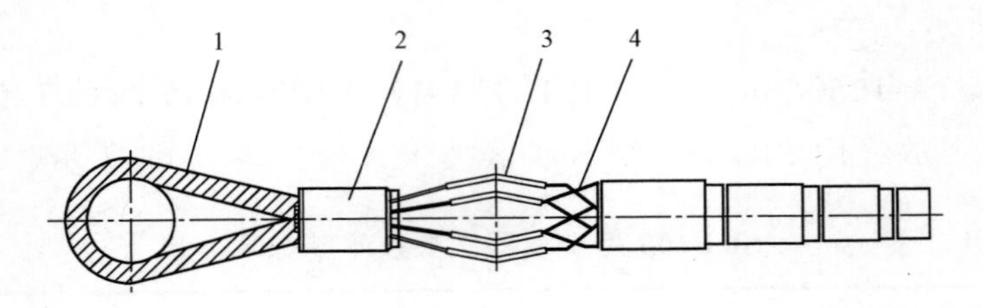

图 5-17　1250mm² 用单头网套连接器

1—钢丝绳拉环；2—压接管；3—小套管；4—编织网体

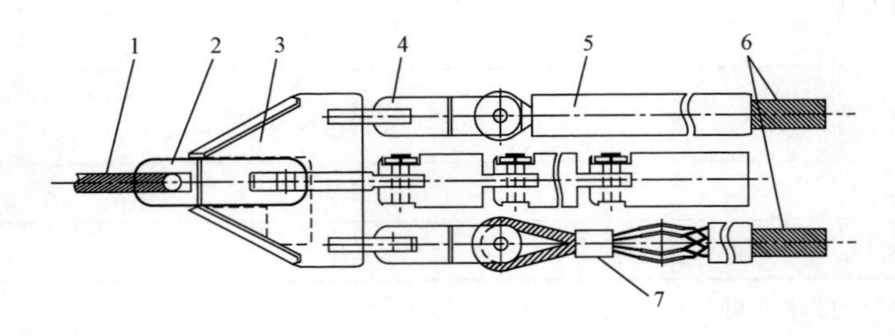

图 5-18　牵引绳与导线连接示意图

1—牵引绳；2—旋转连接器；3—走板防捻器；4—旋转连接器；

5—牵引管；6—导线；7—单头网套连接器

一、网套连接器基本性能要求

网套连接器安装方便，可重复使用，成本低，已被施工单位普遍采用。目前，1000mm² 及以下截面的导线网套连接器额定载荷最大为 70kN，从设计到生产已经成熟，并已系列化。1250mm² 导线的外径、强度均有所增大，对网套连接器的额定载荷和夹持长度有了更高的要求。

根据 DL/T 875—2004 规定，网套连接器需满足以下基本要求：

（1）网套连接器的夹持力与额定拉力之比应不小于 3；

（2）张力波动时，网套连接器不得打滑；

（3）网套连接器使用的钢丝应柔软，保证安装拆卸方便；

（4）网套连接器夹持长度应不小于导线、钢绞线和光缆直径的 30 倍；

（5）压接管至网套过渡部分的钢丝必须用薄壁金属管保护。

二、网套连接器主要技术参数确定

网套连接器按用途可分为单头和双头网套连接器。单头网套连接器用于牵引导线，双头网套连接器一般用于两根导线临时连接过张力轮。根据施工经验，导线临时连接过张力轮的双头网套连接器，采用两根单头网套连接器和一个抗弯连接器串联代替。

根据 1250mm^2 导线的选型结果，JL1X1/LHA1-800/550-452 导线直径为 45.15mm，与其他型号导线直径最大相差约 3mm，根据工程经验，1250mm^2 五种导线可以共用一种型号的网套连接器。

单头网套连接器额定工作载荷按式（5-8）计算

$$P=K_{P}T_{P} \tag{5-8}$$

式中　K_P——牵引力系数，一般取值 0.2～0.3，综合考虑取大值 0.3；

T_P——导线额定抗拉力。

网套连接器额定工作载荷计算结果如表 5-12 所示。

表 5-12　　网套连接器额定工作载荷计算结果

规格	型　　号	直径（mm）	额定抗拉力（kN）	额定载荷（kN）
1250mm^2	JL1X1/LHA1-800/550-452	45.15	289.00	86.70
	JL1/G2A-1250/100-84/19	47.85	329.85	98.96
	JL1/G3A-1250/70-76/7	47.35	294.23	88.27
	JL1X1/G2A-1250/100-437	43.67	324.59	97.38
	JL1X1/G3A-1250/70-431	43.11	289.18	86.75

根据表 5-12，导线 JL1/G2A-1250/100-84/19 使用单头网套连接器额定载荷为 98.96kN，为了使单头网套连接器适用性更广，考虑到后续更大截面的导线，1250mm^2 导线单头网套连接器额定载荷为 120kN，破坏载荷为 360kN，安全系数为 3。

根据 DL/T 875—2004，网套连接器的夹持长度为不小于 30 倍导线直径。网套连接器最小夹持长度如表5-13所示。

表5-13　　网套连接器夹持长度计算结果　　（mm）

规格	型　号	直径	计算夹持长度
$1250mm^2$	JL1X1/LHA1-800/550-452	45.15	1354.5
	JL1/G2A-1250/100-84/19	47.85	1435.5
	JL1/G3A-1250/70-76/7	47.35	1420.5
	JL1X1/G2A-1250/100-437	43.67	1310.1
	JL1X1/G3A-1250/70-431	43.11	1293.3

根据表5-13所示数据，JL1/G2A-1250/100-84/19导线直径最大，其直径为47.85mm，因此推荐网套连接器夹持长度不小于1460mm。

三、网套连接器试验

SLW-120单头网套连接器试验主要包括外观检测和载荷试验，说明如下：

（1）网套连接器外观检测试验主要包括导线插入长度和拆装方便性检查等；

（2）网套连接器载荷试验主要包括100%、125%和300%额定载荷试验。其试验结果如表5-14所示。

表5-14　　网套连接器载荷试验数据表

试验项目	试验名称	载荷系数	试验负载（kN）	保持时间（min）	打滑	破坏	握力	装卸方便性
载荷试验	负载	1.00	120	20	无	无	有效	装卸方便
	过载	1.25	150	10	无	无	有效	装卸方便
	破坏	3.00	360		无	无	有效	装卸方便

SLW-120单头网套连接器实验室厂内试验如图5-19所示。

图 5-19 SLW-120 单头网套连接器现场试验

四、网套连接器技术条件

根据 DL/T 875—2004，1250mm² 导线张力放线用网套连接器的技术条件如表 5-15 所示。

表 5-15 网套连接器主要技术参数表

名　称	单头网套连接器
型号	SLW-120
额定载荷（kN）	120
夹持长度（mm）	≥1800

注 通过张力机的网套连接器采用 2 个单头网套连接器连接一个 80kN 抗弯旋转连接器。

1250mm² 导线张力放线用网套连接器如图 5-20 所示。

图 5-20 单头网套连接器

张力场更换线盘时，采用两个单头网套连接器串联一个抗弯旋转连接器使导线通过张力机主卷筒，抗弯旋转连接器技术参数如表 5-16 所示。

表 5-16　　抗弯旋转连接器主要技术参数表

型号	额定负荷（kN）	外径（mm）	槽宽（mm）	质量（kg）
SLKX-80	80	56	24	7.5

抗弯旋转连接器如图 5-21 所示。

图 5-21　抗弯旋转连接器

第七节　导线接续管保护装置

在展放导线时，接续管保护装置对压接后的接续管起保护作用，是放线滑车配套专用施工工器具之一。接续管保护装置是保护接续管过滑车时不发生严重变形以及接续管两端导线不因过滑车而损伤。

一、接续管保护装置基本性能要求

接续管保护装置基本性能要求如下：

（1）接续管保护装置通过滑车后不应产生变形、松动或错位等；

（2）接续管保护装置的外径宜埋入滑轮轮槽 2/3 以上，钢管外径应为接续管直径的 1.22～1.32 倍；

（3）接续管保护装置的保护长度应大于接续管压接后长度，一般为接续管长度的 1.12～1.15 倍；

（4）接续管保护装置的橡胶缓冲套的长度应能够保护接续管通过时，导线不产生变形，且应有合适的锥度。橡胶缓冲套外露部分的外径应大于接续管钢管内径 2～3mm；

（5）接续管保护装置的安全系数不应小于 3。

二、接续管保护装置主要技术参数确定

根据 DL/T 1192—2012《架空输电线路接续管保护装置》要求，接续管保护装置主要技术参数有钢管的直径、内径、保护长度、接续管保护装置长度、绑扎物宽度及额定载荷等。

接续管保护装置的额定工作载荷应按照式（5-9）计算

$$P = \frac{l}{\sin 75^\circ} \times 9.8 \times \gamma \tag{5-9}$$

式中　l——档距，通用系列取 1000m；

γ——导线单位长度质量，kg/km。

导线接续管保护装置的额定工作载荷计算结果如表 5-17 所示。

表 5-17　导线接续管保护装置的额定工作载荷计算结果

规格	型　号	单位长度质量（kg/km）	计算额定载荷（kN）
1250mm²	JL1X1/LHA1-800/550-452	3737.6	37.9
	JL1/G2A-1250/100-84/19	4252.3	43.1
	JL1/G3A-1250/70-76/7	4011.1	40.7
	JL1X1/G2A-1250/100-437	4290.1	43.5
	JL1X1/G3A-1250/70-431	4055.1	41.1

为减少接续管保护装置系列分类，参照接续管保护装置最大兼容性原则，根据导线接续管保护装置的额定工作载荷计算结果可知，适用 JL1X1/LHA1-800/550-452 型接续管保护装置的计算额定载荷为 37.9kN，与其他四种导线计算额定载荷相差较大，综合考虑施工质量和接续管保护装置通用化要求，推荐 JL1X1/LHA1-800/550-452 导线用接续管保护装置额定工作载荷为 37kN，其余 4 种导线用接续管保护装置额定工作载荷为 43kN。

1250mm² 导线的接续管外径为 ϕ80mm，接续管保护装置内径尺寸应大于接续管外径并有一定的裕度，所以，接续管保护装置内径取 ϕ86～ϕ88mm。

1250mm² 导线的接续管尺寸分别为 $\phi80\times1010$mm、$\phi80\times1050$mm 和 $\phi80\times1370$mm，考虑到接续管压接后有 10%伸长，同时还要保护导线和压接管两侧出线处不被弯曲损伤，JL1X1/LHA1-800/550-452 导线用接续管保护装置总长为 2640mm，其余 4 种导线用接续管保护装置总长为 2280mm。接续管保护装置由本体和两端橡胶缓冲套组成，要求接续管在张力下多次通过滑车不发生弯曲，同时保证与接续管两端接合处的导线不受损伤。接续管保护装置本体和两端橡胶缓冲套都应具有足够的抗弯强度。接续管保护装置本体由中、低碳钢制造，并进行热处理，两端采用的橡胶缓冲套具有良好的弹性和抗弯性能。

根据接续管保护装置工作原理，对其常规结构进行了改进，提出了具有蛇节端头的接续管保护装置，使接续管保护装置过滑车时，能够随着滑车产生一定的弯曲半径，在很大程度上降低了导线弯曲处的集中应力，从而保护了导线。

具有蛇节端头的接续管保护装置，主要包括钢管、过渡连接节、标准连接节、橡胶头 A 和橡胶头 B，如图 5-22 所示。

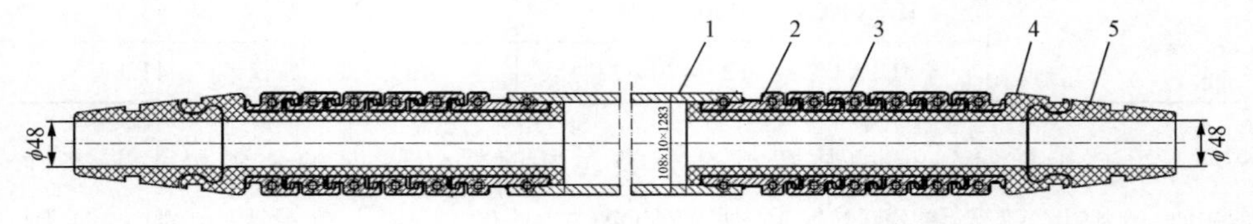

图 5-22　具有蛇节端头的接续管保护装置结构图

1—钢管；2—过渡连接节；3—标准连接节；4—橡胶头 A；5—橡胶头 B

具有蛇节端头的接续管保护装置，通过过渡标准节将标准连接节和钢管连接，两端各有 5 节标准连接节，如图 5-23 所示。

在接续管保护装置过滑车时，标准连接节随着滑轮切向有一定的弯曲弧度，如图 5-24 所示，过渡连接节和标准连接节内衬有天然橡胶件，天然橡胶件设计为橡胶头 A 和橡胶头 B 两节结构型式。采用双节橡胶头结构型式，橡胶头 A 和橡胶头 B 在受载时，同样能够沿着滑轮切线放线产生一定的弯曲，具有蛇节端头的接续管保护装置便能在最大程度上避免钢管出线处导线应力集中的问题，从而有效地保护了导线。

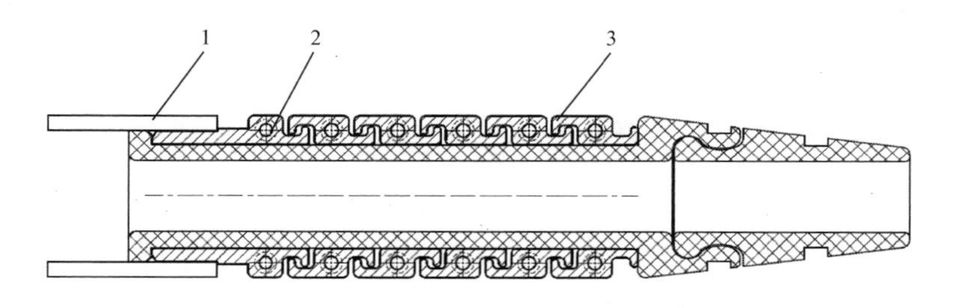

图 5-23　具有蛇节端头的接续管保护装置变化前

1—钢管；2—过渡连接节；3—标准连接节

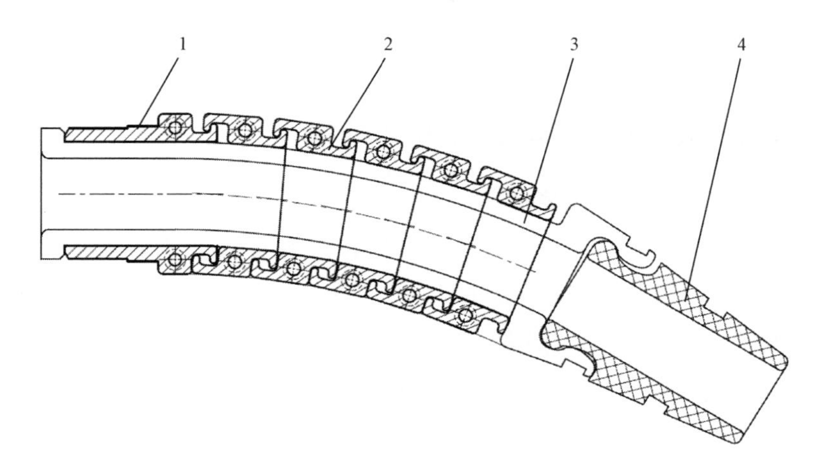

图 5-24　接续管保护装置变化后

1—过渡连接节；2—标准连接节；3—橡胶头 A；4—橡胶头 B

采用 Solidworks 三维制图软件建立接续管保护装置三维图形，如图 5-25 和图 5-26 所示。

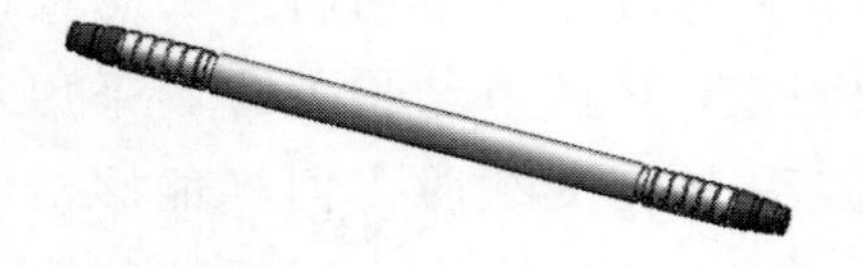

图 5-25 接续管保护装置整体图

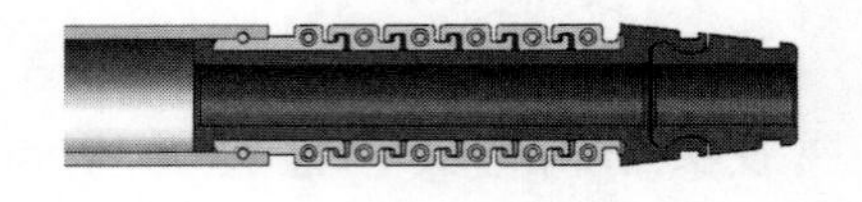

图 5-26 接续管保护装置局部图

针对具有蛇节端头的接续管保护装置结构型式，结合其工作原理，考虑到接续管保护装置需重复使用，为方便现场施工，对接续管保护装置的胶头和螺栓进行了优化，采用整体式胶头和 M12 螺栓连接。

具有蛇节端头的接续管保护装置最终结构如图 5-27 所示，其结构主要包括橡胶头、蛇节、连接节、钢管和橡胶垫片。

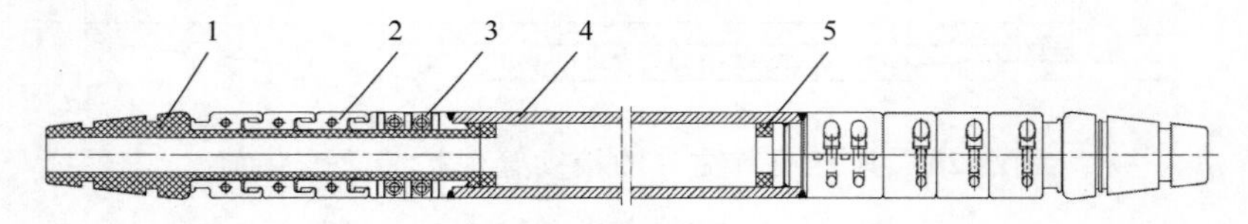

图 5-27 接续管保护装置结构示意图

1—橡胶头；2—蛇节；3—连接节；4—钢管；5—橡胶垫片

三、接续管保护装置试制及试验

1. 接续管保护装置试制

$1250mm^2$ 导线张力架线用接续管保护装置橡胶头有两种规格，其中 3 种型线采用内径为 ϕ45mm 的橡胶头，2 种圆线采用内径为 ϕ48mm 的橡胶头。橡胶头原材料采用天然橡胶，通过压制成型模具加工而成。

接续管钢管使用 ϕ114mm×14mm 的无缝钢管经过激光切割而成。蛇节、连接节通过车床车削而成。连接节与钢管焊接成一体，各个蛇节通过 M12 内六角螺栓紧固，两端胶头采用钢丝绑扎，最终形成接续管保护装置装配体。

2. 接续管保护装置试验

针对于使用常规接续管保护装置过滑车后，导线单丝颈缩、甚至断裂现象，对接续管保护装置进行了结构上的创新，新研制了具有蛇节端头的接续管保护装置。

为了验证具有蛇节端头的接续管保护装置性能，以及确定具有蛇节端头的接续管保护装置合理蛇节数，进行了接续管保护装置过滑车试验。

按照试验要求，做完接续管保护装置过滑车试验后，拆开接续管保护装置，进行导线外观观察和单丝强度试验，试验结果如表 5-18 所示。

表 5-18　　两种类型接续管保护装置性能对比表

结构型式		保护钢管塑性变形	接续管塑性变形	导线外观		单丝强度变化
				打开导线前	打开导线后	
常规		无明显塑性变形	无明显塑性变形	外观完好，但有明显的弯折点	出现部分单丝缩颈、甚至断裂现象	下降 5.4%
蛇节	2 节	无明显塑性变形	无明显塑性变形	外观完好，无明显弯折点	个别单丝有轻微缩颈现象	下降 2.2%
	3 节	无明显塑性变形	无明显塑性变形	外观完好，无明显弯折点	无缩颈	下降 1.38%
	5 节	无明显塑性变形	无明显塑性变形	外观完好，无明显弯折点	无缩颈	下降 1.42%

由表 5-18 数据可知，从导线外观及单丝强度变化两个方面考虑，具有蛇节端头的接续管保护装置对导线保护性能明显优于常规接续管保护装置。

针对于具有蛇节端头的接续管保护装置的蛇节数不同，从导线保护性能（导线外观和单丝强度下降率）、装配效率以及经济性综合分析考虑，其性能对比如表 5-19 所示。

表 5-19　　不同蛇节数接续管保护装置性能对比表

类别 蛇节数	导线保护性能			装配效率	经济性
	导线外观		单丝强度下降率		
	打开前	打开后			
2	外观完好	个别单丝有轻微缩颈现象（图 5-32 所示）	下降 2.2%	高	高
3	外观完好	无缩颈	下降 1.38%	中	中
5	外观完好	无缩颈	下降 1.42%	低	低

具有 2 节蛇节端头的接续管保护装置过滑试验后，导线出现了个别的邻外层单丝轻微缩颈现象，如图 5-28 所示。

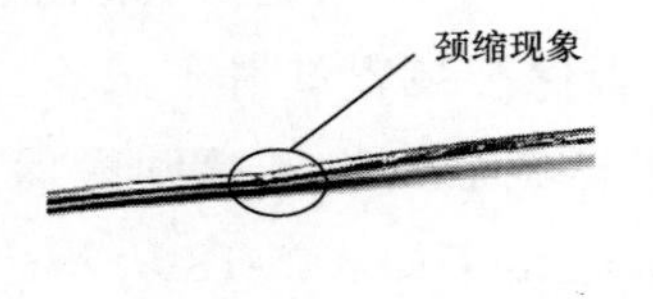

图 5-28 单丝缩颈现象（2 节蛇节）

当 1250mm^2 导线张力架线用接续管使用常规接续管保护装置过滑车时，在接续管保护装置端部出线处，导线会局部弯曲，且弯曲半径小，从而产生应力集中，使弯曲处导线出现外层完好，邻外层部分单丝颈缩，甚至断裂现象。

比较 2 节、3 节、5 节三种结构的接续管保护装置，单丝强度下降的平均值差异不大，采用 2 节结构的导线出现了个别的邻外层单丝轻微缩颈，说明 2 节结构的接续管保护装置在恶劣的试验条件下不能满足保护导线的要求。比较 3 节与 5 节结构，从试验结果看，3 节结构对导线保护性能略好，分析认为导线自身单丝强度差异所致，可认为 3 节结构和 5 节结构对导线保护性能基本相同。综合安装效率和设备成本等因素，1250mm^2 导线推荐采用具有 3 节结构的接续管保护装置。

四、接续管保护装置技术条件

根据 DL/T 1192—2012 要求，接续管保护装置应有足够的刚度和端部对导线的保护作用。接续管保护装置主要技术参数有钢管的外径、内径、保护长度、接续管保护装置长度、绑扎物宽度及额定载荷等。

1250mm^2 导线张力放线用接续管保护装置技术参数如表 5-20 所示。

表 5-20 接续管保护装置主要技术参数表

型号及额定载荷				
接续管保护装置型号	橡胶头内径（mm）	适用导线型号	接续管尺寸	额定载荷（kN）
SJ_{II}-ϕ80×1370/37	45	JL1X1/LHA1-800/550-452	ϕ80×1370	37
SJ_{I}-ϕ80×1050/43	45	JL1X1/G3A-1250/70-431	ϕ80×1010	43
	48	JL1/G3A-1250/70-76/7	ϕ80×1010	43

续表

型号及额定载荷				
接续管保护装置型号	橡胶头内径（mm）	适用导线型号	接续管尺寸	额定载荷（kN）
SJ_{I}-ϕ80×1050/43	45	JL1X1/G2A-1250/100-437	ϕ80×1050	43
	48	JL1/G2A-1250/100-84/19	ϕ80×1050	43
主要结构尺寸				
外直径（mm）	114			
内直径（mm）	86			
主体材质	Q345 及强度更高材料			
胶头材质	天然橡胶或聚氨酯橡胶，硬度（邵尔 A）80±5			

第八节　导线压接用 3000kN 压接机及压接模具

一、压接机基本性能要求

导线压接机是用来压接导线接续管和耐张线夹的压接机具。导线压接机由液压泵站与液压钳体组成，液压泵站由动力源、泵、控制阀、油箱、胶管组成。压接机基本性能要求主要包括：

（1）压接机和钢模设计应有导向限位对正装置，防止压模模具纵向错位；

（2）压接机上的活塞全部缩回时，活塞的顶部应高于活塞缸体顶部 3～4mm；

（3）液压泵站应同时具有系统压力过载和额定压力安全溢流的双重保护作用；

（4）液压泵站应有与所用压接钳相匹配的足够输出压力，且液压系统波动不应超过 5%。

二、导线压接机的组成及压接性能要求

导线压接机由液压泵站与液压钳体组成，液压泵站由动力源、泵、控制阀、油箱、胶管组成。导线压接机的主要性能指标有泵站额定压力、压接机出力、压接行程和压模压接范围。压接机的出力越大，相同规格的导线接续管，所需压接的模数就少，压接质量和效率就会提高。

导线压接机性能好坏最终由导线接续管、耐张管压接后的性能决定。其压接性能应包含下列三个方面：

（1）接续管、耐张管压接后应按照电力金具标准进行拉力测试，其握力应大于导线计算拉断力的95%。

（2）接续管、耐张管压接后其导线接续处两端的电阻应不大于同样长度导线的电阻，导线接续处的温升不大于导线温升。

（3）接续管、耐张管压接后的尺寸应符合相应的标准，外观不应有明显弯曲，管口导线不应出现明显散股和“灯笼”现象。

要满足上述要求，导线压接机动力源必须能输出有足够的压力；压接机的施压过程应符合接续管、耐张管变形机理；压接机的压模形腔和尺寸应合理，不宜过大或过小。

三、压接模具设计

1250mm² 导线压接主要采用3000kN压接机，3000kN压接机为现有成熟产品。导线的压接是通过压接机上的模具来完成。压接模具具有多种规格，他们分别适用于各种截面的导线和相应的压接管。1250mm² 导线张力架线用压接机主要压接金具有耐张线夹和接续管两种。

耐张线夹：连接1250mm² 导线用耐张线夹铝管模具规格为ϕ80mm。钢管（铝合金管）模具规格有ϕ30mm，ϕ36mm 和ϕ55mm 三种。不同规格的导线与耐张线夹对应参数如表5-21所示。

表 5-21　　耐张线夹压接主要参数

导线型号	铝管模具规格	钢管（铝合金管）模具规格
JL1X1/LHA1-800/550-452	ϕ80	ϕ55
JL1/G2A-1250/100-84/19	ϕ80	ϕ36
JL1/G3A-1250/70-76/7	ϕ80	ϕ30
JL1X1/G2A-1250/100-437	ϕ80	ϕ36
JL1X1/G3A-1250/70-431	ϕ80	ϕ30

接续管：张力架线用接续管铝管规格为ϕ80mm。钢管（铝合金管）模具规格有ϕ30mm，ϕ40mm 和ϕ55mm 三种。不同规格的导线与接续管对应参数如表 5-22 所示。

表 5-22　　接续管压接主要参数

导线型号	铝管模具规格	钢管（铝合金管）模具规格
JL1X1/LHA1-800/550-452	ϕ80	ϕ55
JL1/G2A-1250/100-84/19	ϕ80	ϕ40
JL1/G3A-1250/70-76/7	ϕ80	ϕ30
JL1X1/G2A-1250/100-437	ϕ80	ϕ40
JL1X1/G3A-1250/70-431	ϕ80	ϕ30

由表 5-21 和表 5-22 所示，铝管模具规格为ϕ80mm，钢管（铝合金芯）模具规格有ϕ30mm、ϕ36mm、ϕ40mm 和ϕ55mm 四种，为了便于 1250mm^2 导线张力架线施工机具系列化、通用化和标准化的管理，1250mm^2 导线张力架线用压接机配套压接模具设计为：L80、L55、G30、G36 和 G40，其中 L 表示压接铝管用模具（简称铝模），G 表示压接钢管用模具（简称钢模）。

为适用于各种截面的导线和相应的压接管压接，压接机压模主要参数为对边距离 S 和压接模具的长度 L。

（1）对边距离 S 的确定。压接模具正六角形模口对边距离 S 小一些，可增加压缩量，也提高了压接的密实度，在一定范围内能增加接头的抗

拉强度。对边距离 S 的计算公式见式（5-10）

$$S = 0.866[kD]_{-0.20}^{-0.10} \tag{5-10}$$

式中　D——压接管外径，mm。

k 取值 0.993。

根据公式（5-10）可知，铝模 L80 对边距离为 68.8mm。

（2）压接模具长度 L 的确定。压接模具长度 L 与压接机的压接力有直接关系，如果考虑压接效率，压接模具长度 L 越长越好，但是 L 太长，压接管在被挤压过程中，中间部分无法向两侧延伸，多余的金属只能从上下压模间缝隙中挤出，使飞边增加，影响了压接质量。一般压模长度计算公式见式（5-11）

$$L = \frac{KP}{HB \times D} \tag{5-11}$$

式中　P——压模承受正压力，N；

K——压接机使用系数，3000kN 压接机：k=0.08；

HB——压接管材料的布氏硬度，Pa；

D——压接管外径，mm。

根据相关理论计算和大量的压接试验，最终确定 1250mm² 导线张力架线用压接机配套压接模具有 L80、L55、G30、G36 和 G40，各模具主要参数如表 5-23 所示。

表 5-23　　1250mm² 导线用压机模具参数

模具类型	对边距 S（mm）	压接模具长度 L（mm）
L80	68.8	79.17
L55	47.3	54.43
G30	25.6	29.58
G36	30.74	35.5
G40	34.16	39.45

四、3000kN 压接机试验

依据 DL/T 689—2012《输变电工程液压压接机》、DL/T 875—2004

《输电线路施工机具设计、试验基本要求》和 DL/T 5285—2013《输变电工程架空导线及地线液压压接工艺规程》要求，压接机试验项目包括外观检查、载荷试验和接续管压接质量，说明如下：

（1）外观检测试验主要对压接机动力、额定压力、活塞行程和压接范围等进行试验检查。

（2）载荷试验主要对压接机进行空载试验、额定载荷试验和过载试验（125%额定载荷），载荷试验数据如表 5-24 所示。

表 5-24　液压压接机载荷试验数据记录表

试验名称	载荷系数	额定压力（MPa）	试验压力（MPa）	保持时间（min）	活塞杆运动平稳性	各部件塑性变形	承压头转动灵活性	液压系统渗、漏油现象
空载	0.00	80		20	平稳		灵活	无
额定载荷	1.00	80	80	10	平稳	无	灵活	无
过载	1.25	80	100	10	平稳	无	灵活	无

（3）接续管压接质量试验主要检查接续管压接表面质量和测试压接握着力，其试验数据如表 5-25 所示。

表 5-25　液压压接机压接质量数据记录表

试验项目	试验名称	变形		其他缺陷	对边距（mm）		要求握着力（kN）	试验握着力（kN）
		扭曲	弯曲		最大允许值	最大测量值		
接续管压接质量检查	表面质量检查	无	无	无	65.51	65.48		
	握着力试验						373.3	374.2

五、压接机技术条件

1250mm² 导线张力放线用压接机技术参数如表 5-26 所示。

表 5-26　　压接机技术参数表

	2000kN 压接机	2500kN 压接机	3000kN 压接机
额定载荷（kN）	2000	2500	3000
额定压力（MPa）	≥80	≥80	≥80
压接钳行程（mm）	≥25	≥45	≥50

注　1. 高空压接使用的压接机额定载荷不低于 2000kN。
2. 地面压接采用不低于 3000kN 压接机，应配备导轨式托架，导轨长度不小于 2.5m。
3. 配套压模型号：L80、L55、G30、G36、G40。

压接机 1250mm^2 导线张力放线用压接机及压接模具如图 5-29、图 5-30 所示。

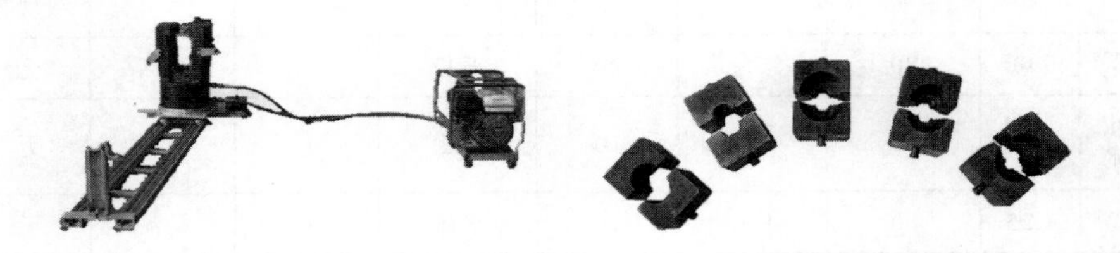

图 5-29　压接机及导轨　　图 5-30　压接机压模

六、高空压接用轻型 3000kN 压接机

常规 3000kN 导线压接机外形尺寸大（直径×高为 ϕ350mm×600mm），整体质量大（其钳体部分质量为 216kg），高空压接作业施工困难。

为了解决 1250mm^2 导线高空压接作业难题，提高 1250mm^2 导线压接质量和效率，国家电网公司组织相关单位从压接钳钳体结构和材料选择两个方面进行高空压接用轻型 3000kN 压接机研制。

压接钳主要由执行活塞、缸体、模具、顶盖及模具挡块等组成，结构如图 5-31 所示，实物如图 5-32 所示，各构件为分体式设计，可根据不同压接工况，实现压接模具的快速更换。压接钳选用高强度合金钢材料，在满足 3000kN 压接机强度需要的前提下，通过优化降低压接钳的体积和质量。

目前研制定型的高空压接用轻型 3000kN 压接机结构特点如下：

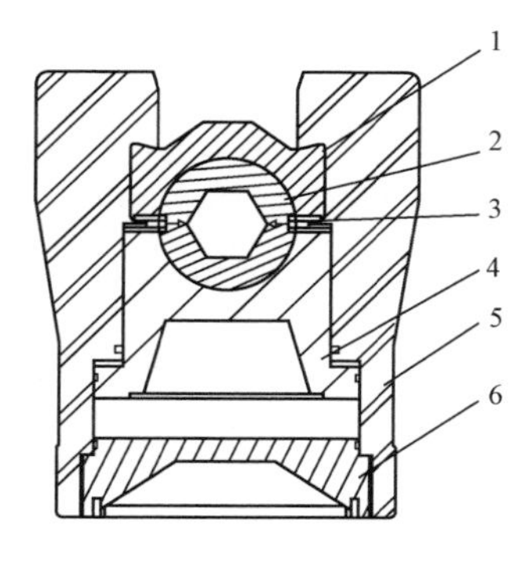

图 5-31　轻型压接钳结构

1—顶盖；2—模具；3—模具挡块；

4—活塞；5—缸体；6—底座

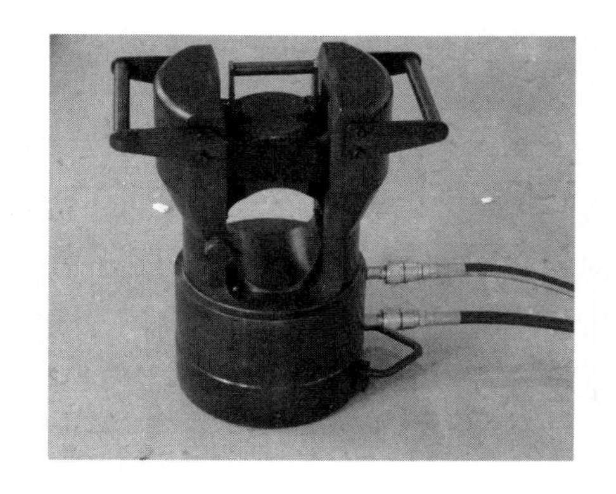

图 5-32　轻型压接钳

（1）压接钳本体选用高强度合金钢材料 40CrNiMoA，具有高强度、高韧性的特点，通过结构优化，钳体质量为 128kg，相对于常规 3000kN 压接机，钳体质量下降 40.8%，外形尺寸（直径×高）为 ϕ304mm×490mm，相对于常规 3000kN 压接机，体积减小 32.7%。

（2）对于接续管 JYD-1250/70 压接，轻型压接机压接模数为 8 模，与同吨位常规压接机模数 10 模相比，提高工作效率 20%。

第九节　施工工艺关键参数试验及工程试展放

输电线路张力架线过程中对导线损伤的影响因素较多，其中施工工艺方面主要包括主张力机单根导线额定制动张力、导线过放线滑车包络角、导线过放线滑车次数等。张力架线施工工艺及关键参数对架线施工质量、施工工期及经济性都将产生重要影响。

1250mm^2 导线张力架线主要采用同步展放方式，为解决 1250mm^2 导线张力架线过程中放线张力、导线过放线滑车包络角及次数等施工工艺关键参数选择与优化问题，开展了 1250mm^2 导线张力架线施工工艺关键参数试验研究。通过试验场场内试验，研究了施工工艺关键参数对导线损伤影响，分析了导线磨损机理，确定了 1250mm^2 导线张力放线施工工艺关键参数。

为验证 1250mm^2 成型铝绞线的结构稳定性、施工工艺及施工关键参数选择的合理性，以及张力机、放线滑车、接续管及保护装置、卡线器、网套连接器等施工机具与导线的适配性，以溪洛渡—浙西±800kV 特高压直流输电线路工程赣 5 标段为展放试验段，开展了 1250mm^2 导线展放试验研究。

一、施工工艺关键参数试验

现行的导线张力架线施工工艺导则中对放线张力、导线过放线滑车包络角及次数等关键施工工艺参数做出了规定。但相关规定是否适用于 1250mm^2 导线，尤其是型线导线，需要通过试验研究分析确定。

为了开展 1250mm^2 导线施工工艺关键参数研究，研制了导线过滑车场内试验系统，主要包括两台张力机、放线滑车试验架，以及拉力传感器、旋转连接器等辅助工器具。试验架及滑轮安装数量视试验过程中需要过放线滑车的次数而定。通过改变放线滑车的支撑高度调整过放线滑车包络角，如图 5-33 所示。

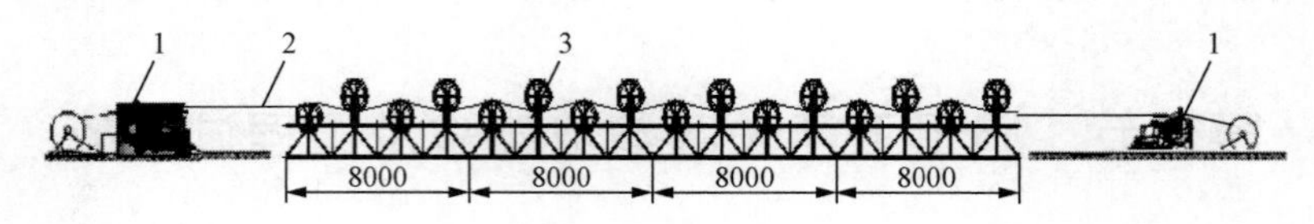

图 5-33 试验方案布置示意图

1—张力机；2—导线；3—滑车试验架

（1）放线张力影响试验。试验方法：导线在放线滑车上的包络角为 30°，验证不同放线张力下导线过 20 次放线滑车后的损伤情况。分别按导线额定拉断力的 0.12、0.15、0.18、0.25 倍四种情况选择试验张力，5 种导线的试验张力如表 5-27 所示。

（2）放线滑车包络角影响试验。试验方法：放线张力为导线额定拉断力的 0.15 倍，验证不同包络角情况下导线过 20 次放线滑车后的损伤情况。分别按过放线滑车包络角 20°、30°、40°三种情况进行试验，5 种导线试验张力及试验包络角如表5-28所示。

表5-27　　导线试验张力

序号	导线型号	额定拉断力（kN）	试验包络角（°）	试验张力（kN）
1	JL1/ G3A-1250/70-76/7	294.23	30	36、45、53、74
2	JL1 /G2A-1250/100-84/19	329.85	30	40、50、60、82
3	JL1X1/LHA1-800/550-452	289.00	30	35、45、52、72
4	JL1X1/G3A-1250/70-431	289.18	30	35、44、52、72
5	JL1X1/G2A-1250/100-437	324.59	30	39、49、59、81

表5-28　　导线试验张力及试验包络角

序号	导线型号	额定拉断力（kN）	试验张力（kN）	试验包络角（°）
1	JL1/ G3A-1250/70-76/7	294.23	45	20、30、40
2	JL1 /G2A-1250/100-84/19	329.85	50	
3	JL1X1/LHA1-800/550-452	289.00	45	
4	JL1X1/G3A-1250/70-431	289.18	44	
5	JL1X1/G2A-1250/100-437	324.59	49	

（3）导线过放线滑车次数影响试验。试验方法：放线张力为导线额定拉断力的0.15倍，验证包络角30°情况下，过不同放线滑车次数后的导线损伤情况。5种导线试验张力及试验过放线滑车次数如表5-29所示。

表5-29　　导线试验张力及试验导线过放线滑车次数

序号	导线型号	额定拉断力（kN）	试验张力（kN）	试验过放线滑车次数
1	JL1/ G3A-1250/70-76/7	294.23	45	15、20、25、30
2	JL1 /G2A-1250/100-84/19	329.85	50	
3	JL1X1/LHA1-800/550-452	289.00	45	
4	JL1X1/G3A-1250/70-431	289.18	44	
5	JL1X1/G2A-1250/100-437	324.59	49	

（4）导线损伤评定。导线损伤评定包括外观质量、导电截面损失

（20℃时直流电阻变化）及机械强度损失（单丝强度变化）三方面内容。

1）外观质量评定。外观质量为定性评定，主要包括两方面，即导线绞合状态变化及外观损伤的观察与记录。试验取样后，记录导线过放线滑车后直径变化、绞合状态的变化（松股、断股）、表面可见缺陷（划痕、压痕）等并做影像记录。

2）截面损失评定。导电截面损失为定量评价，采用测量 20℃时直流电阻变化进行评定。

3）机械强度损失评定。机械强度损失为定量评定，指标为单丝抗拉强度的变化，计算导线过放线滑车后单丝平均抗拉强度，得出单丝强度变化率进行评价。

（5）试验结果。

1）放线张力影响。对于 5 种 1250mm² 导线，当试验张力从 0.12 倍增加至 0.25 倍导线额定拉断力时，导线直流电阻及导线外径无明显变化。

当试验张力从 0.12 倍增加至 0.15 倍导线额定拉断力时，导线单丝强度无明显变化规律。当试验张力超过 0.15 倍额定拉断力时，钢芯铝绞线 JL1/G3A-1250/70-76/7 及 JL1/G2A-1250/100-84/19 的单丝强度开始下降，但是下降幅度较低（约为 1%），而钢芯成型铝绞线 JL1X1/G3A-1250/70-431、JL1X1/G2A-1250/100-437 及铝合金芯成型铝绞线 JL1X1/LHA1-800/550-452 的单丝强度无明显变化。

2）导线过放线滑车包络角影响。对于 5 种 1250mm² 导线，当导线过放线滑车包络角从 20°增加至 40°时，导线直流电阻、外径及单丝强度均无明显变化。

3）导线过放线滑车次数影响。对于 5 种 1250mm² 导线，当导线过放线滑车次数从 15 次增加至 30 次时，导线直流电阻、外径及单丝强度均无明显变化。

二、工程试展放

（1）展放方案。

1）工程试展放试验段为溪洛渡—浙西±800kV 特高压直流输电线路

工程赣 5 标段，位于江西省贵溪市垄溪杨家村至梅岭水库之间，塔号为 3470 号～3453 号，区段长 8.5km，共有铁塔 18 基，其中 15 基直线塔，2 基耐张转角塔，1 基直线兼角塔。

2）地形为一般山区，海拔 50～70m，以平地为主。植被以稻田地和小林地为主，如图 5-34 所示。

(a)

(b)

图 5-34　试验段地形及植被图

（a）小林地；（b）稻田地

3）牵张场地情况：张力场设置在 3452 号～3453 号档距中间，距离 3453 号塔位 165m。牵引场设置在 3470 号～3471 号档距中间，距离 3470 号塔位 145m。

（2）牵张场布置。牵引场布置 1 台 360kN 主牵引机（SAQ-360），1 台小张力机（SAZ-50×2），位于 3470 号～3471 号塔位之间。张力场布置 1 台 2×90kN 张力机（具备反卷功能），1 台 150kN 小牵引机（SAQ-150），位于 3452 号～3453 号塔位之间，如图 5-35 所示。

主张力机（SAZ-90×2）采用 2 个 150kN 地锚锚固，主牵引机（SAQ-360）采用 4 个 150kN 地锚锚固。小牵引机（SAQ-150）采用 4 个 100kN 地锚锚固。小张力机（SAZ-50×2）采用 2 个 100kN 地锚锚固。张力场布置如图 5-36 所示。牵引场设备位置与张力场布置对应，试展放区段布置如图 5-37 所示。

图 5-35　牵引场布置

图 5-36　张力场布置

（3）试件取样方案。导线展放完成后，过牵引 100m，在第二个接续管后 20m 处临锚，进行展放段试件截取试样，要求如下：

1）取样前在取样部位用白胶布做记号，注明取样部位和线型编号；

2）接续管附近导线取样时，先量取满足取样长度的导线并画印标识清楚，然后在印记两端取样。

3）2 种导线全部取样，每根导线取样部位为：展放前截取 8m、展放过牵引板后截取 8m、展放后 2 个接续管处左右各截取 8m（接续管处不断开，取 16m 整根）。

试件取样位置如图 5-38 所示。

1）展放前，截取 8m 原始导线，展放距离 0km，过滑车 0 次。

2）展放后，牵引板后截取 8m，展放距离约 8.5km，过滑车 18 次。

3）展放后，第 1 个接续管左右各 8m，展放距离 8.47km，过滑车 18 次。

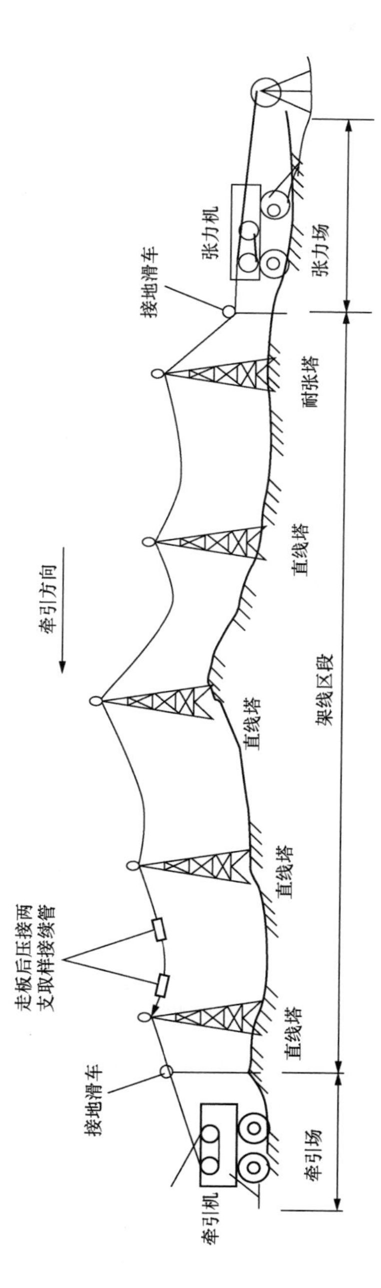

图 5-37　试展放区段布置方案示意图

4）展放后，第 2 个接续管左右各 8m，展放距离 8.42km，过滑车 18 次。

监测记录要求：

1）试验使用的导线接续管、张力设备、放线滑轮、旋转连接器、卡线器等材料设备和工器具均对导线性能有一定影响，试验前应按张力放线导则选取，核查到货规格型号并对其工作能力进行检测，以起到试验检验的效果，使用前应熟悉其使用和操作规范，以防误操作及事故的发生。

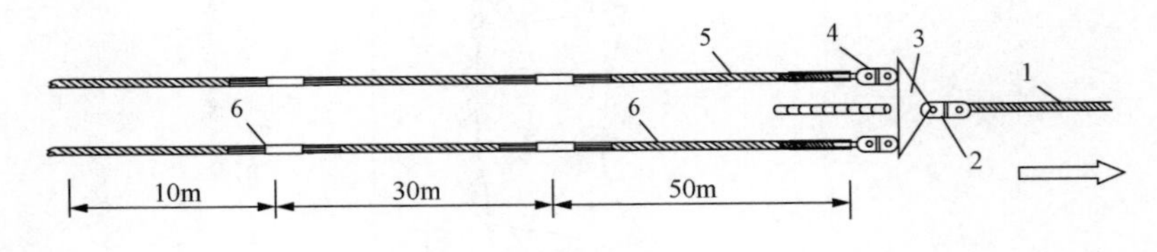

图 5-38　试件取样示意图

1—ϕ30 牵引绳；2—250kN 旋转连接器；3—一牵 2 走板；4—130kN 旋转连接器；5—JL1X1/G3A-1250/70-431 钢芯铝型线绞线；6—JL1X1/LHA1-800/550-452 铝合金芯铝型线绞线

2）放线过程中注意收集导线在张力轮中摩擦挤压、导线压接、接续管过滑车等重点过程影像资料。

监控试验过程中牵张设备、放线滑轮、旋转连接器的使用情况，通过观察、监测导线架线后的质量，以验证常规设备对导线展放的适用情况等，监测内容如下：

1）观察导线在张力轮中的变形情况并做记录。

2）在大转角塔 3454 号及直线塔 3464 号分别设置高空观测点，在导线通过观测点时，观测牵引板、接续管保护装置过滑车时情况并摄像，各接续管保护装置通过滑车后，停止牵引，观察导线过滑车时是否出现散股、跳股情况。

3）对展放期间和展放完成的导线状况进行观测并详细记录，对牵张机、放线滑车、压接机、卡线器及旋转连接器等机具的使用状况进行验证和记录。

4）在张力场摄像记录导线压接、换盘、导线通过张力机、锚线等情况；在牵引场摄像记录截取导线及接续管试件、锚线过程。

（4）试验实施过程。依据试验方案在杆塔左极进行“一牵 2”导线展放，如图 5-39 所示。

(a) (b) (c)

图 5-39 展放施工过程

（a）张力场；（b）“一牵 2”导线过滑车；（c）牵引场

（5）展放试验总结。

1）导线及展放特性。导线到达现场后检查完好，压接无散股，展放过程中，两种导线在线盘上排列紧密，无松股、散股现象，展放后导线表面质量完好，展放后的两种导线拉断力及单丝强度均满足技术条件要求。试验证明“一牵 2”同步放线施工工艺的合理性。

2）交货盘。通过展放试验，PL/4 2800×1500×1950 交货盘在运输、吊装及展放过程中牢固，未变形，结构强度满足张力放线的要求，可作为 1250mm^2 导线交货盘进行工程应用。

3）金具。

（a）接续管及保护装置。直线接续管（JYD-1250/70、JD-800/550）在压接过程中按照《1250mm² 级导线接续金具与耐张线夹压接工艺手册》，接续管压接采用“顺压”工艺。压接后导线两端无明显松股、散股现象。

（b）接续管保护装置。接续管保护装置通过滑车较顺利，展放完毕后接续管保护装置两端导线无明显松股、散股现象，无明显弯折及损伤，对接续管及端部导线保护良好，满足导线展放要求。

4）施工机具及工器具。

（a）张力机。张力机展放过程中张力轮运转灵活，导线在张力轮上排列紧密，无松股、散股现象，满足导线展放要求。

（b）放线滑车。三轮滑车展放过程中转动正常，牵引板、接续管保护装置均能正常通过放线滑车，导线在滑车中无明显散股、松股及跳股现象，满足导线展放要求。

（c）卡线器。卡线器展放过程中情况良好，夹紧力满足要求、无滑移现象，对导线表面损伤较小，满足导线展放要求。

（d）网套连接器。单头网套连接器用于牵引板后旋转连接器与导线的连接，双头网套连接器用于导线换盘，使用情况良好，满足导线展放要求。

（e）断线钳及剥线器。导线断线采用液压断线钳及剥线器，具有操作方便、断线速度快，切口平整，对导线影响小的优点。

（f）压接机。3000kN 液压压接机及配套压模工作情况良好，可满足导线压接要求，压接效率高。

（g）压接用轨道式托架。轨道式托架的使用保证了 1250mm² 导线压接管的直线度，无需后续校直，提高压接效率。

附　　录

1250mm^{2}级大截面导线技术条件

1. 使用标准

下列文件中的条款通过本技术条件的引用而成为本技术条件的条款。

GB/T 1179—2008 圆线同心绞架空导线（eqv IEC 61089:1991）

GB/T 20141—2006 型线同心绞架空导线（idt IEC 62219:2002）

GB/T 3954—2014 电工圆铝杆

GB/T 17048—2009 架空绞线用硬铝线（idt IEC 60889:1987）

GB/T 23308—2009 架空绞线用铝—镁—硅系合金圆线（idt IEC 60104:1987）

GB/T 3428—2012 架空绞线用镀锌钢线（mod IEC 60888:1987）

GB/T 3048.2—2007 电线电缆电性能试验方法 第2部分：金属材料电阻率试验

GB/T 4909.2—2009 裸电线试验方法 第2部分：尺寸测量

GB/T 22077—2008 架空导线蠕变试验方法（idt IEC 61395:1998）

JB/T 8137.1—2013 电线电缆交货盘 第1部分：一般规定

Q/GDW 386—2009 可拆卸式全钢瓦楞结构架空导线交货盘

Q/GDW 1815—2012 铝合金芯高导电率铝绞线

2. 技术参数和技术要求

2.1 技术参数

（1）JL1/G3A-1250/70-76/7 绞线的技术参数见表 2.1.1，镀锌钢线的技术参数见表 2.1.2，铝单线的技术参数见表 2.1.3。

表 2.1.1 JL1/G3A-1250/70-76/7 绞线技术参数表

项目			单位	技术参数
产品型号规格			JL1/G3A-1250/70-76/7	
外观及表面质量			/	绞线表面无肉眼可见的缺陷，如明显的压痕、划痕等，无与良好产品不相称的任何缺陷
结构	铝	外层	根/mm	28/4.58

续表

项目			单位	技术参数
结构	铝	邻外层	根/mm	22/4.58
		邻内层	根/mm	16/4.58
		内层	根/mm	10/4.58
	钢	6根层	根/mm	6/3.57
		中心根	根/mm	1/3.57
计算截面积		合计	mm^2	1322.16
		铝	mm^2	1252.09
		钢	mm^2	70.07
外径			mm	$47.35^{+1\%}_{0}$
单位长度质量			kg/km	$4011.1^{+2\%}_{0}$
20℃时直流电阻			Ω/km	≤0.02291
额定拉断力			kN	294.23
弹性模量			GPa	62.2±3
线膨胀系数			1/℃	21.1×10^{-6}
节径比	铝	外层	/	10-12
		邻外层		11-14
		邻内层		12-15
		内层		13-16
	钢	6根层	/	16-22
绞向		外层	/	右向
		其他层	/	相邻层绞向相反
每盘线长			m	2500
线长偏差		正	%	0.5%
		负	%	0

注　节径比是参考值。镀锌钢线不应有任何接头，外层铝线不允许有接头，其他层应满足 GB/T 1179—2008 的要求。

表 2.1.2　　　　G3A 3.57 镀锌钢线技术参数表

项　目		单位	技　术　参　数
外观及表面质量		/	镀锌钢线应光洁，并且不应有与良好的商品不相称的所有缺陷
直径		mm	3.57
直径允许偏差	正	mm	0.06
	负	mm	0.06
G3A	绞前抗拉强度	MPa	≥1520
	1%伸长应力	MPa	≥1340
	伸长率（标距 250mm）	%	≥2.5
	扭转次数最小值	次	10
	卷绕	/	4 倍钢丝直径芯轴上卷绕 8 圈，钢丝不断裂
绞后抗拉强度极差		MPa	≤150
计算截面积		mm^2	10.01
单位长度质量		kg/km	77.88
镀锌层质量		g/m^2	≥260
镀锌层附着性		/	5 倍钢丝直径芯轴上卷绕 8 圈，锌层不得开裂或起皮
镀锌层连续性		/	用肉眼观察镀层应没有孔隙，镀层光滑，厚度均匀

表 2.1.3　　　　L1 4.58 铝单线技术参数表

项　目		单位	技　术　参　数
外观及表面质量		/	表面应光洁，并不得有与良好的商品不相称的任何缺陷
直径		mm	4.58
直径允许偏差	正	mm	0.046
	负	mm	0
20℃时的电阻率		nΩ·m	≤28.034（61.5%IACS）
抗拉强度	绞前最小值	MPa	165
	绞前平均值		170
	绞后最小值	MPa	157

续表

项目		单位	技术参数
抗拉强度	绞后平均值	MPa	162
	绞后极差		≤25
接头抗拉强度（冷压焊）		MPa	≥130
计算截面积		mm^2	16.47
单位长度质量		kg/km	44.52
卷绕		/	1d 卷绕 8 圈，退 6 圈，重新紧密卷绕，铝线不得断裂

（2）JL1/G2A-1250/100-84/19 绞线的技术参数见表 2.2.1，镀锌钢线的技术参数见表 2.2.2，铝单线的技术参数见表 2.2.3。

表 2.2.1　　JL1/G2A-1250/100-84/19 绞线技术参数表

项目			单位	技术参数
产品型号规格			JL1/G2A-1250/100-84/19	
外观及表面质量			/	绞线表面无肉眼可见的缺陷，如明显的压痕、划痕等，无与良好产品不相称的任何缺陷
结构	铝	外层	根/mm	30/4.35
		邻外层	根/mm	24/4.35
		邻内层	根/mm	18/4.35
		内层	根/mm	12/4.35
	钢	12 根层	根/mm	12/2.61
		6 根层	根/mm	6/2.61
		中心根	根/mm	1/2.61
计算截面积		合计	mm^2	1350.03
		铝	mm^2	1248.38
		钢	mm^2	101.65
外径			mm	$47.85^{+1\%}_{0}$
单位长度质量			kg/km	$4252.3^{+2\%}_{0}$
20℃时直流电阻			Ω/km	≤0.02300
额定拉断力			kN	329.85

续表

项目			单位	技术参数
弹性模量			GPa	65.2±3
线膨胀系数			1/℃	20.5×10^{-6}
节径比	铝	外层	/	10-12
		邻外层		11-14
		邻内层		12-15
		内层		13-16
	钢	12 根层	/	14-20
		6 根层		16-22
绞向		外层	/	右向
		其他层	/	相邻层绞向相反
每盘线长			m	2500
线长偏差		正	%	0.5%
		负	%	0

注 节径比是参考值。镀锌钢线不应有任何接头，外层铝线不允许有接头，其他层应满足 GB/T 1179—2008 的要求。

表 2.2.2　　G2A 2.61 镀锌钢线技术参数表

项目		单位	技术参数
外观及表面质量		/	镀锌钢线应光洁，并且不应有与良好的商品不相称的所有缺陷
直径		mm	2.61
直径允许偏差	正	mm	0.04
	负	mm	0.04
G2A	绞前抗拉强度	MPa	≥1410
	1%伸长应力	MPa	≥1280
	伸长率（标距 250mm）	%	≥2.5
	扭转次数最小值	次	16
	卷绕	/	3 倍钢丝直径芯轴上卷绕 8 圈，钢丝不断裂
绞后抗拉强度极差		MPa	≤150

续表

项　　目	单位	技　术　参　数
计算截面积	mm^2	5.35
单位长度质量	kg/km	41.62
镀锌层质量	g/m^2	≥230
镀锌层附着性	/	4 倍钢丝直径芯轴上卷绕 8 圈，锌层不得开裂或起皮
镀锌层连续性	/	用肉眼观察镀层应没有孔隙，镀层光滑，厚度均匀

表 2.2.3　　L1 4.35 铝单线技术参数表

项　　目		单位	技　术　参　数
外观及表面质量		/	表面应光洁，并不得有与良好的商品不相称的任何缺陷
直径		mm	4.35
直径允许偏差	正	mm	0.044
	负	mm	0
20℃时的电阻率		nΩ·m	≤28.034（61.5%IACS）
抗拉强度	绞前最小值	MPa	165
	绞前平均值		170
	绞后最小值	MPa	157
	绞后平均值		162
	绞后极差		≤25
接头抗拉强度（冷压焊）		MPa	≥130
计算截面积		mm^2	14.86
单位长度质量		kg/km	40.17
卷绕		/	1d 卷绕 8 圈，退 6 圈，重新紧密卷绕，铝线不得断裂

（3）JL1X1/G3A-1250/70-431 绞线的技术参数如表 2.3.1 所示，镀锌钢线的技术参数如表 2.1.2 所示，成型硬铝线的技术参数如表 2.3.2 所示。

表 2.3.1　　JL1X1/G3A-1250/70-431 绞线技术参数表

项　目			单位	技　术　参　数
产品型号规格				JL1X1/G3A-1250/70-431
结构示意图			/	
外观及表面质量			/	绞线表面无肉眼可见的缺陷，如明显的压痕、划痕等，无与良好产品不相称的任何缺陷
结构	铝	外层	根/mm	24/4.93
		邻外层	根/mm	19/4.93
		邻内层	根/mm	14/4.93
		内层	根/mm	9/4.93
	钢	6 根层	根/mm	6/3.57
		中心根	根/mm	1/3.57
计算截面积		合计	mm^2	1329.95
		铝	mm^2	1259.88
		钢	mm^2	70.07
外径			mm	43.11±0.4
单位长度质量			kg/km	4055.1±81
20℃时直流电阻			Ω/km	≤0.02292
额定拉断力			kN	289.18
弹性模量			GPa	62.1±3
线膨胀系数			1/℃	21.1×10^{-6}
节径比	铝	外层	/	10-12
		邻外层	/	11-14
		邻内层	/	12-15
		内层	/	13-16
	钢	6 根层	/	16-22

续表

项目		单位	技术参数
绞向	外层	/	右向
	其他层	/	相邻层绞向相反
每盘线长		m	2500
线长偏差	正	%	0.5%
	负	%	0

注 节径比是参考值。镀锌钢线不应有任何接头，外层铝线不允许有接头，其他层应满足 GB/T 1179—2008 的要求。

表 2.3.2　　L1X1 4.93 铝型线技术参数表

项目		单位	技术参数
外观及表面质量		/	表面应光洁，并不得有与良好的商品不相称的任何缺陷
等效直径		mm	4.93
直径允许偏差	正	mm	0.05
	负	mm	0.05
20℃时的电阻率		nΩ·m	≤28.034（61.5%IACS）
抗拉强度	绞前最小值	MPa	165
	绞前平均值		170
	绞后最小值	MPa	157
	绞后平均值		162
	绞后极差		≤25
计算截面积		mm^2	19.09
单位长度质量		kg/km	51.60
卷绕		/	1d（1 倍等效直径）卷绕 8 圈，退 6 圈，重新紧密卷绕，铝线不得断裂

（4）JL1X1/G2A-1250/100-437 绞线的技术参数见表 2.4.1，镀锌钢线的技术参数见表 2.2.2，成型硬铝线的技术参数见表 2.4.2。

表 2.4.1　　JL1X1/G2A-1250/100-437 绞线技术参数表

项　目			单位	技　术　参　数
产品型号规格				JL1X1/G2A-1250/100-437
结构示意图			/	
外观及表面质量			/	绞线表面无肉眼可见的缺陷，如明显的压痕、划痕等，无与良好产品不相称的任何缺陷
结构	铝	外层	根/mm	21/5.16
		邻外层	根/mm	17/5.16
		邻内层	根/mm	13/5.16
		内层	根/mm	9/5.16
	钢	12 根层	根/mm	12/2.61
		6 根层	根/mm	6/2.61
		中心根	根/mm	1/2.61
计算截面积		合计	mm^2	1356.35
		铝	mm^2	1254.70
		钢	mm^2	101.65
外径			mm	43.67±0.4
单位长度质量			kg/km	4290.1±86
20℃时直流电阻			Ω/km	≤0.02301
额定拉断力			kN	324.59
弹性模量			GPa	65.1±3
线膨胀系数			1/℃	20.5×10^{-6}
节径比	铝	外层	/	10-12
		邻外层	/	11-14
		邻内层	/	12-15
		内层	/	13-16

续表

项目			单位	技术参数
节径比	钢	12 根层	/	14-20
		6 根层	/	16-22
绞向		外层	/	右向
		其他层	/	相邻层绞向相反
每盘线长			m	2500
线长偏差		正	%	0.5%
		负	%	0

注 节径比是参考值。镀锌钢线不应有任何接头，外层铝线不允许有接头，其他层应满足 GB/T 1179—2008 的要求。

表 2.4.2　　L1X1 5.16 铝型线技术参数表

项目		单位	技术参数
外观及表面质量		/	表面应光洁，并不得有与良好的商品不相称的任何缺陷
等效直径		mm	5.16
直径允许偏差	正	mm	0.05
	负	mm	0.05
20℃时的电阻率		nΩ·m	≤28.034（61.5%IACS）
抗拉强度	绞前最小值	MPa	165
	绞前平均值		170
	绞后最小值	MPa	157
	绞后平均值		162
	绞后极差		≤25
计算截面积		mm^2	20.91
单位长度质量		kg/km	56.52
卷绕		/	1d（1 倍等效直径）卷绕 8 圈，退 6 圈，重新紧密卷绕，铝线不得断裂

（5）JL1X1/LHA1-800/550-452 绞线的技术参数见表 2.5.1，铝合金线的技术参数见表 2.5.2，成型硬铝线的技术参数见表 2.5.3。

表 2.5.1　　JL1X1/LHA1-800/550-452 绞线技术参数表

项　　目			单位	技　术　参　数
产品型号规格			JL1X1/LHA1-800/550-452	
结构示意图			/	
外观及表面质量			/	绞线表面无肉眼可见的缺陷，如明显的压痕、划痕等，无与良好产品不相称的任何缺陷
结构	铝	外层	根/等效直径（mm）	24/4.82
		内层	根/等效直径（mm）	20/4.82
	铝合金	外层	根/直径（mm）	18/4.35
		邻外层	根/直径（mm）	12/4.35
		邻内层	根/直径（mm）	6/4.35
		内层	根/直径（mm）	1/4.35
计算截面积		合计	mm^2	1352.74
		铝	mm^2	802.86
		铝合金	mm^2	549.88
外径			mm	45.15±0.4
单位长度质量			kg/km	3737.6±74
20℃时直流电阻			Ω/km	≤0.02253
额定拉断力			kN	289.00
弹性模量			GPa	55±3
线膨胀系数			1/℃	23×10^{-6}
节径比	铝	外层	/	10-12
		内层	/	11-14
	铝合金	18 根层	/	12-14
		12 根层	/	13-15
		6 根层	/	14-16

续表

项　　目		单位	技　术　参　数
绞向	外层	/	右向
	其他层	/	相邻层绞向相反
每盘线长		m	2500
线长偏差	正	%	0.5%
	负	%	0

注　节径比是参考值。外层铝线不允许有接头，其他层应满足 Q/GDW 1815—2012 的要求。

表 2.5.2　　LHA1 4.35 铝合金线技术参数表

项　　目		单位	技　术　参　数
外观及表面质量		/	表面应光洁，并不得有与良好的商品不相称的任何缺陷
直径		mm	4.35
直径允许偏差	正	mm	0.04
	负	mm	0
20℃时的电阻率		nΩ·m	≤32.840（52.5%IACS）
抗拉强度	绞后最小值	MPa	305
	绞后极差		≤25
伸长率（标距 250mm）		%	≥3.0
计算截面积		mm^2	14.86
单位长度质量		kg/km	40.17
卷绕		/	1d 卷绕 8 圈，铝合金线不得断裂

表 2.5.3　　L1X1 4.82 铝型线技术参数表

项　　目		单位	技　术　参　数
外观及表面质量		/	表面应光洁，并不得有与良好的商品不相称的任何缺陷
等效直径		mm	4.82
直径允许偏差	正	mm	0.04
	负	mm	0.04
20℃时的电阻率		nΩ·m	≤28.034（61.5%IACS）

续表

项目		单位	技术参数
抗拉强度	绞前最小值	MPa	165
	绞前平均值		170
	绞后最小值	MPa	157
	绞后平均值		162
	绞后极差		≤25
计算截面积		mm^2	18.25
单位长度质量		kg/km	49.33
卷绕		/	1d（1倍等效直径）卷绕8圈，退6圈，重新紧密卷绕，铝线不得断裂

2.2 技术要求

2.2.1 绞线

（1）绞线应满足本技术条件并应符合GB/T 1179—2008、GB/T 20141—2006、Q/GDW 1815—2012标准的要求。

（2）本技术条件中导线额定拉断力计算执行GB/T 1179—2008、GB/T 20141—2006标准的规定。JL1/G3A-1250/70-76/7、JL1/G2A-1250/100-84/19导线中铝单线抗拉强度设计值为绞前抗拉强度（最小值）160MPa，本技术条件中铝单线要求值为绞前抗拉强度（最小值）165MPa，绞后抗拉强度（最小值）为157MPa。JL1X1/G3A-1250/70-431、JL1X1/G2A-1250/100-437、JL1X1/LHA1-800/550-452导线中成型硬铝线抗拉强度设计值为绞前抗拉强度（最小值）155MPa，本技术条件中成型硬铝线要求值为绞前抗拉强度（最小值）165MPa，绞后抗拉强度（最小值）为157MPa。JL1X1/LHA1-800/550-452导线铝合金单线抗拉强度设计值为绞前抗拉强度（最小值）315MPa，本技术条件中铝合金单线要求值为绞后抗拉强度（最小值）305MPa。

（3）多层铝/铝合金股应同心、一次绞制。

（4）任何层的节径比应不大于紧邻内层的节径比，相邻层绞向相反，最外层绞向为右向。

（5）导线表面要求绞制紧密。绞合后所有单线应自然地处于各自位置，当切断时，各线端应保持在原位或容易用手复位。

（6）同一标段导线的钢芯应采用同一个厂家制造的产品。

（7）绞线表面无肉眼可见的缺陷，如明显的压痕，划痕等，没有与良好产品不相称的任何缺陷。

（8）成品导线应是均匀的圆柱状，并能承受运输及安装中的正常装卸而不致产生使电晕损失和无线电干扰增加的变形。

（9）导线应无过量的拉模用润滑油、金属颗粒及粉末，且应无任何与工业产品及本技术条件工艺质量要求不相符合的缺陷。

（10）导线的钢芯和待绞合的线股应在工厂内贮藏足够长的时间，以确保钢芯和待绞合的线股处于同样的温度，在整个绞合过程中应保持同样的温度。

（11）成品绞线在切割后应无明显的回扭或散股。

（12）导线应适合张力架线。

（13）成品绞线的供货应保证供货盘数、单盘长度，导线结算以理论重量为依据。

2.2.2 铝单线

（1）钢芯铝绞线、钢芯成型铝绞线、铝合金芯成型铝绞线的铝单线应是电工用的冷拉铝线，绞合之前的冷拉铝线应满足 GB/T 17048—2009 的标准要求。

（2）铝线的技术性能应符合本技术条件的要求。在绞制前应按“例行试验”的要求进行检测。同一绞线中，铝线各单线的抗拉强度绞后极差不得超过 25MPa。铝表面应光洁，且不得有可能影响产品性能的所有缺陷，如裂纹、划痕、粗糙和杂质等。

（3）所有铝单线的长度应大于盘长。

（4）外层铝单线不允许有接头。

（5）在绞制过程中，铝单线若意外断裂，只要这种断裂不是由单线内在缺陷所致，则铝单线允许接头。任意两个接头间的距离应不小于

15m，且接头处应光滑圆整。

2.2.3 铝合金单线

（1）铝合金线应是电工用冷拉铝合金线，绞合之前的冷拉铝合金线应满足 GB/T 23308—2009 的标准。

（2）铝合金线的技术性能应符合本技术条件的要求。在绞制前应按“例行试验”的要求进行检测。同一绞线中，铝合金线各单线的抗拉强度绞后极差不得超过 25MPa，表面应光洁，且不得有可能影响产品性能的所有缺陷，如裂纹、粗糙、划痕和杂质等。

（3）所有铝合金单线的长度应大于盘长。

（4）绞制前，铝合金线均不应有任何接头。在绞制过程中，铝合金单线若意外断裂，只要这种断裂不是由单线内在缺陷所致，则铝合金单线允许接头。任意两个接头间的距离应不小于 15m，且接头处应光滑圆整。

2.2.4 镀锌钢线

（1）镀锌钢线应符合 GB/T 3428—2012 标准的要求。钢线镀锌层应均匀连续，并且没有裂纹、斑疤、漏镀，不允许有镀层堆积以及其他与货品的商务习惯不一致的缺陷。

（2）镀锌钢线的技术性能应符合本技术条件的要求。在绞制前应按“例行试验”的要求进行检测。同一绞线中，钢线的抗拉强度绞后极差不得超过 150MPa。

（3）钢芯不允许有蛇形弯，全部导线的钢芯应采用同一工艺（采购钢芯：同一标段导线的钢芯应采用同一个厂家制造的产品）。

（4）钢芯的绞制设备应配有良好的预成型装置和张力控制装置。

（5）绞合后所有钢芯应自然地处于各自位置，当切断时，各线端应保持在原位或容易用手复位。

（6）镀锌钢线不应有任何接头。

2.2.5 铝杆、铝合金杆

铝杆、铝合金杆应符合 GB/T 3954—2008 标准的要求。电工圆铝杆表面应清洁，不应有摺边、错园、裂纹、夹杂物、扭结等缺陷及其他影响使用的缺陷，允许有轻微的机械擦伤、斑疤、麻坑、起皮或飞边等。

2.2.6 生产设备及工艺

（1）生产厂家应该具有铝/铝合金连铸连轧机组（或有铝杆/铝合金杆固定合作方，且固定合作方提供相应的合作协议及资质文件）、铝高速拉丝机组、四段式630及以上框式绞线机、铝线冷压焊接机及其配套模具。绞制设备应配有良好的预成型、张力控制装置。

（2）若外购镀锌钢芯，须按入厂材料进行检验，取样率不低于10%，检验结果应满足相关技术条件或标准要求。

（3）若外购铝杆、铝合金杆，须按入厂材料进行检验，取样率为100%，检验结果应满足相关技术条件或标准要求。

（4）铝杆、铝合金杆生产后应静置（夏秋季节24h、冬春季节16h），经检验合格后，方可转入下道工序使用。

（5）铝单线拉制完毕后待温度与镀锌钢丝（铝合金芯）接近时方可绞制。

（6）生产前应对所用设备进行检修，所有过线轮、穿线管、放线盘及与导线接触的部分要求光滑，不能对导线产生机械损伤及划伤；设备要清洁，不得有铝末及粉尘；放线盘张力要调节均匀、一致。

（7）如果绞线机在此前绞过铜线则要对所有与单线相接触的部件进行洗清。

（8）上车前框绞机的各线盘张力调节均匀、预扭装置调整完备，穿线嘴需全部更换，收线牵引应满足成品导线工艺要求，不得出现导线外径增大及松散现象。

（9）成品绞线绞合要求均匀、紧密，不得有松股、背股、缺股和断股的现象；同时导线表面也不允许有油污、碰划伤等现象，每绞层所用的并线模要及时更换，成品绞线两端头要扎紧，以免产生松散现象，内、外端头要牢固固定。

（10）成品绞线绞制过程中，无特殊情况中间不允许停车，一根成品绞线应是一次开车生产的产品。

3. 试验方法及检验规则

3.1 型式试验内容及方法

根据实践经验，型式试验拟定如下试验项目：①绞线结构参数；②镀锌钢线全性能试验；③铝/铝合金单线全性能试验；④拉断力；⑤应力—应变；⑥弹性模量；⑦线膨胀系数；⑧20℃绞线直流电阻；⑨载流量；⑩振动疲劳；⑪蠕变；⑫紧密度；⑬平整度；⑭滑轮通过试验；⑮电晕及无线电干扰试验。

3.1.1 绞线结构参数、拉断力、应力—应变曲线、弹性模量的试验方法按照 GB/T 1179—2008 进行。

3.1.2 镀锌钢线全性能试验的试验方法按照 GB/T 3428—2012 进行；铝单线全性能试验的试验方法按照 GB/T 17048—2009 进行；铝合金单线全性能试验方法按照 GB/T 23308—2009 进行。

3.1.3 载流量的计算按照 GB 50545—2010《110kV~750kV 架空输电线路设计规范》或 IEC 61597—1995 的推荐公式进行。

3.1.4 紧密度测试中，导线在承受30%额定拉断力时与不受张力时，其周长的允许减少值不超过 2%。平整度测试中，导线在承受 50%额定最大张力时，采用一刀口平尺，使刀口平尺的直边平行地靠在导线上，再以塞尺测量导线与刀口平尺之间的距离，刀口平尺长度至少应为导线外层节距的 2 倍，导线表面与刀口平尺间的空隙不应超过 0.5mm。

3.1.5 蠕变试验应参照 GB/T 22077—2008 规定的试验方法进行，蠕变曲线应表明导线在承受恒定的拉力时的蠕变伸长情况，试验张力为 15%RTS、25%RTS、40%RTS，试验时间为 1000h，温度为（20±2）℃。

3.1.6 疲劳试验是为了考核导线耐微风振动疲劳性能，采用振动角法试验。其档距长度应不小于 35m，张力为 25%RTS，在线夹出口处的振动角应为 25′~30′；导线应能承受三千万次以上的往复振动，如导线任一股在振动不到三千万次时已断裂，则导线为不合格。每一千万次振动后应检查导线是否已产生疲劳破坏。

3.1.7 滑轮通过试验的包络角定为 30°，滑轮底径 1000mm，在

25%RTS 张力下往复运动 20 次，测试导线过滑轮后的损伤情况。

3.2 出厂检验项目及方法

产品应由制造厂检验合格后方能出厂，每件出厂的产品应附有质量合格证。用户有要求时，制造厂应提供有关的试验数据。

产品按表 3.1 的规定进行检验。

表 3.1　　产品出厂检验要求

序号	项　目	验收规则	试验方法
1	导线尺寸	T，S	GB/T 4909
2	外观	R	目力观察
3	材料	T，S	GB/T 4909
4	绞合结构、断头松散性	T，S	划印法及目力观察
5	接头	T，S	目力观察
6	铝（合金）线的性能		
6.1	机械性能	T，S	GB/T 4909
6.2	电阻率	T，S	GB/T 3048
7	钢线性能	T，S	GB/T 4909
8	单位长度质量	T，S	GB/T 1179
9	交货长度	R	计米器测量

注　T—型式试验；S—抽样试验；R—例行试验。

3.2.1 绞前取样，应从任一批导线所用的铝线和钢线中，在不少于10%的根数上截取，每项试验所用的试件，应从所选取的每根试样上截取。

3.2.2 绞后取样，试样应从任一批次产品中按导线根数选取约 10%。每一项的试件应从所选取的每根试样上截取。

注：测定钢线伸长 1%应力的试样，在中心钢线上截取。

3.2.3 如用户提出要求有其代表在场的情况下进行试验时，按第 3.2.2 款取样。除非双方另有协议，试验应在制造厂进行。

3.2.4 如第一次试验有不合格时，应另取双倍数量的试样就不合格的项目进行第二次试验，如仍不合格时，则判为不合格产品，并应逐盘检查。

4. 包装、标志、运输和贮运

4.1 总体要求

所有对导线的包装应符合最新的国家标准或行业推荐标准的要求，应采用满足相关标准的全钢瓦楞结构交货盘进行包装，且具有良好的防震、防锈、防盗等保护措施，交货盘应使得导线在运输、储存、装卸以及在现场放线等操作中免于一切损伤，否则卖方将承担绞线损坏、丢失的责任和经济损失。包装盘具的结构尺寸和包装形式应符合相关工程的合同规定和招标文件要求。

交货数量及提交的资料应符合交货计划和合同规定的质保资料的要求。

4.2 交货盘

交货盘应符合 JB/T 8137.1—1999 及 Q/GDW 386—2009 的一般规定且满足运输、装卸时不损伤导线的要求。

4.2.1 交货盘的结构应适合于卷绕要求长度且允许偏差为正 0.5%的导线。

4.2.2 导线交货盘的具体尺寸将在招标文件中明确，供货商在供货前向施工方提请确认。为保护导线，交货盘内筒直径不小于 1500mm。

4.2.3 在每个交货盘上只绕一根导线。在外保护层的内面和外层绞线之间应留有不少于 60mm 的间隔。

4.2.4 每盘导线的内部端头应该留在线轴孔内，且必须牢固固定（用管箍等措施），不能因张力放线而拉脱。

4.2.5 交货盘的轮轴表面应光滑，能满足施工放线要求。

4.2.6 交货盘外层包装应有能防止绞线磨损、碰撞等的措施。使用的包装材料应具有化学稳定性，在任何时候均不应损伤导线。

4.2.7 包装应能满足重盘的装卸与长途陆运或水运的要求，以及张力放线的要求。

4.3 标志

包装形式、外观、质量及标志应满足相关标准和买方的要求。

以下标志应用模板印在交货盘外侧。

（a）工程名称。

（b）产品型号规格。

（c）产品长度。

（d）运输时交货盘不能平放的标记。

（e）皮重、毛重和净重。

（f）编号或批号。

（g）制造日期。

（h）买方的名称。

（i）制造厂（商）名。

（j）目的地（到货站及标段名称）。

（k）合同号。

（l）表示放线方向的箭头。

（m）其他必要的说明。

应以油漆喷涂或不易脱落的标牌方式注明：制造厂名称、装运及旋转方向或放线标志、运输时交货盘不能平放的标记。

以不易脱落的标牌注明：导线型号规格、长度、毛重、净重、制造日期、出厂编号、收货人、到站名称等。

4.4　包装

在正常的装卸运输和储存中，导线应适当包装以防损伤。在所有导线之间垫隔合适的环保保护层（如牛皮纸等），以防止导线间产生压痕和磨损。交货盘侧板内侧应有合适的防护层。

4.5　运输、贮存

运输和贮存时应注意：

（1）交货盘不得平放，不得堆放；

（2）盘装产品不得作长距离滚动，须作短距离滚动时，应按交货盘标明的旋转箭头方向滚动；

（3）不得遭受冲撞、挤压和其他任何机械损伤。

参 考 文 献

[1] 刘振亚. 特高压电网 [M]. 北京：中国经济出版社，2005.

[2] 刘泽洪，等. 大截面导线及其相关技术 [M]. 北京：中国电力出版社，2012.

[3] 成大先. 机械设计手册（第 1、2 卷）[M]. 北京：化学机械出版社，1994.

[4] 潘复生，张丁非. 铝合金及应用 [M]. 北京：化学工业出版社，2006.

[5] 程应镗. 送电线路金具的设计、安装、试验和应用 [M]. 北京：水利电力出版社，1988.

[6] 张殿生. 电力工程高压送电线路手册（第二版）[M]. 北京：中国电力出版社，2004.

[7] 徐灏，等. 机械设计手册（一、三卷）[M]. 北京：机械工业出版社，2000.

[8] 董吉谔. 电力金具手册（第二版）[M]. 北京：中国电力出版社，2001.

[9] 陆宠惠，等. 日本 1000kV 特高压输电技术 [J]. 高电压技术，1998，第 24 卷第 2 期.

[10] 郑玉琪. 架空输电线路微风振动 [M]. 北京：水利电力出版社，1987.

[11] 卢明良. 防振锤功率特性的计算机仿真 [J]. 东北电力技术，1994，第二期.

[12] 李效韩，李邦宜，徐乃管. 防振锤非线性参数识别 [J]. 中国电机工程学报，1996，16（2）：142-144.

[13] 徐乃管，王景朝，董玉明. 关于防振锤力学性能的探讨 [J]. 电力建设，2001，22（3）：8-11.